5G丛书

5G：关键技术与系统演进

主编 陈 鹏

副主编 刘 洋 赵 嵩 朱剑驰

参编 佘小明 洪 伟 蒋 峥 梁 林 等

机械工业出版社

本书主要内容包括 5G 系统概述、需求、网络架构以及潜在关键技术，编写本书的目的在于为 5G 技术研究与标准化工作提供尽可能详实的参考资料。本书共 8 章，第 1、2 章分别对 5G 在国际上的研究进展、5G 网络需求和指标进行介绍，第 3~8 章分别从网络架构和接入技术两方面对 5G 潜在关键技术展开具体阐述，其中接入技术包括 5G 的热门研究方向：大规模天线、超密集组网、高频应用、新型物理接入技术等，系统呈现了关于 5G 演进的思考。

本书适合作为从事无线蜂窝通信领域的研发人员、系统设计人员在技术研究开发时的参考资料，同时也可供高等院校通信及相关专业的师生参考阅读。

图书在版编目（CIP）数据

5G：关键技术与系统演进/陈鹏主编. —北京：机械工业出版社，2015.10
（2019.3 重印）
ISBN 978-7-111-52197-6
（5G 丛书）

Ⅰ. ①5… Ⅱ. ①陈… Ⅲ. ①无线电通信-移动通信-通信技术
Ⅳ. ①TN929.5

中国版本图书馆 CIP 数据核字（2015）第 271524 号

机械工业出版社（北京市百万庄大街 22 号　邮政编码 100037）
策划编辑：李馨馨　　责任编辑：李馨馨
责任校对：张艳霞　　责任印制：李　昂
北京中兴印刷有限公司印刷
2019 年 3 月第 1 版·第 4 次印刷
184mm×260mm · 14.25 印张 · 351 千字
8 001—9 800 册
标准书号：ISBN 978-7-111-52197-6
定价：49.80 元

凡购本书，如有缺页、倒页、脱页，由本社发行部调换
电话服务　　　　　　　　网络服务
服务咨询热线：(010)88361066　机 工 官 网：www.cmpbook.com
读者购书热线：(010)68326294　机 工 官 博：weibo.com/cmp1952
　　　　　　　(010)88379203　教育服务网：www.cmpedu.com
封面无防伪标均为盗版　　　金 书 网：www.golden-book.com

序

蜂窝通信日益渗透到人们生活、工作、娱乐等方方面面，智能手机的日渐普及伴随着层出不穷的新应用，使得用户对系统容量的需求呈指数式增长。除了支持移动宽带，无线通信未来的应用将扩展到物联网领域，包括智能抄表、工业自动化、车联网、体联网等。5G 就是在这样的大环境下应运而生。自 2012 年欧盟启动 METIS 研究计划，中国、韩国、日本都相继成立了代表各自国家的 5G 推进组织。除此之外，一些行业联盟例如 NGMN 也开始了对 5G 应用场景需求的讨论。在标准方面，ITU 已经正式命名 5G 为 IMT－2020，确定了 5G 标准制定的时间表，并开始愿景和需求的研究，3GPP 也对 5G 的标准化进程作了初步的规划。一时间全球范围内掀起了 5G 的研究热潮。

本书的出版恰逢 5G 从初期的探索性研究转向工程设计的阶段，及时性是该书的一大特点。本书作者在蜂窝通信领域有多年的研究经验，并积极参与中国 IMT－2020（5G）推进组的工作。近两年来，本书作者深入研究 5G 的潜在技术，在超密集组网、高频通信、新型多址、大规模天线、灵活双工等接入技术方向上展现了深厚的研究实力，向 IMT－2020（5G）推进组输出了很多高质量的文稿；另外，在网络架构方面也有很多独到想法。本书一方面是对目前 5G 技术研究的很好的梳理，给读者一个对 5G 主流技术的全面认识；另一方面相对详细地描述了作者关于 5G 解决方案和设计上的考虑，对于希望深度了解 5G 的读者有更大的参考价值。

5G 的研究和标准化相对于 4G 将不会是完全另起炉灶，不具后向兼容性的全新空口当然是 5G 不可缺少的部分，但是 5G 本身还带有很多 LTE－Advanced 演进的成分。本书作者亲临 3GPP 工作组会议，在多维天线（FD－MIMO）、网络辅助干扰消除（NAICS）和 LTE 辅助的非授权频谱接入（LAA）等议题上投入较深，输出多篇 3GPP 标准提案。本书以相当篇幅对这些演进类技术作了描述，不仅提供了更全面的 5G 图画，而且也可以看成是 5G 具体技术标准化的前奏。

本书的另一大特点是涵盖全面，除了如书名所体现的 5G 关键技术，对于场景需求分析、未来 5G 频谱规划等也作了全面的介绍。场景需求预示了大的技术走向，5G 的未来应用具有多样性，远远超出蜂窝网已有的商业模式，这对技术的研究提出了新的要求。频谱规划限定了无线电波的传播特性、器件的可实现性以及不同无线系统之间的干扰共存。从这个角度，需求、频谱和关键技术三个方面相辅相成，共同组成了 5G 的整体思路。

中国在无线通信标准领域从第一、二代的跟随、第三代的参与、到第四代的开花，经历了一个不断提高的过程。目前，以中国移动、中国电信为代表的电信运营商，以华为、中兴为代表的电信设备商在无线通信标准领域的影响力日益提升，我们在 5G 时代的目标是引领。本书就如同一幅动人的剪影，为一般读者和专业人士揭开了未来 5G 技术的面纱。

袁弋非

"千人计划"国家特聘专家

中兴通讯战略规划部标准预研总工程师

2015 年 7 月

前　言

伴随着社会的飞速发展，近几十年来，无线通信系统的演进始终行进在快车道上。以 LTE/LTE - Advanced 为代表的第四代移动通信系统（4G）的热潮方兴未艾，关于第五代移动通信系统（5G）的研究与标准化工作又已提上日程。本书着眼于 5G，试图厘清 5G 潜在的关键技术，并系统呈现关于 5G 演进的思考，从而为 5G 技术研究与标准化工作提供尽可能详实的参考资料。

回顾历次无线通信系统的演进，目标不同，系统架构与关键技术也均存在差异，然而其研究过程却是有规律可循的。从百花绽放的候选技术，到精炼缜密的系统设计与标准方案，其过程如大浪淘沙，大致可以分为层层递进的三个层面。

一是总体架构层面。主要工作是甄别系统演进的方向，并进行总体设计。形象一点，这部分的工作如在旷野中，将水文、地貌诸条件查勘清楚，并指明勘矿的方向与愿景。在这部分工作中，需要对政策空间、产业预期、产业链需求等要素有客观全面的理解。并基于此之上，以产业各环节利益均衡为目标，完成总体架构的设计。

二是技术选择层面。主要工作是将总体方向细化为若干支撑技术的组合，并进行筛选与优化。相比于第一层面，这部分的工作如将矿石进行分拣、处理，去掉无用的部分，并将有用的部分冶化成真金白银。在这部分工作中，需要量化个体技术的复杂度与预期增益，以性能与可实现性的平衡为目标，输出经筛选后的技术或技术组合。

三是系统设计层面。主要工作是对相关的技术进行细化地评估与设计，并最终呈现出可实现的、具有高性价比的系统方案。这部分的工作如将真金白银进行雕琢加工，细化处理，并提供给用户缜密、细致的最终产品。这部分工作的输入包括技术参量的优化、标准化空间、设备实现空间等。预期输出则是具备高性价比与可实现性的系统设计与业界公认的标准。

以上各层面，承上启下，如链条般层层咬合。任何一个层面工作质量的缺失，都将对最终的系统演进方案与标准产生难以估量的影响。

对于 5G 无线通信系统演进研究而言，需求与愿景部分已基本明确。因此，当前工作的重点是第二与第三层面，即优化、筛选潜在关键技术，并基于业界共识，启动 5G 国际标准的研究与制定工作。结合业界研究工作的进展，本书将重点呈现以下内容，力图为 5G 的后续研究与标准化工作提供尽可能详实的参考。

一是 5G 候选技术与潜在增益分析。当前，5G 候选技术纷繁多样。本书将以空域、频域、地理域等无线通信要素为维度，并结合相关维度的扩展，对相关候选技术及其性能进行梳理，从而为读者呈现出条理清晰的 5G 候选技术脉络。

二是对于 5G 演进与技术选择的思考。回顾历次无线通信系统演进，最成功的系统与技术，未必是最优的，但却一定是最合理、各环节平衡性兼顾得最好的。古人有"度"的智慧，与这里的"平衡"有着异曲同工之妙。本书编者长期从事无线新技术研究与国际标准化工作，在书中将技术分析与平衡性原则相结合，为读者提供 5G 无线通信系统演进方面的思考。

此外，本书也会对业界 5G 研究的进展、需求、愿景等进行阐述与总结，以保持全书概念体系的完整性。

本书由陈鹏担任主编，刘洋、朱剑驰、赵嵩担任副主编，参加本书编写的还有佘小明、洪伟、蒋峥、梁林、李欣、韩斌、杨姗、王达、杨蓓。各位同事的技术积累、专业精神与无私支持是完成本书的动力所在。

由于编者的知识视野有一定的局限性，书中如有不准确、不完善之处，也敬请广大读者与同行专家批评指正。

编　者

2015 年 7 月

目　录

第1章 5G 概述

1.1 移动通信的演进背景

从美国贝尔实验室提出蜂窝小区的概念算起，移动通信系统的发展可以划分为几个"时代"。到 20 世纪 80 年代，移动通信系统实现了大规模的商用，可以被认为是真正意义上的 1G（The first generation，第一代）移动通信系统，1G 由多个独立开发的系统组成，典型代表有美国的 AMPS（Advanced Mobile Phone System，高级移动电话系统）和后来应用于欧洲部分地区的 TACS（Total Access Communications System，全址接入通信系统），以及 NMT（Nordic Mobile Telephony，北欧移动电话）等，其共同特征是采用 FDMA（Frequency Division Multiple Access，频分多址）技术，以及模拟调制语音信号。第一代系统在商业上取得了巨大的成功，但是模拟信号传输技术的弊端也日渐明显，包括频谱利用率低、业务种类有限、无高速数据业务、保密性差以及设备成本高等。为了解决模拟系统中存在的这些根本性技术缺陷，数字移动通信技术应运而生。

2G（The second generation，第二代）移动通信系统基于 TDMA（Time Division Multiple Access，时分多址）技术，以传输语音和低速数据业务为目的，因此又称为窄带数字通信系统，其典型代表是美国的 DAMPS（Digital AMPS，数字化高级移动电话系统）、IS – 95 和欧洲的 GSM（Global System for Mobile Communication，全球移动通信）系统。数字移动通信网络相对于模拟移动通信，提高了频谱利用率，支持针对多种业务的服务。80 年代中期开始，欧洲首先推出了 GSM 体系，随后，美国和日本也制订了各自的数字移动通信体制。其中，GSM 使得全球范围的漫游首次成为可能，是一个可互操作的标准，从而被广为接受；进一步，由于第二代移动通信以传输语音和低速数据业务为目的，从 1996 年开始，为了解决中速数据传输问题，又出现了 2.5 代的移动通信系统，如 GPRS（General Packet Radio Service，通用分组无线服务技术）、EDGE（Enhanced Data Rate for GSM Evolution，增强型数据速率 GSM 演进技术）和 IS – 95B。这一阶段的移动通信主要提供的服务仍然是针对语音以及低速率数据业务，但由于网络的发展，数据和多媒体通信的发展势头很快，所以逐步出现了以移动宽带多媒体通信为目标的第三代移动通信。

在 20 世纪 90 年代 2G 系统蓬勃发展的同时，在世界范围内已经开始了针对 3G（The third generation，第三代）移动通信系统的研究热潮。3G 最早由 ITU（国际电信联盟）于 1985 年提出，当时称为 FPLMTS（Future Public Land Mobile Telecommunication System，未来公众陆地移动通信系统），1996 年更名为 IMT – 2000（International Mobile Telecommunication – 2000），意即该系统工作在 2000 MHz 频段，最高业务速率可达 2000 kbit/s，预期在 2000 年左右得到商用。3G 的主要通信制式包括欧洲、日本等地区主导的 WCDMA（Wideband Code Division Multiple Access，宽带码分多址）、美国的 CDMA2000 和中国提出的 TD – SCDMA，

影响范围最广的当属基于码分多址的宽带 CDMA 思路的 WCDMA。针对 WCDMA 的研究工作最初是在多个国家和地区并行开展的，直到 1998 年底 3GPP（3rd Generation Partnership Project，第三代合作伙伴计划）成立，WCDMA 才结束了各个地区标准独自发展的情况。WCDMA 面向后续系统演进出现了 HSDPA（High Speed Downlink Packet Access，高速下行分组接入）/HSUPA（High Speed Uplink Packet Access，高速上行分组接入）系统架构，其峰值速率可以达到下行 14.4 Mbit/s，而后又进一步发展的 HSPA+，可以达到下行 42 Mbit/s/上行 22 Mbit/s 的峰值速率，仍广泛应用于现有移动通信网络中。

目前对移动通信发展最有影响力的组织之一的 3GPP，在进行 WCDMA 系统的演进研究工作和标准化的同时，随后继续承担了 LTE（Long Term Evaluation）/LTE - Advanced 等系统的标准制定工作，对移动通信标准的发展起到至关重要的作用。3GPP 的成员单位包括 ARIB（Association of Radio Industries and Businesses，日本无线工业及商贸联合会）（日本）、CCSA（China Communications Standards Association，中国通信标准化协会）（中国）、ETSI（European Telecommunications Standards Institute，欧洲电信标准化协会）（欧洲）、ATIS（The Alliance for Telecommunications Industry Solutions，世界无线通信解决方案联盟）（美国）、TTA（Telecommunications Technology Association，电信技术协会）（韩国）和 TTC（Telecommunications Technology Committee，电信技术委员会)(日本）等。另外，除了 3GPP，3GPP2（3rd Generation Partnership Project 2，第三代合作伙伴计划 2）和 IEEE（Institute of Electrical and Electronics Engineers，电气和电子工程师协会）也是目前国际上重要的标准制定组织。

在移动通信系统的发展过程中，国际电信联盟的 ITU - R（International Telecommunications Union - Radio Communications Sector，国际电信联盟无线通信委员会）作为监管机构起到了至关重要的作用，ITU - R WP5D（working party 5D）定义了国际上包括 3G 和 4G（The fourth Generation，第四代）移动通信系统的 IMT（International Mobile Telecommunications）系统，其中 2010 年 10 月确定的 4G 系统也称为 IMT - Advanced，包括了 LTE - Advanced（3GPP Release10）以及 IEEE 802.16 m 等。ITU - R WP5D 定义 4G 与定义 3G 的过程相似，首先提出面向 IMT - Advanced 研究的备选技术、市场预期、标准准则、频谱需求和潜在频段，而后基于统一的评估方法，根据需求指标来评估备选技术方案。为满足 ITU 的需求指标，3GPP 提交的 4G 候选技术是 LTE - Advanced（Release 10），而非 LTE（Release 8），所以严格意义上说 LTE 并非 4G。从技术框架来看，LTE - Advancd 是 LTE 的演进系统，一脉相承地基于 OFDMA（Orthogonal Frequency Division Multiple Access，正交频分多址）的多址方式，满足如下技术指标：100 MHz 带宽；峰值速率：下行 1 Gbit/s，上行 500 Mbit/s；峰值频谱效率：下行 30 bit/s/Hz，上行 15 bit/s/Hz。在 LTE 的 OFDM/MIMO（Multiple - Input Multiple - Output，多入多出技术）等关键技术基础上，LTE - Advanced 进一步包括频谱聚合、中继、CoMP（Coordinated multiple point，多点协同传输）等。

以上各阶段移动通信系统的发展如图 1-1 所示。

从 1G 到 4G 的发展脉络可见，移动通信的每一次更新换代都解决了当时的最主要需求。如今，移动互联网和物联网的蓬勃发展使大家都相信，到 2020 年，需要无线通信系统新的革新来满足业务量提升带来的巨大的数据传输需求，各个国家地区也都在 ITU - R WP5D 工作组提出了 5G（The fifth generation，第五代）移动通信系统的构想，在 IMT - Advanced 之后，ITU - R 已经针对名为 IMT - 2020 的 5G 系统开始征集意见并开展相关的研究工作。

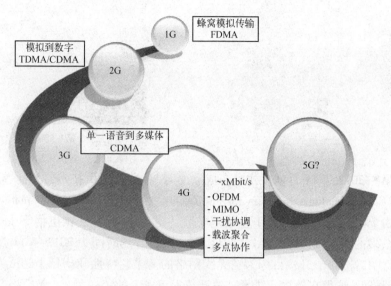

图 1-1 移动通信系统发展

1.2 5G 来了

在过去 20 多年中，移动通信经历了从语音业务到高速宽带数据业务的飞跃式发展。未来，人们对移动网络的新需求将进一步增加：一方面，预计未来 10 年移动网络数据流量将呈爆发式增长，将达到 2010 年的数百倍或更多，尤其是在智能手机成功占领市场之后，越来越多的新服务不断涌现，例如电子银行、网络化学习、电子医疗以及娱乐点播服务等；另一方面，我们在不远的将来会迎来一次规模空前的移动物联网产业浪潮，车联网、智能家居、移动医疗等将会推动移动物联网应用爆发式的增长，数以千亿的设备将接入网络，实现真正的"万物互联"；同时，移动互联网和物联网将相互交叉形成新型"跨界业务"，带来海量的设备连接和多样化的业务和应用，除了以人为中心的通信以外，以机器为中心的通信也将成为未来无线通信的一个重要部分，从而大大改善人们的生活质量、办事效率和安全保障，由于以人为中心的通信与以机器为中心的通信的共存，服务特征多元化也将成为未来无线通信系统的重大挑战之一。

需求的爆炸性增长给未来无线移动通信系统在技术和运营等方面带来巨大挑战，无线通信系统必须满足许多多样化的要求，包括在吞吐量、时延和链路密度方面的要求，以及在成本、复杂度、能量损耗和服务质量等方面的要求。由此，针对 5G 系统的研究应运而生。

近年来，在经历了移动通信系统从 1G 到 4G 的更替之后，移动基站设备和终端计算能力有了极大提升，集成电路技术得到快速发展，通信技术和计算机技术深度融合，各种无线接入技术逐渐成熟并规模应用。可以预见，对于未来的 5G 系统，不能再用某项单一的业务能力或者某个典型技术特征来定义，而应是面向业务应用和用户体验的智能网络，通过技术的演进和创新，满足未来包含广泛数据和连接的各种业务快速发展的需要，提升用户体验。

在世界范围内，已经涌现了多个组织对 5G 开展积极的研究工作，例如欧盟的 METIS、5GPPP、中国的 IMT - 2000（5G）推进组、韩国的 5G Forum、NGMN、日本的 ARIB AdHoc

以及北美的一些高校等（见图 1-2）。

图 1-2　全球关于 5G 的各主要研究组织

欧盟已早在 2012 年 11 月就正式宣布成立面向 5G 移动通信技术研究的 METIS（Mobile and Wireless Communications Enablers for the Twenty – Twenty（2020）Information Society）项目。该项目由 29 个成员组成，其中包括爱立信（组织协调）、法国电信等主要设备商和运营商、欧洲众多的学术机构以及德国宝马公司。项目计划时间为 2012 年 11 月 1 日至 2015 年 4 月 30 日，共计 30 个月，目标为在无线网络的需求、特性和指标上达成共识，为建立 5G 系统奠定基础，取得在概念、雏形、关键技术组成上的统一意见。METIS 认为未来的无线通信系统应实现以下技术目标：在总体成本和能耗处在可接受范围的前提下，容量稳定增长，提高效率；能够适应更大范围的需求，包括大业务量大和小业务量；另外，系统应具备多功能性，来支持各种各样的需求（例如可用性、移动性和服务质量）和应用场景。为达到以上目标，5G 系统应较现有网络实现 1000 倍的无线数据流量、10～100 倍的连接终端数、10～100 倍的终端数据速率、端到端时延降低到现有网络的 1/5 以及实现 10 倍以上的电池寿命。METIS 设想这样一个未来——所有人都可以随时随地获得信息、共享数据、连接到任何物体。这样"信息无界限"的"全联接世界"将会大大推动社会经济的发展和增长。METIS 已发布多项研究报告，近期发布的《Final report on architecture》，对 5G 整体框架的设定具有参考意义。

另外，欧盟于 2013 年 12 月底宣布成立 5GPPP（5G Infrastructure Public – Private Partnership），作为欧盟与未来 5G 技术产业共生体系发展的重点组织，5GPPP 由多家电信业者、系统设备厂商以及相关研究单位共同参与，其中包括爱立信、阿尔卡特朗讯、法国电信、英特尔、诺基亚、意大利电信、华为等。可以认为 5GPPP 是欧盟在 METIS 等项目之后面向 2020 年 5G 技术研究和标准化工作而成立的延续性组织，5GPPP 将借此确保欧盟在未来全球信息产业竞争中的领导者地位。5GPPP 的工作分为三个阶段：包括阶段一（2014～2015 年）基础研究工作，阶段二（2016～2017 年）系统优化以及阶段三（2017～2018 年）大规模测试。在 2014 年初，5GPPP 也已由多家参与者共同提出一份 5G 技术规格发展草案，其中主要定义了未来 5G 技术重点，包括在未来 10 年中，电信与信息通信业者将可通过软件可编程的方式往共同的基础架构发展，网络设备资源将转化为具有运算能力的基础建设。与 3G 相比，5G 将会提供更高的传输速度与网络使用效能，并可通过虚拟化和软件定义网络等技术，让运营商得以更快速更灵活地应用网络资源提供服务等。

与此同时，由运营商主导的 NGMN（Next Generation Mobile Networks）组织也已经开始对 5G 网络开展研究，并发布 5G 白皮书：《Executive Version of the 5G White Paper》。NGMN 由包括中国移动、DoCoMo（都科摩）、沃达丰、Orange、Sprint、KPN 等运营商发起，其发

布的 5G 白皮书从运营商角度对 5G 网络的用户感受、系统性能、设备需求、先进业务及商业模式等进行阐述。

中国在 2013 年 2 月由中国工业和信息化部、国家发展和改革委员会、科学技术部联合推动成立 IMT－2020（5G）推进组，其组织框架基于原中国 IMT－Advanced 推进组，成员包括中国主要的运营商、制造商、高校和研究机构，目标是成为聚合中国产学研用力量，推动中国第五代移动通信技术研究和开展国际交流与合作的主要平台。IMT－2020（5G）推进组的组织架构如图 1－3 所示，定期发布关于 5G 的研究进展报告，已发布《IMT－2020（5G）推进组－5G 愿景与需求白皮书》，提出"信息随心至，万物触手及"的 5G 愿景、关键能力指标以及 5G 典型场景。2015 年 2 月发布《5G 概念白皮书》，认为从移动互联网和物联网主要应用场景、业务需求及挑战出发，可归纳出连续广域覆盖、热点高容量、低功耗大连接和低时延高可靠四个 5G 主要技术场景。2015 年 5 月发布《5G 网络技术架构白皮书》和《5G 无线技术架构白皮书》，认为 5G 技术创新主要来源于无线技术和网络技术两方面，无线技术领域中大规模天线阵列、超密集组网、新型多址和全频谱接入等技术已成为业界关注的焦点；在网络技术领域，基于软件定义网络（SDN）和网络功能虚拟化（NFV）的新型网络架构已取得广泛共识。

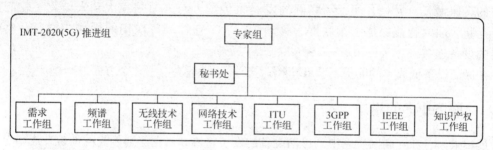

图 1－3　IMT－2020（5G）推进组组织架构

另外，国内的 Future 论坛也在积极开展 5G 系统的相关技术研究，韩国、日本也已有相应的研究组织开展工作，纵观目前全球 5G 研究进展可以看出，全球 5G 组织研究的热点技术趋同。面向无线通信标准化，ITU－R WP5D 已给出了关于 IMT－2020 的研究计划（见图 1－4），按此时间点，全球各研究组织和机构将会提交代表各自观点的技术文稿。另外，3GPP 也将在 Release 14 开始对 5G 系统的标准化定义工作。

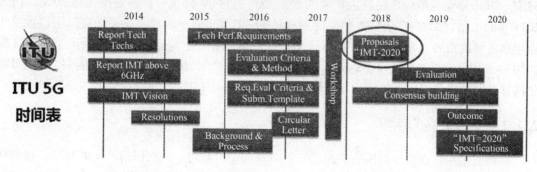

图 1－4　ITU－R WP5D 关于 IMT－2020 的研究计划

第2章　5G需求

2.1　5G驱动力：移动互联网/物联网飞速发展

面对移动互联网和物联网等新型业务发展需求，5G系统需要满足各种业务类型和应用场景。一方面，随着智能终端的迅速普及，移动互联网在过去的几年中在世界范围内发展迅猛，面向2020年及未来，移动互联网将进一步改变人类社会信息的交互方式，为用户提供增强现实、虚拟现实等更加身临其境的新型业务体验，从而带来未来移动数据流量的飞速增长；另一方面，物联网的发展将传统人与人通信扩大到人与物、物与物的广泛互联，届时智能家居、车联网、移动医疗、工业控制等应用的爆炸式增长，将带来海量的设备连接。

在保证设备低成本的前提下，5G网络需要进一步解决以下几个方面的问题。

2.1.1　服务更多的用户

展望未来，在互联网发展中，移动设备的发展将继续占据绝对领先的地位，思科公司估计在产生互联网流量的设备中，到2017年将有近一半是由移动终端设备产生，而这一比例在2012年为26%[1]。思科进一步预测，由个人计算机产生业务量的年增长率为14%，M2M（Machine to Machine，机器到机器）业务增长量将达79%，而平板电脑和手机将产生104%的增长。在全球范围内，思科预计从2012年到2017年，移动数据业务将以66%的年增长率增长，达到11.2EB/月，这比同期固定业务量增长快了3倍。

据ITU发布的全球信息技术数据显示，全球蜂窝移动签约用户到2013年底已经达到约68亿，其中移动宽带用户经过近年来的快速增长到达20亿左右，渗透率接近30%，约为2011年的2倍，2009年的4~5倍。随着移动宽带技术的进一步发展，移动宽带用户数量和渗透率将继续增加。与此同时，随着移动互联网应用和移动终端种类的不断丰富，预计到2020年人均移动终端的数量将达到3个左右，这就要求到2020年，5G网络能够为超过150亿的移动宽带终端提供高速的移动互联网服务。

2.1.2　支持更高的速率

移动宽带用户在全球范围的快速增长，以及如即时通信、社交网络、文件共享、移动视频、移动云计算等新型业务的不断涌现，带来了移动用户对数据量和数据速率需求的迅猛增长。据ITU发布的数据预测（见图2-1），相比于2020年，2030年全球的移动业务量将飞速增长，达到5000EB/月。

相对应地，未来 5G 网络还应能够为用户提供更快的峰值速率，如果以 10 倍于 4G 蜂窝网络峰值速率计算，5G 网络的峰值速率将达到 10 Gbit/s 量级。

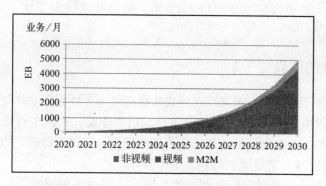

图 2-1   全球不同服务类型的移动业务预测

2.1.3   支持无限的连接

随着移动互联网、物联网等技术的进一步发展，未来移动通信网络的对象将呈现泛化的特点，它们在传统人与人之间通信的基础上，增加了人与物（如智能终端、传感器、仪器等）、物与物之间的互通。不仅如此，通信对象还具有泛在的特点，人或者物可以在任何的时间和地点进行通信。因此，未来 5G 移动通信网将变成一个能够让任何人和任何物，在任何时间和地点都可以自由通信的泛在网络，如图 2-2 所示。

图 2-2   未来面向高速与无限连接的 5G 网络

近年来，国内外运营商都已经开始在物联网应用方面开展了新的探索和创新，已出现的物联网解决方案，例如智慧城市、智能交通、智能物流、智能家居，智能农业、智能水利、设备监控、远程抄表等，都致力于改善人们的生产和生活。随着物联网应用的普及以及无线通信技术及标准化进一步的发展，到 2020 年，全球物联网的连接数将达到 1000 亿左右。在这个庞大的网络中，通信对象之间的互联和互通不仅能够产生无限的连接数，还会产生巨大的数据量。预测到 2020 年，物物互联数据量将达到传统人与人通信数据量的约 30 倍。

2.1.4 提供个性的体验

随着商业模式的不断创新，未来移动网络将推出更为个性化、多样化、智能化的业务应用。因此，这就要求未来 5G 网络进一步改善移动用户体验，如汽车自动驾驶应用要求将端到端时延控制在毫秒级、社交网络应用需要为用户提供永远在线体验，以及为高速场景下的移动用户提供全高清/超高清视频实时播放等体验。

因此，面向 2020 年的未来 5G 移动通信系统要求在确保低成本、传输的安全性、可靠性、稳定性的前提下，能够提供更高的数据速率、服务更多的连接数和获得更好的用户体验。

2.2 运营需求

2.2.1 建设 5G "轻形态" 网络

移动通信系统 1G 到 4G 的发展是无线接入技术的发展，也是用户体验的发展。每一代的接入技术都有自己鲜明的特点，同时每一代的业务都给予用户更全新的体验。然而，在技术发展的同时，无线网络已经越来越"重"，包括：

- "重"部署：基于广域覆盖、热点增强等传统思路的部署方式对网络层层加码，另外泾渭分明的双工方式，以及特定双工方式与频谱间严格的绑定，加剧了网络之重（频谱难以高效利用、双工方式难以有效融合）。
- "重"投入：无线网络越来越复杂使得网络建设投入加大，从而导致投资回收期长，同时对站址条件的需求也越来越高；另外，很多关键技术的引入对现有标准影响较大、实现复杂，从而使得系统达到目标性能的代价变高。
- "重"维护：多接入方式并存，新型设备形态的引入带来新的挑战，技术复杂使得运维难度加大，维护成本增高；无线网络配置情况愈加复杂，一旦配置则难以改动，难以适应业务、用户需求快速发展变化的需要。

在 5G 阶段，因为需要服务更多用户、支持更多连接、提供更高速率以及多样化用户体验，网络性能等指标需求的爆炸性增长将使网络更加难以承受其"重"。为了应对在 5G 网络部署、维护及投资成本上的巨大挑战，对 5G 网络的研究应总体致力于建设满足部署轻便、投资轻度、维护轻松、体验轻快要求的"轻形态"网络，其应具备以下的特点。

（1）部署轻便

基站密度的提升使得网络部署难度逐渐加大，轻便的部署要求将对运营商未来网络建设起到重要作用。在 5G 的技术研究中，应考虑尽量降低对部署站址的选取要求，希望以一种灵活的组网形态出现，同时应具备即插即用的组网能力。

（2）投资轻度

从既有网络投入方面考虑，在运营商无线网络的各项支出中（见图 2-3），OPEX（Operating Expense，运营性支出）占比显著，但 CAPEX（Capital Expenditure，资本性支出）仍不容忽视，其中设备复杂度、运营复杂度对网络支出影响显著。随着网络容量的大幅提升，运营商的成本控制面临巨大挑战，未来的网络必须要有更低的部署和维护成本，那么在技术选择时应注重降低两方面的复杂度。

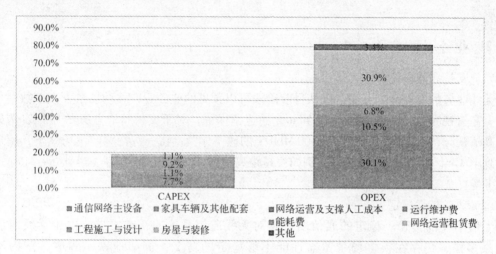

图 2-3　运营商无线网络支出构成示例（基于文献［2］数据计算）

新技术的使用一方面要有效控制设备的制造成本，采用新型架构等技术手段降低网络的整体部署开销；另一方面还需要降低网络运营复杂度，以便捷的网络维护和高效的系统优化来满足未来网络运营的成本需求；应尽量避免基站数量不必要的扩张，尽量做到站址利旧，基站设备应尽量轻量化、低复杂度、低开销、采用灵活的设备类型，在基站部署时应能充分利用现有网络资源，采用灵活的供电和回传方式。

（3）维护轻松

随着 3G 的成熟和 4G 的商用，网络运营已经出现多网络管理和协调的需求，在未来 5G 系统中，多网络的共存和统一管理都将是网络运营面临的巨大挑战。为了简化维护管理成本，也为了统一管理提升用户体验，智能的网络优化管理平台将是未来网络运营的重要技术手段。

此外，运营服务的多样性，如虚拟运营商的引入，对业务 QoS（Quality of Service，服务质量）管理及计费系统会带来影响。因而相比既有网络，5G 的网络运营应能实现更加自主、更加灵活、更低成本和更快适应地进行网络管理与协调，要在多网络融合和高密复杂网络结构下拥有自组织的灵活简便的网络部署和优化技术。

（4）体验轻快

网络容量数量级的提升是每一代网络最鲜明的标志和用户最直观的体验，然而 5G 网络不应只关注用户的峰值速率和总体的网络容量，更需要关心的是用户体验速率，要小区去边缘化以给用户提供连续一致的极速体验。此外，不同的场景和业务对时延、接入数、能耗、可靠性等指标有不同的需求，不可一概而论，而是应该因地制宜地全面评价和权衡。总体来讲，5G 系统应能够满足个性、智能、低功耗的用户体验，具备灵活的频谱利用方式、灵活的干扰协调/抑制处理能力，移动性性能得到进一步的提升。

另外，移动互联网的发展带给用户全新的业务服务，未来网络的架构和运营要向着能为用户提供更丰富的业务服务方向发展。网络智能化，服务网络化，利用网络大数据的信息和基础管道的优势，带给用户更好的业务体验，游戏发烧友、音乐达人、微博控以及机器间通信等，不同的用户有不同的需求，更需要个性化的体验。未来网络架构和运营方式应使得运营商能够根据用户和业务属性以及产品规划，灵活自主地定制网络应用规则和用户体验等级管理等。同时，网络应具备智能化认知用户使用习惯，并能根据用户属性提供更加个性化的业务服务。

2.2.2 业务层面需求

（1）支持高速率业务

无线业务的发展瞬息万变，仅从目前阶段可以预见的业务看，移动场景下大多数用户为支持全高清视频业务，需要达到 10 Mbit/s 的速率保证；对于支持特殊业务的用户，例如支持超高清视频，要求网络能够提供 100 Mbit/s 的速率体验；在一些特殊应用场景下，用户要求达到 10 Gbit/s 的无线传输速率，例如：短距离瞬间下载、交互类 3D（3 - Dimensions）全息业务等。

（2）业务特性稳定

无所不在的覆盖、稳定的通信质量是对无线通信系统的基本要求。由于无线通信环境复杂多样，仍存在很多场景覆盖性能不够稳定的情况，例如地铁、隧道、室内深覆盖等。通信的可靠性指标可以定义为对于特定业务的时延要求下成功传输的数据包比例，5G 网络应要求在典型业务下，可靠性指标应能达到 99% 甚至更高；对于例如 MTC（Machine - Type Communication，机器类型通信）等非时延敏感性业务，可靠性指标要求可以适当降低。

（3）用户定位能力高

对于实时性的、个性化的业务而言，用户定位是一项潜在且重要的背景信息，在 5G 网络中，对于用户的三维定位精度要求应提出较高要求，例如对于 80% 的场景（比如室内场景）精度从 10 m 提高到 1 m 以内。在 4G 网络中，定位方法包括 LTE 自身解决方案以及借助卫星的定位方式，在 5G 网络中可以借助既有的技术手段，但应该从精度上做进一步的增强。

（4）对业务的安全保障

安全性是运营商提供给用户的基本功能之一，从基于人与人的通信到基于机器与机器的通信，5G 网络将支持各种不同的应用和环境，所以，5G 网络应当能够应对通信敏感数据有未经授权的访问、使用、毁坏、修改、审查、攻击等问题。此外，由于 5G 网络能够为关键领域如公共安全、电子保健和公共事业提供服务，5G 网络的核心要求应具备提供一组全面保证安全性的功能，用以保护用户的数据、创造新的商业机会，并防止或减少任何可能的网络安全的攻击。

2.2.3 终端层面需求

无论是硬件还是软件方面，智能终端设备在 5G 时代都将面临功能和复杂度方面的显著提升，尤其是在操作系统方面，必然会有持续的革新。另外，5G 的终端除了基本的端到端通信之外，还可能具备其他的效用，例如成为连接到其他智能设备的中继设备，或者能够支持设备间的直接通信等。考虑目前终端的发展趋势以及对 5G 网络技术的展望，可以预见 5G 终端设备将具备以下特性。

（1）更强的运营商控制能力[3]

对于 5G 终端，应该具备网络侧高度的可编程性和可配置性，比如终端能力、使用的接入技术、传输协议等；运营商应能通过空口确认终端的软硬件平台、操作系统等配置来保证终端获得更好的服务质量；另外，运营商可以通过获知终端关于服务质量的数据，比如掉话率、切换失败率、实时吞吐量等来进行服务体验的优化。

（2）支持多频段多模式

未来的 5G 网络时代，必将是多网络共存的时代，同时考虑全球漫游，这就对终端提出了多频段多模式的要求。另外，为了达到更高的数据速率，5G 终端需要支持多频带聚合技术，这与 LTE - Advanced 系统的要求是一致的。

（3）支持更高的效率

虽然 5G 终端需要支持多种应用，但其供电作为基本通信保障应有所保证，例如智能手机充电周期为 3 天，低成本 MTC 终端能达到 15 年，这就要求终端在资源和信令效率方面应有所突破，比如在系统设计时考虑在网络侧加入更灵活的终端能力控制机制，只针对性地发送必须的信令信息等。

（4）个性化

为满足以人为本、以用户体验为中心的 5G 网络要求，用户应可以按照个人偏好选择个性化的终端形态、定制业务服务和资费方案。在未来网络中，形态各异的设备将大量涌现，如目前已经初见端倪的内置在衣服上用于健康信息处理的便携化终端、3D 眼镜终端等，将逐渐商用和普及。另外，因为部分终端类型需要与人长时间紧密接触，所以终端的辐射需要进一步降低，以保证长时间使用不会对人身体造成伤害。

2.3　5G 系统指标需求

2.3.1　ITU - R 指标需求

根据 ITU - R WP5D 的时间计划，不同国家、地区、公司在 ITU - R WP5D 第 20 次会上已提出面向 5G 系统的需求。综合各个提案以及会上的意见，ITU - R 已于 2015 年 6 月确认并统一 5G 系统的需求指标（见表 2-1[4]）。

表 2-1　5G 系统指标

参数	用户体验速率	峰值速率	移动性	时延	连接密度	能量损耗	频谱效率	业务密度/一定地区的业务容量
指标	100 Mbit/s - 1 Gbit/s	10 - 20 Gbit/s	500 km/h	1 ms（空口）	$10^6/km^2$	不高于 IMT - Advanced	3 倍于 IMT - Advanced	10 Mbit/s/m^2

从目前 ITU - R 统一的系统需求来看，并不能用单一的系统指标衡量 5G 网络，不同的指标需求应适应具体的典型场景，例如在中国 IMT - 2020（5G）推进组有关 5G 需求的研究

中指出[5]：5G 典型场景设计未来人们居住、工作、休闲和交通等各种领域，特别是密集住宅区（Gbit/s 的用户体验速率）、办公室（数十 Tbit/s/km² 的流量密度）、体育场（1 百万/km² 连接数）、露天集会（1 百万/km² 连接数）、地铁（6 人/m² 的超高用户密度）、快速路（毫秒级端到端时延）、高速铁路（500 km/h 以上的高速移动）和广域覆盖（100 Mbit/s 用户体验速率）等场景。

本章结合 NGMN 的分析方法，将以上指标分为用户体验和系统性能两个方面进行论述，具体来看各项需求指标，相比于 IMT - Advanced 都有明显提升。

2.3.2 用户体验指标

（1）100 Mbit/s ~ 1 Gbit/s 的用户体验速率

本指标要求 5G 网络需要能够保证在真实网络环境下用户可获得的最低传输速率在 100 Mbit/s ~ 1 Gbit/s，例如在广域覆盖条件下，任何用户能够获得 100 Mbit/s 及以上速率体验保障。对于密集住宅区场景以及特殊需求用户和业务，5G 系统需要提供高达 1 Gbit/s 的业务速率保障，特殊需求指满足部分特殊高优先级业务（如急救车内高清医疗图像传输服务）的需求。相比于 IMT - Advanced 提出的 0.06 bit/s/Hz（城市宏基站小区）边缘用户频谱效率，该指标至少提升了十几倍。

（2）500 km/h 的移动速度

本指标指满足一定性能要求时，用户和网络设备双方向的最大相对移动速度，本指标的提出考虑了实际通信环境（例如高速铁路）的移动速度需求。

（3）1 ms 的空口时延

端到端时延统计一个数据包从源点业务层面到终点业务层面成功接收的时延，IMT - Advanced 对时延要求为 10 ms，毫秒级的端到端时延要求将面向快速路等特定场景，本指标对 5G 网络的系统设计提出很高的要求。

NGMN 针对具体应用场景对指标需求进行了细化，表 2-2 给出了关于用户体验不同场景具体的指标需求。

表 2-2　用户体验指标需求[3]

场　　景	用户体验数据速率	时　　延	移　动　性
密集地区的宽带接入	下行：300 Mbit/s 上行：50 Mbit/s	10 ms	0 ~ 100 km/h 或根据具体需求
室内超高宽带接入	下行：1 Gbit/s 上行：500 Mbit/s	10 ms	步行速度
人群中的宽带接入	下行：25 Mbit/s 上行：50 Mbit/s	10 ms	步行速度
无处不在的 50 + Mbit/s	下行：50 Mbit/s 上行：25 Mbit/s	10 ms	0 ~ 120 km/h
低 ARPU 地区的低成本宽带接入	下行：10 Mbit/s 上行：10 Mbit/s	50 ms	0 ~ 50 km/h
移动宽带（汽车，火车）	下行：50 Mbit/s 上行：25 Mbit/s	10 ms	高达 500 km/h 或根据具体需求
飞机连接	下行：每个用户 15 Mbit/s 上行：每个用户 7.5 Mbit/s	10 ms	高达 1000 km/h

（续）

场　　景	用户体验数据速率	时　　延	移　动　性
大量低成本/长期的/低功率的 MTC	低（典型的 1～100 kbit/s）	数秒到数小时	0～50 km/h
宽带 MTC	见"密集地区的宽带接入"和"无处不在的 50 + Mbit/s"场景中的需求		
超低时延	下行：50 Mbit/s 上行：25 Mbit/s	<1 ms	步行速度
业务变化场景	下行：0.1～1 Mbit/s 上行：0.1～1 Mbit/s	—	0～120 km/h
超高可靠性 & 超低时延	下行：50 kbit/s～10 Mbit/s 上行：几 bit/s～10 Mbit/s	1 ms	0～50 km/h
超高稳定性和可靠性	下行：10 Mbit/s 上行：10 Mbit/s	10 ms	0～50 km/h 或根据具体需求
广播等服务	下行：高达 200 Mbit/s 上行：适中（如 500 kbit/s）	<100 ms	0～50 km/h

2.3.3　系统性能指标

（1）$10^6/\ km^2$ 的连接数密度

未来 5G 网络用户范畴极大扩展，随着物联网的快速发展，业界预计到 2020 年连接的器件数目将达到 1000 亿。这就要求单位覆盖面积内支持的器件数目将极大增长，在一些场景下单位面积内通过 5G 移动网络连接的器件数目达到 100 万/km^2 或更高，相对 4G 网络增长 100 倍左右，尤其在体育场及露天集会等场景，连接数密度是个关键性指标。这里，连接数指标针对的是一定区域内单一运营商激活的连接设备，"激活"指设备与网络间正交互信息。

（2）10～20 Gbit/s 的峰值速率

根据移动通信历代发展规律，5G 网络同样需要 10 倍于 4G 网络的峰值速率，即达到 10 Gbit/s 量级，在特殊场景，提出了 20 Gbit/s 峰值速率的更高要求。

（3）3 倍于 IMT‐Advanced 系统的频谱效率

ITU 对 IMT‐Advanced 在室外场景下平均频谱效率的最小需求为 2～3 bit/s/Hz，通过演进及革命性技术的应用，5G 的平均频谱效率相对于 IMT‐Advanced 需要 3 倍的提升，解决流量爆炸性增长带来的频谱资源短缺。其中频谱效率的提升应适用于热点/广覆盖基站、低/高频段、低/高速场景。

小区平均频谱效率用 bit/s/Hz/小区来衡量，小区边缘频谱效率用 bit/s/Hz/用户来衡量，5G 系统中两个指标均应相应提升。

（4）10 $Mbit/s/m^2$ 的业务密度

业务密度表征单一运营商在一定区域内的业务流量，适用于以下两个典型场景：①大型露天集会场景中，数万用户产生的数据流量；②办公室场景中，在同层用户同时产生上 Gbit/s 的数据流量。不同场景下的无线业务情况不同，相比于 IMT‐Advanced，5G 的这一指标更有针对性。

NGMN 针对具体应用场景对系统性能指标需求进行了细化，如表 2-3 所示。

表 2-3　系统性能指标需求[3]

场　　景	连接密度	流量密度
密集地区的宽带接入	200 ~ 2500/km²	下行：750 Gbit/s/km² 上行：125 Gbit/s/km²
室内超高宽带接入	75 000/km² （75/1000 m²的办公室）	下行：15 Tbit/s/km² （15 Gbit/s/1000 m²） 上行：2 Tbit/s/km² （2 Gbit/s/1000 m²）
人群中的宽带接入	150 000/km² （30 000/体育场）	下行：3.75 Tbit/s/km² （下行：0.75 Tbit/s/体育场） 上行：7.5 Tbit/s/km² （1.5 Tbit/s/体育场）
无处不在的 50 + Mbit/s	城郊 400/km² 农村 100/km²	下行：城郊 20 Gbit/s/km² 上行：城郊 10 Gbit/s/km² 下行：农村 5 Gbit/s/km² 上行：农村 2.5 Gbit/s/km²
低 ARPU（Average Revenue Per User，每用户平均收入）地区的低成本宽带接入	16/m²	160 Mbit/s/km²
移动宽带（汽车，火车）	2000/km² （4 辆火车每辆火车有 500 个活动用户，或 2000 辆汽车每辆汽车上有 1 个活动用户）	下行：100 Gbit/s/km² （每辆火车 25 Gbit/s，每辆汽车 50 Mbit/s） 上行：50 Gbit/s/km² （每辆火车 12.5 Gbit/s，每辆汽车 25 Mbit/s）
飞机连接	每架飞机 80 用户 每 18 000 km²60 架飞机	下行：1.2 Gbit/s/飞机 上行：600 Mbit/s/飞机
大量低成本/长期的/低功率的 MTC	高达 200 000/km²	无苛刻要求
宽带 MTC	见"密集地区的宽带接入"和"无处不在的 50 + Mbit/s"场景中的需求	
超低时延	无苛刻要求	可能高
业务变化场景	10 000/km²	可能高
超高可靠性 & 超低时延	无苛刻要求	可能高
超高稳定性和可靠性	无苛刻要求	可能高
广播等服务	不相关	不相关

2.4　5G 技术框架展望

为满足 5G 网络性能及效率指标，需要在 4G 网络基础上聚焦无线接入和网络技术两个层面进行增强或革新，如图 2-4 所示。其中：

- 为满足用户体验速率、峰值速率、流量密度、连接密度等需求，考虑空间域的大规模扩展，地理域的超密集部署、频率域的高带宽获取，以及先进的多址接入技术等无线接入候选技术。在定义无线空中接口技术框架时，应适应不同场景差异化的需求，应同时考虑 5G 新空口设计以及 4G 网络的技术演进两条技术路线。

- 为满足网络运营的成本效率、能源效率等需求，考虑多网络融合、网络虚拟化、软件化等网络架构增强候选技术。

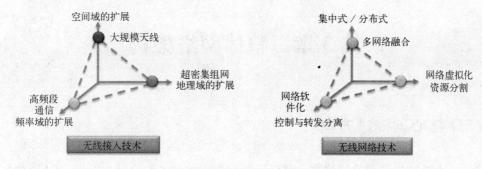

图 2-4　5G 技术路径

参考文献

[1]　Cisco. The Zettabyte Era – Trends and Analysis[EB/OL]. 2013. http://www. cisco. com/en/US/solutions/collateral/ns341/ns525/ns537/ns705/ns827/VNI_Hyperconnectivity_WP.

[2]　中国电信财务报告(2008—2013 年)[EB/OL], 2014. http://www. chinatelecom – h. com.

[3]　NGMN Alliance. NGMN 5G White Paper[EB/OL], 2015. http://www. ngmn. org/5g – white – paper. html.

[4]　ITU. ITU WP5D Document 5D/TEMP/625 – E, IMT Vision – Framework and overall objectives of the future development of IMT for 2020 and beyond[EB/OL], 2015. http://www. itu. int/en/ITU – T/Pages/default. aspx.

[5]　IMT – 2020(5G) 推进组．5G 愿景与需求白皮书[EB/OL], 2014. http://www. imt – 2020. org. cn/zh/documents/listByQuery? currentPage = 1&content = .

第3章　整体网络架构

3.1　5G核心网演进方向

随着智能手机技术的快速演进，移动互联网爆发式增长已远远超出其设计者最初的想象。互联网流量迅猛增长、承载业务日益广泛使得移动通信在社会生活中起到的作用越来越重要，但也使得诸如安全性、稳定性、可控性等问题越来越尖锐。面对这些随之而来的问题，当前的核心网网络架构已经无法满足未来网络发展的需求。传统的解决方案都是将越来越多的复杂功能，如组播、防火墙、区分服务、流量工程、MPLS（Multi - Protocol Label Switch，多协议标签交换）等，加入到互联网体系结构中。这使得路由器等交换设备越来越臃肿且性能提升的空间越来越小，同时网络创新越来越封闭，网络发展开始徘徊不前。

另一方面，诸多新业务的引入也给运营商网络的建设、维护和升级带来了巨大的挑战。运营商的网络是通过大型的不断增加的专属硬件设备来部署，即一项新网络服务的推出，通常需要将相应的硬件设备有效地引入并整合到网络中，而与之伴随的，就是设备能耗的增加、资本投入的增加以及整合和操作硬件设备的日趋复杂化。而且，随着技术的快速进步以及新业务的快速出现，硬件设备的生命周期也在变的越来越短，因此，现有的核心网网络架构很难满足未来5G的需求。

而SDN（Software Defined Network，软件定义网络）和NFV（Network Function Virtualization，网络功能虚拟化）为解决以上问题提供了很好的技术方法。

3.1.1　软件定义网络

SDN诞生于美国GENI（Global Environment for Networking Investigations）项目资助的斯坦福大学Clean Slate课题。SDN并不是一个具体的技术，而是一种新型网络架构，是一种网络设计的理念。区别于传统网络架构，SDN将控制功能从网络交换设备中分离出来，将其移入逻辑上独立的控制环境——网络控制系统之中。该系统可在通用的服务器上运行，任何用户可随时、直接进行控制功能编程。因此，控制功能不再局限于路由器中，也不再局限于只有设备的生产厂商才能够编程和定义。SDN正在成为整个行业瞩目的焦点，越来越多的业界专家相信其将给传统网络架构带来一场革命性的变革。

目前，尽管学术界和工业界仍然没有对于SDN的明确定义，但是根据ONF（Open Networking Foundation，开放网络基金会）的规定[1]，SDN应具有以下三个特性：

1）控制面与转发面分离。

2）控制面集中化。

3）开放的可编程接口。

说到 SDN，就不能不提 OpenFlow。SDN 作为转发控制分离、集中控制和开放网络架构，是一个整体而又宽泛的概念，而 OpenFlow 是其转发面、控制面之间的一种南向接口。虽然并非唯一的接口，而且 OpenDayLight 等组织也提出了另外一些南向接口，但不可否认的是，OpenFlow 仍是目前市场中最为主流的接口协议。

2012 年 4 月，ONF 发布了 SDN 白皮书[1]，其中的 SDN 三层架构模型获得了业界广泛认可，如图 3-1 所示。

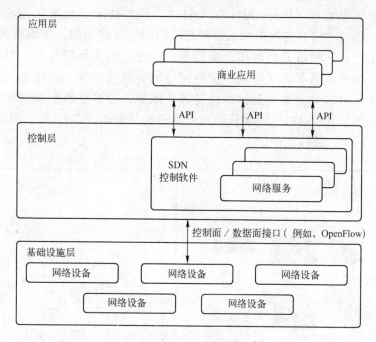

图 3-1　SDN 三层架构模型[1]

在 SDN 中，网络控制层在逻辑上是集中的并且已从数据层中分离出来，而保持全网视图的 SDN 控制器是网络的大脑。SDN 通过基于标准和厂商中立的开源项目简化了网络设计和操作，更进一步而言，通过动态自主的 SDN 编程，网络的运行可以随时动态配置、管理和优化，自适应地匹配不断变化的需求。

将 SDN 成功应用到运营商网络中，一方面可以极大简化运营商对网络的管理，解决传统网络中无法避免的一些问题，如缺乏灵活性、对需求变化响应速度缓慢、无法实现网络的虚拟化以及高昂的成本等；另一方面可以有效支持 5G 网络中急速增长的流量需求。基于开源 API（Application Programming Interface，应用程序编程接口）和网络功能虚拟化接口，SDN 可以将服务从底层的物理基础设施中分离出来，并推动一个更加开放的无线生态系统。类似于无线 SDN 网络中的可编程切换、可编程基站和可编程网关将在 SDN 架构的蜂窝网中初露锋芒，同时更多的网络拓展功能如用户网络属性的可视化和空中接口的灵活自适应等将浮出水面。综上所述，SDN 将在未来 5G 网络中拥有光明的未来。

3.1.2　网络功能虚拟化

2012 年 10 月，AT&T、Telefonica 等全球 13 家主流运营商发起并成立了 ETSI（European

Telecommunications Standards Institute，欧洲电信标准组织）NFV 工作组，提出了 NFV（Network Function Virtualization，网络功能虚拟化）的概念。

运营商网络主要由专属电信设备组成。专属电信设备的主要优点是性能强、可靠性高、标准化程度高，但其存在的问题也比较明显：价格昂贵且对引入新业务的适配性较差。随着移动宽带业务的快速发展以及网络流量的迅猛增长，专属电信设备的这些缺点显得越来越明显，运营商迫切需要找到解决这些问题的方法。

可以说，NFV 就是由 ETSI 从运营商角度出发提出的一种软件和硬件分离的架构，主要是希望通过标准化的 IT（Information Technology，信息技术）虚拟化技术，采用业界标准的大容量服务器、存储和交换机承载各种各样的网络软件功能，实现软件的灵活加载，从而可以在数据中心、网络节点和用户端等不同位置灵活地部署配置，加快网络部署和调整的速度，降低业务部署的复杂度，提高网络设备的统一化、通用化、适配性等。由此带来的好处主要有两个，其一是标准设备成本低廉，能够节省部署专属硬件带来的巨大投资成本；其二是开放 API，能够获得更灵活的网络能力。如图 3-2 所示为 ETSI NFV 工作组提出的 NFV 的目标。

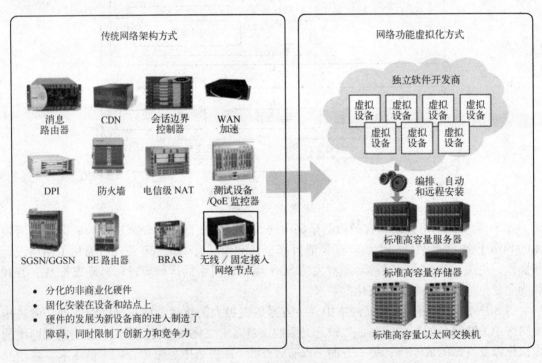

图 3-2　NFV 目标[2]

此外，ETSI NFV 工作组还提出了 NFV 的架构框图，如图 3-3 所示。

其中，VNF 作为一个纯软件实现的网络功能，能够运行在 NFVI（NFV Infrasturcture，NFV 基础设施）之上；NFVI 将硬件相关的 CPU/内存/硬盘/网络资源全面虚拟化；NFV 负责对支持基础设施虚拟化的软硬件资源的生命周期管理和编排，以及对 VNF（Virtualised Network Functions，虚拟网络功能）的生命周期的管理。

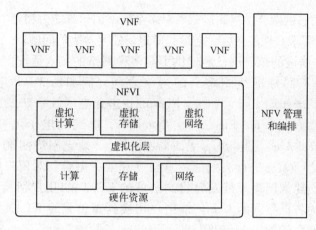

图 3-3 NFV 架构框图[3]

3.2 5G 无线接入网架构演进方向

为了更好地满足 5G 网络的要求，除了核心网架构需要进一步演进之外，无线接入网作为运营商网络的重要组成部分，也需要进行功能与架构的进一步优化与演进，以更好地满足 5G 网络的要求。

总体来说，5G 无线接入网将会是一个满足多场景的多层异构网络，能够有效地统一容纳传统的技术演进空口和 5G 新空口等多种接入技术，能够提升小区边缘协同处理效率并提升无线和回传资源的利用率。同时，5G 无线接入网需要由孤立的接入管道转向支持多制式/多样式接入点、分布式和集中式、有线和无线等灵活的网络拓扑和自适应的无线接入方式，接入网资源控制和协同能力将大大提高，基站可实现即插即用式动态部署方式，方便运营商可以根据不同的需求及应用场景，快速、灵活、高效、轻便地部署适配的 5G 网络。

3.2.1 多网络融合

无线通信系统从 1G 到 4G，经历了迅猛的发展，现实网络逐步形成了包含无线制式多样、频谱利用广泛和覆盖范围全面的复杂现状，其中多种接入技术长期共存成为突出特征。

根据中国 IMT - 2020 5G 推进组需求工作组的研究与评估[4]，5G 需要在用户体验速率、连接数密度和端到端时延以及流量密度上具备比 4G 更高的性能，其中，用户体验速率、连接数密度和时延是 5G 最基本的三个性能指标。同时，5G 还需要大幅提升网络部署和运营的效率。相比于 4G，频谱效率需要提升 5~15 倍，能效和成本效率需要提升百倍以上。

而在 5G 时代，同一运营商拥有多张不同制式网络的现状将长期共存，多种无线接入技术共存会使得网络环境越来越复杂，例如，用户在不同网络之间进行移动切换时的时延更大。如果无法将多个网络进行有效的融合，上述性能指标，包括用户体验速率、连接数密度和时延，将很难在如此复杂的网络环境中得到满足。因此，在 5G 时代，如何将多网络进行更加高效、智能、动态的融合，提高运营商对多个网络的运维能力和集中控制管理能力，并最终满足 5G 网络的需求和性能指标，是运营商迫切需要解决的问题。

在 4G 网络中，演进的核心网已经提供了对多种网络的接入适配。但是，在某些不同网络之间，特别是不同标准组织定义的网络之间，例如由 3GPP 定义的 E－UTRAN（Evolved Universal Terrestrial Radio Access Network，进化型的统一陆地无线接入网络）和 IEEE（Institute of Electrical and Electronics Engineers，电气和电子工程师协会）定义的 WLAN（Wireless Local Area Networks，无线局域网络），缺乏网络侧统一的资源管理和调度转发机制，二者之间无法进行有效的信息交互和业务融合，对用户体验和整体的网络性能都有很大影响，比如网络不能及时将高负载的 LTE 网络用户切换到低负载的 WLAN 网络中，或者错误地将低负载的 LTE 网络用户切换到高负载的 WLAN 网络中，从而影响了用户体验和整体网络性能。

在未来 5G 网络中，多网络融合技术需要进一步优化和增强，并应考虑蜂窝系统内的多种接入技术（例如 3G、4G）和 WLAN（见图 3-4）。考虑到当前 WLAN 在分流运营商网络流量负载中起到的越来越重要的作用，以及 WLAN 通信技术的日趋成熟，将蜂窝通信系统和 WLAN 进行高效的融合需要给予充分的重视。

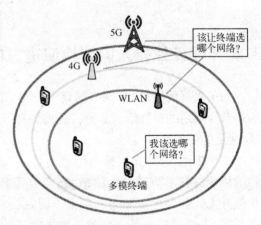

图 3-4　多网络融合场景

为了进一步提高运营商部署的 WLAN 网络的使用效率，提高 WLAN 网络的分流效果，3GPP 开展了 WLAN 与 3GPP 之间互操作技术的研究工作，致力于形成对用户透明的网络选择、灵活的网络切换与分流，以达到显著提升室内覆盖效果和充分利用 WLAN 资源的目的。

目前，WLAN 与 3GPP 的互操作和融合相关技术主要集中在核心网侧，包括非无缝和无缝两种业务的移动和切换方式，并在核心网侧引入了一个重要的网元功能单元——ANDSF（Access Network Discovery Support Functions，接入网络发现和选择功能单元）。ANDSF 的主要功能是辅助用户发现附近的网络，并提供接入的优先次序和管理这些网络的连接规则。用户利用 ANDSF 提供的信息，选择合适的网络进行接入。ANDSF 能够提供系统间移动性策略、接入网发现信息以及系统间路由信息等[5]。然而，对运营商来说，这种机制尚不能充分提供对网络的灵活控制，例如对于接入网络的动态信息（如网络负载、链路质量、回传链路负荷等）难以顾及。为了使运营商能够对 WLAN 和 3GPP 网络的使用情况采取更加灵活、更加动态的联合控制，进一步降低运营成本，提供更好的用户体验，更有效地利用现有网络，并降低由于 WLAN 持续扫描造成的终端电量的大量消耗，3GPP 近年来对无线网络侧的 WLAN/3GPP 互操作方式也展开了研究以及相关标准化工作，并且在 3GPP 第 58 次 RAN（Radio Access Network，无线接入网）全会上正式通过了 WLAN/3GPP 无线侧互操作研究的 SI（Study Item，研究立项）[6]，在 3GPP 第 62 次 RAN 全会上进一步通过了 WLAN/3GPP 无线侧互操作研究的 WI（Work Item，工作立项）[7]。目前，其在 3GPP Release 12 阶段的具体技术细节已经确定，标准制定工作已经基本完成[8]。

WLAN/3GPP 无线侧互操作的研究场景仅考虑由运营商部署并控制的 WLAN AP（Access Point，接入点），且在每个 UTRAN/E – UTRAN 小区覆盖范围内可以同时存在多个 WLAN AP。考虑到实际的部署场景，该部分研究具体可以考虑以下两种部署场景[9]：

共站址场景（见图 3-5）。在该场景中，eNB（evolved Node B，演进基站）与 WLAN AP 位于同一地点，并且二者之间可以通过非标准化的接口进行信息的交互和协调。

场景（见图 3-6）在该场景中，eNB 与 WLAN AP 位于不同地点，并且二者之间没有 RAN 层面的信息的交互和协调。

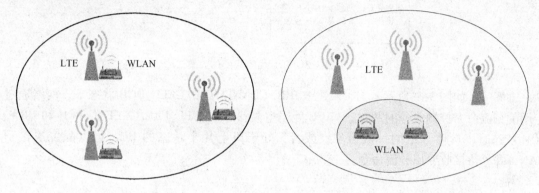

图 3-5　共站址场景[9]　　　　　　　　　图 3-6　非共站址场景[9]

在 WLAN/3GPP 无线侧互操作技术的 SI 期间，共提出了三种 WLAN 和 E – UTRAN/UTRAN 在无线侧的互操作方案[10]。

方案一：RAN 侧通过广播信令或专用信令提供分流辅助信息给 UE（User Equipment，用户设备）。UE 利用 RAN 侧提供的分流辅助信息、UE 的测量信息、WLAN 提供的信息，以及从核心网侧 ANDSF 获得的策略，将业务分流到 WLAN 或者 RAN 侧，如图 3-7 所示。

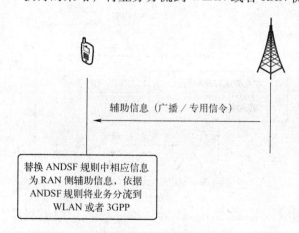

辅助信息（广播／专用信令）

替换 ANDSF 规则中相应信息
为 RAN 侧辅助信息，依据
ANDSF 规则将业务分流到
WLAN 或者 3GPP

图 3-7　WLAN/3GPP 无线侧互操作方案一[10]

方案二：网络选择以及业务分流的具体规则由 RAN 侧在标准中规定，RAN 通过广播或者专用信令提供 RAN 分流规则中所需的参数门限。当网络中不存在 ANDSF 规则时，UE 依据 RAN 侧规定的分流规则将业务分流到 WLAN 或者 3GPP 上；当同时存在 ANDSF 时，ANDSF 规则优先于 RAN 规则，如图 3-8 所示。

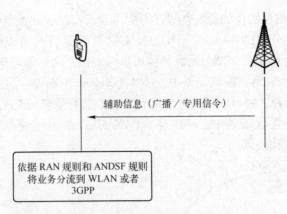

图 3-8　WLAN/3GPP 无线侧互操作方案二[10]

　　方案三：如图 3-9 所示，当 UE 处于 RRC CONNECTED/CELL_DCH 状态下，网络通过专用的分流命令控制业务的卸载。当 UE 处于空闲状态、CELL_FACH，CELL_PCH 和 URA_PCH 状态时，具体方案同一或者二；或者，处于以上几个状态的 UE，可以配置连接到 RAN，并等待接收专用分流命令。

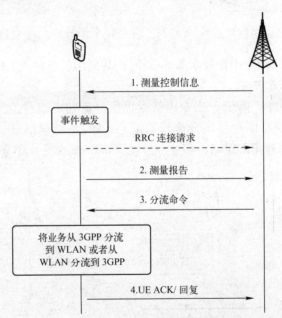

图 3-9　WLAN/3GPP 无线侧互操作方案三[10]

　　具体而言，eNB/RNC（Radio Network Controller，无线网络控制器）发送测量配置命令给 UE，用于对目标 WLAN 测量信息的配置。UE 进行测量，并基于事件触发测量上报过程。经过判决，eNB/RNC 发送专用分流命令将 UE 的业务分流到 WLAN 或者 3GPP 网络。

　　基于 SI 阶段的研究成果，3GPP 最终达成协议在 WI 阶段只研究基于 UE 控制的解决方案，也就是融合方案一和方案二的解决方案：RAN 侧通过广播信令或专用信令提供辅助信息给 UE，这些辅助信息包括 E-UTRAN 的信号强度门限、WLAN 的信道利用率门限、WLAN 的回传链路速率门限、WLAN 信号强度门限、分流偏好指示以及 WLAN 识别号。UE

可以利用收到辅助信息，并结合 ANDSF 分流策略或/和 RAN 分流策略，做出最终的分流决策[11-13]。

为了满足 5G 网络的需求和性能指标，5G 的多网络融合技术可以考虑分布式和集中式两种实现架构（见图 3-10）。其中，分布式多网络融合技术利用各个网络之间现有的、增强的甚至新增加的标准化接口，并辅以高效的分布式多网络协调算法来协调和融合各个网络。而集中式多网络融合技术则可以通过在 RAN 侧增加新的多网络融合逻辑控制实体或者功能将多个网络集中在 RAN 侧来统一管理和协调。

分布式多网络融合不需要多网络融合逻辑控制实体或者功能的集中控制，也不需要信息的集中收集和处理，因此该方案的鲁棒性较强，并且反应迅速，但是与集中式多网络融合技术相比不易达到全局的性能最优化。以 LTE 和 WLAN 网络融合为例，可以在 3GPP LTE 的 eNB 与 WLAN AP 之间新建一个标准化接口。该接口与 LTE eNB 之间的 X2 接口类似。LTE eNB 与 WLAN AP 可以通过该标准化接口进行信息的交互与协调。

LTE eNB 与 WLAN AP 可以通过图 3-10 中分布式多网络融合的流程进行网络融合。以 LTE 网络和 WLAN 网络进行业务分流为例，在 LTE 网络和 WLAN 网络进行业务分流之前，LTE eNB 和 WLAN AP 首先要建立起标准化接口。在该接口建立完毕之后，二者可以进行负载信息的交互，以便确认己方/对方是否可以发起/接受对等方的业务分流请求。如果可以，那么二者再进行更进一步的业务分流信息的交互来完成业务分流，以进一步达到多网络融合的目的。

集中式多网络融合需要多网络融合逻辑控制实体或者功能的集中控制，并且可以进行多网络信息的集中收集和处理，因此该方案能达到全局的性能最优化。以 LTE 和 WLAN 网络融合为例，根据 LTE eNB 和 WLAN AP 的部署场景（collocated 或者 non-collocated）和二者之间回传或者连接接口的特性（理想或者非理想），可以分别采用 WLAN/3GPP 载波聚合和 WLAN/3GPP 双连接两种融合方式。并且可以通过图 3-10 中集中式多网络融合的方案进行网络融合。例如，可以对现有的 LTE eNB 实体进行增强，在无线侧引入新的 MRAC（Multi-RAT Adaptation and Control，多网络适配和控制）层，该层可以位于传统的 RLC（Radio Link Control，无线链路控制）层之上，负责将 LTE 网络传输的数据包与 WLAN 网络传输的数据包进行适配和控制，从而达到多网络融合的目的。或者可以将 LTE eNB 中已有的层进行修改和增强，比如 PDCP（Packet Data Convergence Protocol，分组数据汇聚协议）层，从而可以将 LTE 网络传输的数据包与 WLAN 网络传输的数据包进行适配和控制，从而达到多网络融合的目的。

3.2.2　无线 MESH

根据 ITU-R WP5D 的讨论共识[14]，5G 网络需要能够提供大于 10 Gbit/s 的峰值速率，并且能够提供 100 Mbit/s ~ 1 Gbit/s 的用户体验速率，UDN（Ultra Dense Deployment，超密集网络部署）将是实现这些目标的重要方式和手段。通过超密集网络部署与小区微型化，频谱效率和接入网系统容量将会得到极大的提升，从而为超高峰值速率与超高用户体验提供基础，如图 3-11 所示。

总体而言，超密集网络部署具有以下特点：

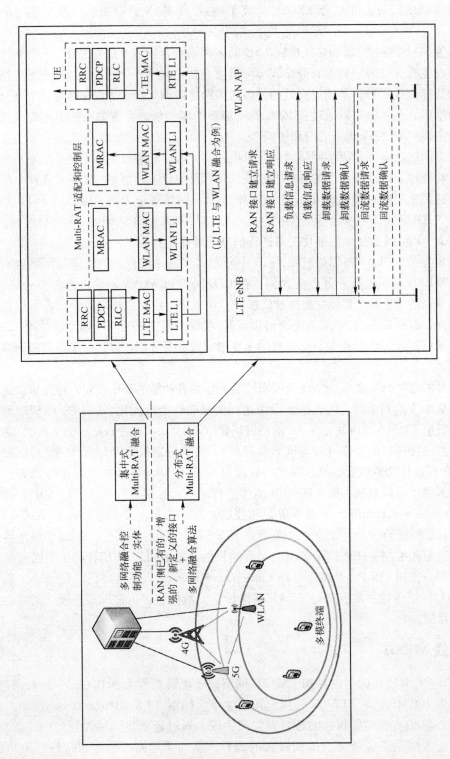

图 3−10　5G 多网络融合技术

1）基站间距较小：虽然网络密集化在现有的网络部署中就有采用，但是站间距最小在 200 m 左右。在 5G UDN 场景中，站间距可以缩小到 10 ~ 20 m 左右，相比于当前部署而言，站间距显著减小。

2）基站数量较多：UDN 场景通过小区超密集化部署提高频谱效率，但是为了能够提供连续覆盖，势必要大大增加微基站的数量。

3）站址选择多样：大量小功率微基站密集部署在特定区域，相比于传统宏蜂窝部署而言，这其中会有一部分站址不会经过严格的站址规划，通常选择在方便部署的位置。

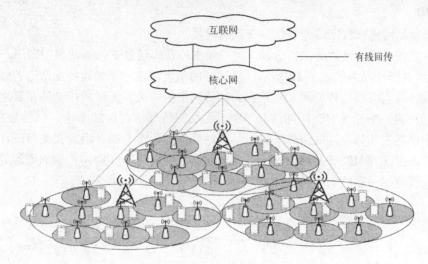

图 3-11　超密集网络部署场景

超密集网络部署在带来频谱效率、系统容量与峰值速率提升等好处的同时，也带来了极大的挑战：

● 基站部署数量的增多会带来回传链路部署的增多，从网络建设和维护成本的角度考虑，超密集网络部署不适宜为所有的小型基站铺设高速有线线路（例如，光纤）来提供有线回传。

● 由于在超密集网络部署中，微基站的站址通常难以预设站址，而是选择在便于部署的位置（例如，街边、屋顶或灯柱），这些位置通常无法铺设有线线路来提供回传链路。

● 由于在超密集网络部署中，微基站间的站间距与传统的网络部署相比会非常小，因此基站间干扰会比传统网络部署要严重，因此，基站间如何进行高速、甚至实时的信息交互与协调，以便进一步采取高效的干扰协调与消除就显得尤为重要。而传统的基站间通信交互时延达到几十毫秒，难以满足高速、实时的基站间信息交互与协调的要求。

根据中国 IMT - 2020 5G 推进组需求工作组的研究结果，5G 网络将需要支持各种不同特性的业务，例如，时延敏感的 M2M 数据传输业务、高带宽的视频传输业务等等。为适应多种业务类型的服务质量要求，需要对回传链路的传输进行精确的控制和优化，以提供不同时延、速率等性能的服务质量。而传统的基站间接口（例如，X2 接口）的传输时延与控制功能很难满足这些需求。

此外，根据中国 IMT - 2020 5G 推进组发布的 5G 概念白皮书[15]，连续广域覆盖场景将会是 5G 网络需要重点满足的应用场景之一。如何在人口较少的偏远地区，高效、灵活地部署基站，并对其进行高效的维护和管理，并且能够进一步实现基站的即插即用，以保证该类地区的良好覆盖及服务，也是运营商需要解决的问题。

关于 UDN 的回传技术及拓扑结构在第 5 章将有具体阐述，本节中针对无线 MESH 这一接入网演进方向进行深入分析。无线 MESH 网络就是要构建快速、高效的基站间无线传输网络，着力满足数据传输速率和流量密度需求，实现易部署、易维护、用户体验轻快、一致的轻型 5G 网络：

- 降低基站间进行数据传输与信令交互的时延。
- 提供更加动态、灵活的回传选择，进一步支持在多场景下的基站即插即用。

5G 无线 MESH 网络如图 3-12 所示。从回传的角度考虑，基础回传网络由有线回传与无线回传组成，具有有线回传的网关基站作为回传网络的网关，无线回传基站及其之间的无线传输链路则组成一个无线 MESH 网络。其中，无线回传基站在传输本小区回传数据的同时，还有能力中继转发相邻小区的回传数据。从基站协作的角度考虑，组成无线 MESH 网络的基站之间可以通过无线 MESH 网络快速交互需要协同服务的用户、协同传输的资源等信息，为用户提供高性能、一致性的服务及体验。

图 3-12　5G 超密集网络部署中的回传网络拓扑

为了实现高效的无线 MESH 网络，以下技术方面需要着重考虑：

（1）无线 MESH 网络无线回传链路与无线接入链路的联合设计与联合优化

实现无线 MESH 网络首先需要考虑无线 MESH 网络中基站间无线回传链路基于何种接入方式进行实现，并考虑与无线接入链路的关系。而该研究点也是业界诸多主流厂商[16]和国际 5G 项目[17]的研究重点。首先，基于无线 MESH 的无线回传链路与 5G 的无线接入链路将会有许多相似之处：无线 MESH 网络中的无线回传链路可以（甚至将主要）工作在高频段上，这与 5G 无线关键技术中的高频通信的工作频段是类似的；无线 MESH 网络中的无线回传链路也可以工作在低频段上，这与传统的无线接入链路的工作频段是类似的；考虑到 5G 场景下微基站的增加与回传场景的多样化，无线 MESH 网络中的无线回传链路与无线接入链路的工作及传播环境是类似的。

考虑到以上因素，基于无线 MESH 的无线回传链路与 5G 的无线接入链路可以进行统一和融合，并按照需求进行相应的增强，比如，无线 MESH 网络的无线回传链路与 5G 的无线接入链路可以使用相同的接入技术；无线 MESH 网络的无线回传链路可以与 5G 无线接入链路使用相同的资源池；无线 MESH 网络中无线回传链路的资源管理、QoS 保障等功能可以与 5G 无线接入链路联合考虑。

这样做的好处包括：

- 简化网络部署，尤其针对超密集网络部署场景。
- 通过无线 MESH 网络的无线回传链路和无线接入链路的频谱资源动态共享，提高资源利用率。
- 可以针对无线 MESH 网络的无线回传链路和无线接入链路进行联合管理和维护，提高运维效率、减少 CAPEX 和 OPEX。

（2）无线 MESH 网络回传网关规划与管理

如图 3-12 所示，具有有线回传的基站作为回传网络的网关，是其它基站和核心网之间回传数据的接口，对于回传网络性能具有决定性作用。因此，如何选取合适的有线回传基站作为网关，对无线 MESH 网络的性能具有很大影响。一方面，在进行超密集网络部署时，有线回传基站的可获得性取决于具体站址的物理限制。另一方面，有线回传基站位置的选取也要考虑区域业务分部特性。因此，在进行无线 MESH 网络回传网络设计时，可以首先确定可获得有线回传的位置和网络结构，然后根据具体的网络结构和业务的分布进一步确定回传网关的位置、数量等。通过无线 MESH 网络回传网关的规划和管理，可以在保证回传数据传输的同时，有效提升回传网络的效率和能力。

（3）无线 MESH 网络回传网络拓扑管理与路径优化

如图 3-12 所示，具备无线回传能力的基站组成一个无线 MESH 网络，进一步实现网络中基站间快速的信息交互、协调与数据传输。并且，具有无线回传能力的基站可以帮助相邻的基站协助传输回传数据到回传网关。因此，如何选择合适的回传路径也是决定无线 MESH 网络中回传性能的关键因素。一方面，无线 MESH 网络的回传拓扑和路径选择需要充分考虑无线链路的容量和业务需求，根据网络中业务的动态分布情况和 CQI 需求进行动态的管理和优化。另一方面，无线回传网络拓扑管理和优化需要考虑多种网络性能指标（Key Performance Indicator，KPI），例如，小区优先级、总吞吐率和服务质量等级保证。并且，在某些路径节点发生变化时（例如，某中继无线回传基站发生故障），无线 MESH 网络能够动态地进行路径更新及重配置。通过无线回传链路的拓扑管理和路径优化，使无线 MESH 网络能够及时、迅速地适应业务分布与网络状况的变化，并能够有效提升无线回传网络的性能和效率。

（4）无线 MESH 网络回传网络资源管理

在无线回传网络拓扑和回传路径确定之后，如何高效地管理无线 MESH 网络的资源显得至关重要。并且，如果无线回传链路与无线接入链路使用相同的频率资源，还需要考虑无线回传链路和网络接入链路的联合资源管理，以提升整体的系统性能。对于无线回传链路的资源管理，可以基于特定的调度准则，根据每个小区自身回传数据队列、中继数据队列以及接入链路的数据队列，调度特定的小区和链路在适合的时隙发送回传数据，从而满足业务服务质量要求。该调度器可以基于集中式，也可以基于分布式实现。

（5）无线 MESH 网络协议架构与接口研究

LTE 中基站间可以通过 X2 接口进行连接，3GPP 针对 X2 接口分别从用户面和控制面定义了相关的标准[18,19]。考虑到无线 MESH 网络的无线回传链路及其接口固有的特性和与 X2 接口的明显差异，如何设计一套高效的、针对无线 MESH 网络的协议架构及接口标准显得十分必要。这其中就要考虑：

- 无线 MESH 网络及接口建立、更改、终止等功能及标准流程。
- 无线 MESH 网络中基站间控制信息交互、协调等功能及标准流程。
- 无线 MESH 网络中基站间数据传输、中继等功能及标准流程。
- 辅助实现无线 MESH 网络关键算法的承载信令及功能，例如资源管理算法。

另外，由于在超密集网络部署的场景下基站的站间距会非常小，基站间采用无线回传会带来严重的同频干扰问题。一方面，可以通过协议和算法的设计来减少甚至消除这些干扰。另一方面，也可以考虑如何与其他互补的关键技术相结合来降低干扰，例如高频通信技术、大规模天线技术等。

3.2.3　虚拟化

5G 时代的网络需要提升网络综合能效，并且通过灵活的网络拓扑和架构来支持多元化、性能需求完全不同的各类服务与应用，并且需要进一步提升频谱效率，而且需要大幅降低密集部署所带来的难度与成本。而接入网作为运营商网络的重要组成部分，也需要进行进一步的功能与架构的优化与演进，进一步满足 5G 网络的要求。

现有的 LTE 接入网架构具有以下的局限性和不足：

- 控制面比较分散，随着网络密集化，不利于无线资源管理、干扰管理、移动性管理等网络功能的收敛和优化。
- 数据面不够独立，不利于新业务甚至虚拟运营商的灵活添加和管理。
- 各设备厂商的基站间接口的部分功能及实现理解不一致，导致不同厂商设备间的互联互通性能差，进而影响网络扩展、网络性能及用户体验。
- 不同 RAT（Radio Access Technology，无线接入技术）需要不同的硬件产品来实现，各无线接入技术资源不能完全整合。
- 网络设备如果想支持更高版本的技术特性，往往要通过硬件升级与改造，为运营商的网络升级和部署带来较大开销。

因此接入网必须通过进一步的优化与演进来满足 5G 时代对接入网的需求。而接入网虚拟化就是接入网一个重要的优化与演进方向。

通过接入网虚拟化，可以：

- 虚拟化不同无线接入技术处理资源，包括蜂窝无线通信技术与 WLAN 通信技术，最大化资源共享，提高用户与网络性能。
- 与核心网的软件化与虚拟化演进相辅相成，促进网络架构的整体演进。
- 实现对接入网资源的切片化独立管理，方便新业务、新特性及虚拟运营商的灵活添加，并实现对虚拟运营商更智能的灵活管理和优化。
- 实现更加优化和智能的无线资源管理、干扰控制及移动性管理，提高用户与网络性能。
- 实现更加快速、低成本的网络升级与扩展。

实现接入网虚拟化的一个重要方面是实现对基站、物力资源及协议栈的虚拟化。目前，已有许多国际研究项目和科研院校对该方向展开了深入研究[20,21]。FP7 资助的 4WARD 项目就从不同的方面对蜂窝网络的虚拟化展开了深入研究。基于 4WARD 提出的虚拟化模型，许多专家学者又展开了专门针对 LTE 的虚拟化研究工作[22,23]。其中，文献［22］提出了一种 LTE 虚拟化框架，并且提出了多种针对 MVNO（Mobile Virtual Network Operator，虚拟运营商）的虚拟化资源分配和管理方案，并且通过仿真与非虚拟化的系统进行了性能对比，对比结果显示了 LTE 虚拟化能够带来的系统和性能增益。

传统的运营商网络一般要求不同的运营商在相同地区使用不同的频带资源来为相应的用户群提供服务。随着虚拟运营商的大量引入，如果能够实现运营商网络资源的虚拟化，可以使不同的虚拟运营商动态共享传统运营商的频带资源，并通过网络资源的切片化来保证各虚拟运营商服务的独立性和个性化。

在文献［22］提出的 LTE 虚拟化框架主要涉及 LTE 基站的虚拟化。当前的 LTE 基站已经具备了资源调度功能，但虚拟化引入了额外的切片隔离和分配机制。如图 3-13 所示。

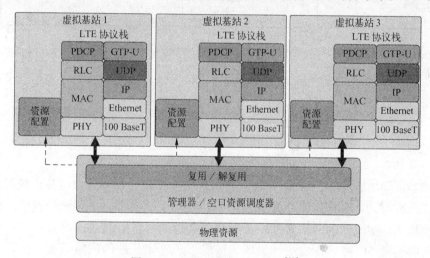

图 3-13 LTE 基站虚拟化框图[22]

其中，管理器通过综合考虑不同虚拟基站/虚拟运营商的业务需求和与承载运营商签署的合同需求，动态地为每个切片分配物理资源。

实现接入网虚拟化的另外一个重要方面是要实现控制面和数据面的分离，并将某些控制功能集中化，实现更加优化和智能的无线资源管理、干扰控制及移动性管理，提高用户与网络性能。目前，也有许多国际研究项目和科研院校对该方向展开了深入研究[24-26]。其中，文献［24］提出了 SoftRAN 的虚拟化架构。如图 3-14 所示。

在该架构中，控制器是核心单元。控制器主要负责定期收集某地理区域内所有无线单元的最新的网络状态信息，并将这些信息储存在 RAN 信息收集器中。控制器进一步根据业务和网络状况（例如，包括干扰状况、信道状况等），通过控制无线资源管理单元来为不同的无线单元集中分配用户面的无线资源。该架构的一个潜在问题就是如何将控制面繁多的控制功能合理地分配到无线单元（例如，基站）和控制器。文献［24］中给出了一些分配准则：

- 所有会影响到邻小区控制策略制定的功能需要放在控制器中，因为这些功能需要多个无线单元的信息交互和协调。
- 所有需要快速变化的参数输入的功能需要放在无线单元中，因为若这些功能放在控制器中，控制器与无线单元的交互时延会影响到输入参数的有效性。

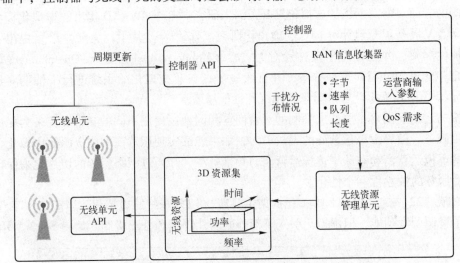

图 3-14　SoftRAN 架构[24]

另外，3GPP Release 12 的 DC 技术（Dual Connectivity，双连接）[26]已经引入了控制与承载分离的研究，后续的研究可以基于该技术进行演进。

3.3　小结

为了满足面向 2020 及未来移动互联网和物联网多样化的业务需求以及广域覆盖、高容量、大连接、低时延、高可靠性等典型的应用场景，5G 网络将会由传统的网络架构向支持多制式和多接入、更灵活的网络拓扑以及更智能高效的资源协同的方向发展。SDN 和 NFV 技术的引入将会使 5G 网络变成更加灵活、智能、高效和开放的网络系统。高密度、智能化、可编程则代表了未来移动通信演进的进一步发展趋势。

参考文献

［1］ ONF White Paper. Software – Defined Networking：The New Norm for Networks［EB/OL］，2012. https://www. opennetworking. org/.

［2］ Network Functions Virtualisation（NFV）– Introductory White Paper. An Introduction，Benefits，Enablers，Challenges & Call for Action［EB/OL］，2012. http://www. etsi. org/technologies – clusters/technologies/nfv.

［3］ Network Functions Virtualisation （NFV）. Architectural Framework［EB/OL］，2013. http://www. etsi. org/technologies – clusters/technologies/nfv.

［4］ IMT – 2020（5G）推进组．5G 愿景与需求白皮书［EB/OL］，2014. http://www. imt – 2020. org. cn/zh/documents/listByQuery？currentPage = 1&content = .

［5］ 3GPP. TS 24. 312，Access Network Discovery and Selection Function （ANDSF）Management Object （MO）（Release 12）［S］，2013.

［6］ Intel. RP – 122038, WLAN_3GPP Radio Interworking SID［Z］. 3GPP RAN #58, 2012.

［7］ Intel. RP – 132101, WID – WLAN 3GPP radio interworking［Z］. 3GPP RAN #62, 2013.

［8］ Intel. RP – 141310, Status report for WI Core part: WLAN/3GPP Radio Interworking［Z］. 3GPP RAN #65, 2014.

［9］ Intel. R2 – 131340, Email discussion report on WLAN/3GPP radio interworking scenarios ［Z］. 3GPP RAN2 #81bis, 2013.

［10］ 3GPP. TS 37. 834, Study on Wireless Local Area Network (WLAN) – 3GPP radio inter-working (Release 12)［S］, 2013.

［11］ 3GPP. TS 36. 300, E – UTRA and E – UTRAN Overall description (Release 12) ［S］, 2013.

［12］ 3GPP. TS 36. 304, UE procedures in IDLE mode (Release 12)［S］, 2013.

［13］ 3GPP. TS 24. 302, Access to the 3GPP Evolved Packet Core (EPC) via non – 3GPP access networks (Release 12)［S］, 2013.

［14］ ITU. ITU WP5D Document 5D/836, Meeting Report of Working Group General Aspects for the 20th meeting of Working Party 5D［EB/OL］. 2014. http://www. itu. int/en/ITU – T/ Pages/default. aspx.

［15］ IMT – 2020 (5G) PG. White Paper on 5G Concept［EB/OL］, 2015. http://www. imt – 2020. org. cn/zh/documents/listByQuery? currentPage = 1&content = .

［16］ Ericsson. Ericsson Review: 5G radio access［EB/OL］, 2014. http://www. ericsson. com/ news/140618 – 5g – radio – access_244099437_c.

［17］ METIS. METIS Deliverable D6. 4: Final report on architecture［EB/OL］, 2014. https:// www. metis2020. com/documents/deliverables/.

［18］ 3GPP. TS 36. 423, X2 application protocol (X2AP) (Release 12)［S］, 2013.

［19］ 3GPP. TS 36. 425, X2 interface user plane protocol (Release 12)［S］, 2013.

［20］ 4WARD Consortium. Virtualisation Approach: Evaluation and Integration – Update［EB/ OL］, 2010.

［21］ R Kokku, et al. NVS: A Substrate for Virtualizing Wireless Resources in Cellular Networks ［A］. IEEE/ACM Trans on Networking, 2012.

［22］ Y Zaki, L Zhao, C Görg, A Timm – Giel. A Novel LTE Wireless Virtualization Framework ［A］. Proceedings of the Second International ICST Conference onMobile Networks and Management, 2010.

［23］ Liang Zhao, Ming Li, et al. LTE virtualization: From theoretical gain to practical solution ［A］. Proceedings of the 23rd International Teletraffic Congress (ITC), 2011.

［24］ A Gudipati, D Perry, L Li, S Katti. SoftRAN: Software Defined Radio Access Network［A］. Proceedings of HotSDN'13, 2013.

［25］ Mao Yang, Yong Li, et al. OpenRAN: A Software – defined RAN Architecture Via Virtual-ization［A］. Proceedings of SIGCOMM'13, 2013.

［26］ L Li, Z Morley Mao, J Rexford. Toward Software – Defined Cellular Networks［A］, Proceed-ings of European Workshop on Software Defined Networking (EWSDN), 2012.

第4章　大规模天线技术

4.1　大规模天线概述

20世纪90年代，Turbo码的出现使信息传输速率几乎已经达到了理论的上限，理论上性能提升的瓶颈似乎就近在眼前。就在那个时候，通过在发送端和接收端部署多根天线，MIMO技术在有限的时频资源内对空间域进行扩展，将信号处理的范围扩展到空间维度上，利用信道在空间中的自由度实现了频谱效率的成倍增长。

经过十几年的研究和发展，MIMO技术已经成为4G系统的核心技术之一，但受技术发展阶段及产业化精细程度限制，基站天线数目一直严格受限。伴随5G时代的到来，用户数目和每用户速率需求显著增加，对空间域进一步扩展的需求更加迫切，针对MIMO技术的深入研究因此备受关注，如何进一步扩展MIMO系统的性能成为热点研究方向。

大规模天线技术在提升系统频谱效率和用户体验速率方面的巨大潜力，使其在5G时代备受关注。虽然计算能力的提升以及空间波束赋型的提出都使得大规模天线技术的应用前景颇具诱惑力，但在如何推动大规模天线的实用化，满足大规模天线在灵活部署、易于运维等方面的实际需求方面，其仍然需要解决很多问题[1,2]。

（1）三维信道建模

大规模天线技术的核心是通过对传播环境中空间自由度的进一步发掘，更有效地进行多用户传输。利用信道建模的方法，精确地还原出实际无线传播环境中丰富的空间自由度，是对大规模天线相关技术进行研究和应用的前提和基础。同时，需要设计优异的信道测量、量化和反馈方案，并兼顾性能精度与计算复杂度、开销占用的有效折中。

（2）传输方案

采用大规模天线技术可以增加天线数目，扩展传输的空间自由度，进而支持更多用户并行传输，从而使频谱利用率显著增加。大规模天线的传输方案设计将从两个方面来实现这一目标：一方面，降低传输过程中空间信道信息获取的代价并提高信道信息的利用效率；另一方面，采用可以降低计算复杂度的传输设计方案，实现传输效率与工程实现难度的平衡。

（3）前端系统设计

考虑实际部署环境的要求，难以使用单一类型的大规模天线前端设备。针对室内/室外、集中式/分布式部署方式，需要在框架和具体的设计方法上对天线形态及前端各模块进行联合考虑、优化算法，使大规模天线系统能够通过多种方式灵活部署。

（4）部署、应用需求

大规模天线技术不仅将应用于宏覆盖、热点覆盖等传统应用场景，还可以用于无线回传、异构网络以及覆盖高层建筑物等场景，因此需要针对不同的应用需求设计相应的部署方案。除此之外，研究设计大规模天线技术与其他关键技术，如与超密集微基站、高频通信技术的联合组网方案，以满足实际部署、运维中更加灵活多样的需求，这也是推动大规模天线技术实际应用的关键问题。

本章从 MIMO 技术的技术原理、LTE 中定义的 MIMO 技术以及未来大规模天线的挑战与研究现状等方面对大规模天线技术进行全面分析与探讨。

4.2　大规模天线技术基础

4.2.1　传统 MIMO 技术

1. MIMO 技术原理

MIMO 技术是利用空间信道的多径衰落特性，在发送端和接收端采用多个天线，通过空时处理技术获得分集增益或复用增益，以提高无线系统传输的可靠度和频谱利用率，在 LTE 的标准定义过程中充分挖掘了 MIMO 的潜在优势。

（1）空间分集与空间复用

分集增益与复用增益是 MIMO 技术获得广泛应用的两个原因。前者通过发送和接收多天线分集合并使得等效信道更加平稳，实现无线衰落信道下的可靠接收；后者利用多天线上空间信道的弱相关性，通过在多个空间信道上并行传输不同的数据流，获得系统频谱利用率的提升。其中，空间分集包括发送分集和接收分集两种。

发送分集依据分集的维度分为 STTD（Space Time Transmission Divisity，空时发送分集）、SFTD（Space Frequency Transmission Divisity，空频发送分集）和 CDD（Cyclic Delay Divisity，循环延迟分集）。STTD 中通过对发送信号在空域和时域联合编码达到空时分集的效果，常用的 STTD 方法包括 STTC（Space Time Trellis Code，空时格码）和 STBC（Space Time Block Code，空时块码）。SFTD 中将 STTD 的时域转换为频域，对发送信号在空域和频域联合编码达到空频分集的效果，常用的方法为 SFBC（Space Frequency Block Code，空频块码）等。CDD 中通过引入天线间的发送延时获得多径上的分集效果，LTE 中大延时 CDD 是一种空间分集与空间复用相结合的方法。

接收分集是通过接收端多天线接收信号上的不同获得合并分集的效果。

（2）开环 MIMO 与闭环 MIMO

根据发送端在数据发送时是否根据信道信息进行预处理，MIMO 可以分为开环 MIMO 和闭环 MIMO。

根据发送端信道信息的获取方式不同及预编码矩阵生成上的差异常用的闭环 MIMO 可分为基于码本的预编码和非码本的预编码。

基于码本的方法中，接收端根据既定码本对信道信息进行量化反馈，发送端根据接收端的反馈计算预编码矩阵，预编码矩阵需要从既定的码本中进行选取，比如，3GPP Release 8 中基于 CRS（Cell‐specific Reference Signal，小区特定参考信号）进行数据接收的情况。基于非码本的方法中，如 TDD（Time Division Duplexing，时分双工）系统，发送端通过信道互易性或信道长时特性上的上、下行对称性获取信道信息。当 UE 可以支持基于 DMRS（De‐Modulation Reference Signal，解调参考信号）的数据解调时，比如基于 3GPP Release 10，发送预编码矩阵即可去除基于码本的限制。

（3）SU – MIMO 与 MU – MIMO

根据同一时频资源上复用的 UE 数目，MIMO 包括 SU – MIMO（Single – User MIMO，单用户 MIMO）和 MU – MIMO（Multi – User MIMO，多用户 MIMO）。其中，SU – MIMO 指在同一时频资源上单个用户独占所有空间资源；MU – MIMO，亦称为 SDMA（Space Division Multiple Access，空间多址接入），指在同一时频资源上由多个用户共享空间资源。

2. LTE 下行 MIMO 定义

LTE 系统中关于下行 MIMO 的标准定义包含以下几个方面。

（1）TM（Transmission Mode，传输模式）与信令

LTE 的下行传输模式主要包括以下几种[3]：

- TM1：单天线端口传输，应用于单天线传输的场合，采用端口 0 传输。
- TM2：发送分集模式，适于高速移动和小区边缘 UE。
- TM3：开环空间复用，采用大延迟分集，适于信噪比条件较好和高速移动 UE。
- TM4：闭环空间复用，适于信噪比条件较好和低速移动 UE。
- TM5：MU – MIMO 传输模式，支持 2 UE 的复用。
- TM6：闭环 Rank 1 传输，适于低速移动和小区边缘 UE。
- TM7：单流 Beamforming 模式，基于端口 5，适于小区边缘 UE。
- TM8：双流 Beamforming 模式，基于端口 7 和 8。
- TM9：Release 10 中引入的 MIMO 增强模式。
- TM10：Release 11 中引入的 CoMP 模式。

相比于 LTE Release 8，LTE Release 10 中引入了 TM 9，对 MIMO 传输进行了较大的增强，包括支持动态的 SU 和 MU – MIMO 切换，最大 8 层的 SU – MIMO 传输及最大 4 层的 MU – MIMO 传输等。

表 4–1   TM4 和 TM9 的主要特性比较

	TM4	TM9
解调导频	CRS（端口 0 ~ 4）	DMRS（端口 7 ~ 14）
测量导频	CRS（端口 0 ~ 4）	如果配置了 PMI/RI 报告采用 CSI – RS（端口 15 ~ 22）测量，否则采用 CRS 测量
支持的最大下行层数	4 层	8 层
SU/MU 动态切换	不支持	支持
预编码码本	2、4 天线端口的码本，发送端预编码受限于码本中的权值	2、4、8 天线端口的码本，但是发送端预编码不受限于码本中的权值
码本结构	传统单码本反馈结构，不支持 8 天线双码本反馈结构	支持传统单码本反馈结构和 8 天线双码本反馈结构，在配置为 0 ~ 4 天线端口时采用传统单码本反馈接收，在配置为 8 天线端口时采用双码本反馈接收。
反馈模式	PUSCH CSI 反馈：支持模式 1 – 2，2 – 2，3 – 1；PUCCH CSI 反馈：支持模式 1 – 1，2 – 1	PUSCH CSI 反馈：如果 UE 配置了 PMI/RI reporting 并且 CSI – RS 端口数目大于 1，支持 Modes 1 – 2，2 – 2，3 – 1，如果 UE 没有配置 PMI/RI reporting 或者 CSI – RS 端口数目等于 1，支持 Modes 2 – 0，3 – 0 PUCCH CSI 反馈：如果 UE 配置了 PMI/RI reporting 并且 CSI – RS 端口数目大于 1，支持 Modes 1 – 1，2 – 1，如果 UE 没有配置 PMI/RI reporting 或者 CSI – RS 端口数目等于 1，支持 Modes 1 – 0，2 – 0
反馈 PUCCH 格式	支持：Type 1，Type 2，Type 3	支持：Type 1，Type 1a，Type 2，Type 2a，Type 2b，Type 2c，Type 3，Type 4，Type 5，Type 6
DCI 格式	1A 和 2	1A 和 2C

相应地，LTE Release 10 TM9 中对 MIMO 传输相关的 DCI（Downlink Control Information，下行控制信息）进行了重新设计，引入了 DCI 2C 格式。

（2）RS（Reference Signal，参考信号）

RS 是由发送端提供给接收端用于信道估计的一种信号，LTE 中的 RS 主要有两个目的：一是进行信道质量的测量从而进行信道信息的反馈；二是进行信道估计从而进行数据的解调。目前，LTE 中与下行 MIMO 相关的 RS 有以下三类：

1）CRS

CRS 从 Release 8 时便被引入，它发给小区中所有的 UE，既可用于信道信息的反馈，也可用于数据的解调。为了实现良好的信道估计性能，LTE 中 CRS 采取在时频二维点阵上进行摆放的设计。LTE 系统中支持 1、2、4 个天线端口的 CRS 配置，天线端口 2、3 对应的 CRS 密度为端口 0、1 的一半，如图 4-1 所示。

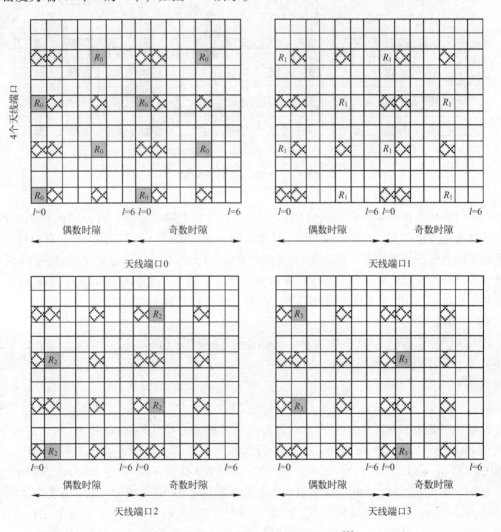

图 4-1　四个天线端口的 CRS 资源映射[3]

为了降低发送波形的峰值平均功率，LTE 的 CRS 中固定采用 QPSK 调制，CRS 发送信号可以表示为[3]：

$$r_{l,n_s}(m) = \frac{1}{\sqrt{2}}(1 - 2 \cdot c(2m)) + j\frac{1}{\sqrt{2}}(1 - 2 \cdot c(2m+1)) \tag{4-1}$$

其中，m，n_s 和 l 分别是 RS 序号，广播帧的时隙序号及时隙内的符号序号；$c(i)$ 是长度为 31 的 Gold 序列。小区的 CRS 序列还与小区 ID 相关，相邻小区间的 CRS 位置在频域有不同的偏移，以避免 CRS 间的冲突。

2）CSI – RS（Channel State Information RS，信道状态信息参考信号）

随着支持流数的进一步增多，沿用 Release 8 的设计思路在 LTE Release 10 中针对 CRS 进一步扩展变得非常困难。为了实现性能和开销上的良好折中，引入了信道信息反馈 RS 和信道估计 RS 分离的设计思想。LTE Release 10 中支持 1、2、4、8 个天线端口的 CSI – RS 配置，不同的天线端口之间采用码分的方式进行复用，如图 4-2 所示。

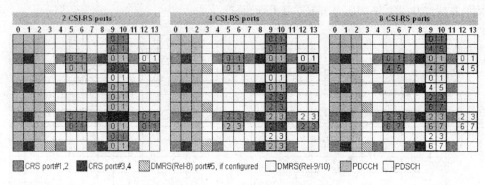

图 4-2　CSI – RS 资源映射

CSI – RS 信号作为一种公用的导频信号，由于需在全频段发送，其开销的增加较敏感。所以为了避免开销过大，其在频域采用了较稀疏的方式（12 个子载波的密度），在时域上采用了可配置的方式，一方面可以调节发送的时间间隔，另一方面可以尽量避免邻小区的 CSI – RS 的重叠。CSI – RS 的配置可以是逐 UE 进行的，eNB 利用 RRC（Radio Resource Control，无线资源控制）信令对 UE 的 CSI – RS 图样进行配置，包括周期和子帧偏置等。

3）DMRS

DMRS 仅发给专门的 UE，嵌入在 UE 数据相应的 PRB（Physical Resource Block，物理资源块）中，用于数据的解调接收。LTE 中引入了 DMRS，DMRS 的序列由多个 M 序列产生，其初始值为[3]：

$$c_{\text{init}} = (\lfloor n_s/2 \rfloor + 1) \cdot (2N_{\text{ID}}^{\text{cell}} + 1) \cdot 2^{16} + n_{\text{SCID}} \tag{4-2}$$

其中，n_s 为时隙号；$N_{\text{ID}}^{\text{cell}}$ 为小区 ID；n_{SCID} 为扰码初始值。LTE Release 10 中为了支持 TM9，对同一 PRB 内不同的 DMRS 采用如图 4-3 所示的复用方式。其中不同层之间的 DMRS 采用了 CDM（Code – Division Multiplexing，码分复用）/FDM（Frequency – Division Multiplexing，频分复用）的复用方式，针对 MU – MIMO 及秩不超过 2 的 SU – MIMO 采用长度为 2 的 OCC（Orthogonal Cover Code，正交码）及密度为 12 RE（Resource Elements，资源单元）/PRB 的映射，SU – MIMO 秩为 3、4 时采用长度为 2 的 OCC 及密度为 24 的 RE/PRB 的映射，SU – MIMO rank 大于 4 时采用长度为 4 的 OCC 及密度为 24 RE/PRB 的映射。

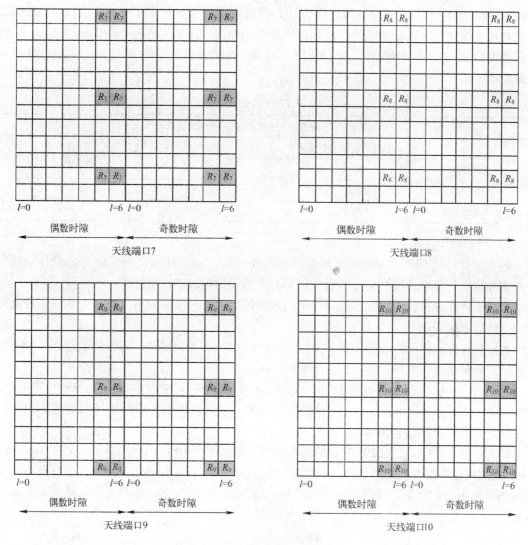

图 4-3　DMRS 资源映射

（3）反馈与码本

1）反馈设计

除了 CQI（Channel Quality Indicator，信道质量指示）之外，LTE 中与 MIMO 相关的反馈包括 RI（Rank Indicator，秩指示）和 PMI（Precoding Matrix Indicator，预编码矩阵指示）。RI 表示空间复用流的数目，PMI 从反馈粒度上可分为宽带 PMI 和子带 PMI 两种。宽带 PMI 适于反馈开销受限的场景，UE 基于在整个带宽上传输的假设进行 PMI 选择。宽带 PMI 一般采用 PUCCH（Physical Uplink Control Channel，物理上行控制信道）进行周期性反馈，也可应用于 PUSCH（Physical Uplink Share Channel，物理上行共享信道）存在的情况。另一种更精确的反馈方法是子带 PMI 反馈，其中 UE 反馈多个 PMI，每个子带对应一个 PMI。子带 PMI 反馈一般由 PUSCH 承载进行非周期反馈。

LTE 中针对不同的 CQI 反馈粒度和 PMI 反馈粒度组合定义了多个反馈模式，如表 4-2 所示。其中模式 3-2 在 LTE Release 12 中定义，其余在 LTE Release 8 中定义。此外，由于

LTE Release 10 中引入了双码本的反馈方法，即既需要反馈长周期 PMI 也需要短周期 PMI，因此在反馈模式上也进行了增强。比如，模式 2 - 1 中引入 PTI（Precoding Type Indicator，预编码类型指示），当 PTI = 0 时，两 PMI 都采用宽带反馈，当 PTI = 1 时仅对短周期 PMI 采用子带反馈。

表 4-2　LTE 支持的反馈模式

	基于 PUCCH 反馈	基于 PUSCH 反馈	
	宽带 PMI	宽带 PMI	子带 PMI
宽带 CQI	模式 1 - 1	-	模式 1 - 2
UE 选择子带 CQI	模式 2 - 1	-	模式 2 - 2
高层信令通知子带 CQI	-	模式 3 - 1	模式 3 - 2

2）码本设计

码本的设计是 LTE 中 MIMO 性能发挥的重要因素，除了性能之外，码本的设计中还需要考虑相应的计算复杂度和信令开销。LTE 对码本设计提出了以下要求：

- 恒模特性：指预编码后各端口的平均功率恒定，从而使得输出到每个天线功率放大器的功率相同。
- 嵌套特性：指低阶码本由高阶码本的列向量组成，嵌套特性有助于降低 PMI/CQI 的计算复杂度。

为了进一步降低预编码相关的计算复杂，LTE Release 8 中码本各元素均来自于 QPSK（Quadrature Phase Shift Key，正交相移键控）星座。此外，码本的设计中还需要考虑码本向量之间的正交性、反馈开销等。

LTERelease 8 中，2 天线秩为 2 的码本由单位阵和两个 DFT（Discrete Fourier Transformation，离散傅里叶变换）矩阵组成，4 天线时采用了基于 Householder 变换的码本，其中每个预编码矩阵由 W_n 的若干列向量构成，其中 n 是码字索引，u_n 是基列向量。具体如表 4-3 所示[4]：

$$W_n = I - 2u_n u_n^H / u_n^H u_n \qquad (4-3)$$

表 4-3　4 天线码本生成矩阵

码本序号	u_n	层数 ν			
		1	2	3	4
0	$u_0 = \begin{bmatrix} 1 & -1 & -1 & -1 \end{bmatrix}^T$	$W_0^{\{1\}}$	$W_0^{\{14\}}/\sqrt{2}$	$W_0^{\{124\}}/\sqrt{3}$	$W_0^{\{1234\}}/2$
1	$u_1 = \begin{bmatrix} 1 & -j & 1 & j \end{bmatrix}^T$	$W_1^{\{1\}}$	$W_1^{\{12\}}/\sqrt{2}$	$W_1^{\{123\}}/\sqrt{3}$	$W_1^{\{1234\}}/2$
2	$u_2 = \begin{bmatrix} 1 & 1 & -1 & 1 \end{bmatrix}^T$	$W_2^{\{1\}}$	$W_2^{\{12\}}/\sqrt{2}$	$W_2^{\{123\}}/\sqrt{3}$	$W_2^{\{3214\}}/2$
3	$u_3 = \begin{bmatrix} 1 & j & 1 & -j \end{bmatrix}^T$	$W_3^{\{1\}}$	$W_3^{\{12\}}/\sqrt{2}$	$W_3^{\{123\}}/\sqrt{3}$	$W_3^{\{3214\}}/2$
4	$u_4 = \begin{bmatrix} 1 & (-1-j)/\sqrt{2} & -j & (1-j)/\sqrt{2} \end{bmatrix}^T$	$W_4^{\{1\}}$	$W_4^{\{14\}}/\sqrt{2}$	$W_4^{\{124\}}/\sqrt{3}$	$W_4^{\{1234\}}/2$
5	$u_5 = \begin{bmatrix} 1 & (1-j)/\sqrt{2} & j & (-1-j)/\sqrt{2} \end{bmatrix}^T$	$W_5^{\{1\}}$	$W_5^{\{14\}}/\sqrt{2}$	$W_5^{\{124\}}/\sqrt{3}$	$W_5^{\{1234\}}/2$
6	$u_6 = \begin{bmatrix} 1 & (1+j)/\sqrt{2} & -j & (-1+j)/\sqrt{2} \end{bmatrix}^T$	$W_6^{\{1\}}$	$W_6^{\{13\}}/\sqrt{2}$	$W_6^{\{134\}}/\sqrt{3}$	$W_6^{\{1324\}}/2$
7	$u_7 = \begin{bmatrix} 1 & (-1+j)/\sqrt{2} & j & (1+j)/\sqrt{2} \end{bmatrix}^T$	$W_7^{\{1\}}$	$W_7^{\{13\}}/\sqrt{2}$	$W_7^{\{134\}}/\sqrt{3}$	$W_7^{\{1324\}}/2$
8	$u_8 = \begin{bmatrix} 1 & -1 & 1 & 1 \end{bmatrix}^T$	$W_8^{\{1\}}$	$W_8^{\{12\}}/\sqrt{2}$	$W_8^{\{124\}}/\sqrt{3}$	$W_8^{\{1234\}}/2$

（续）

码本序号	u_n	层数 υ			
		1	2	3	4
9	$u_9 = [1\ \ -j\ \ -1\ \ -j]^T$	$W_9^{\{1\}}$	$W_9^{\{14\}}/\sqrt{2}$	$W_9^{\{134\}}/\sqrt{3}$	$W_9^{\{1234\}}/2$
10	$u_{10} = [1\ \ 1\ \ 1\ \ -1]^T$	$W_{10}^{\{1\}}$	$W_{10}^{\{13\}}/\sqrt{2}$	$W_{10}^{\{123\}}/\sqrt{3}$	$W_{10}^{\{1324\}}/2$
11	$u_{11} = [1\ \ j\ \ -1\ \ j]^T$	$W_{11}^{\{1\}}$	$W_{11}^{\{13\}}/\sqrt{2}$	$W_{11}^{\{134\}}/\sqrt{3}$	$W_{11}^{\{1324\}}/2$
12	$u_{12} = [1\ \ -1\ \ -1\ \ 1]^T$	$W_{12}^{\{1\}}$	$W_{12}^{\{12\}}/\sqrt{2}$	$W_{12}^{\{123\}}/\sqrt{3}$	$W_{12}^{\{1234\}}/2$
13	$u_{13} = [1\ \ -1\ \ 1\ \ -1]^T$	$W_{13}^{\{1\}}$	$W_{13}^{\{13\}}/\sqrt{2}$	$W_{13}^{\{123\}}/\sqrt{3}$	$W_{13}^{\{1324\}}/2$
14	$u_{14} = [1\ \ 1\ \ -1\ \ -1]^T$	$W_{14}^{\{1\}}$	$W_{14}^{\{13\}}/\sqrt{2}$	$W_{14}^{\{123\}}/\sqrt{3}$	$W_{14}^{\{3214\}}/2$
15	$u_{15} = [1\ \ 1\ \ 1\ \ 1]^T$	$W_{15}^{\{1\}}$	$W_{15}^{\{12\}}/\sqrt{2}$	$W_{15}^{\{123\}}/\sqrt{3}$	$W_{15}^{\{1234\}}/2$

LTE Release 10 中，针对 8 天线的传输采用了双码本的设计：

$$W = W_1 \cdot W_2 \tag{4-4}$$

其中，W_1 为块对角矩阵，反映长时及高相关性信道特征，·表示 Kronecker 乘积，W_2 反馈短时及交叉极化信道特征。双码本的基本思想如图 4-4 所示。此外，LTE Release 12 中将双码本的设计从 4 天线扩展到 8 天线。

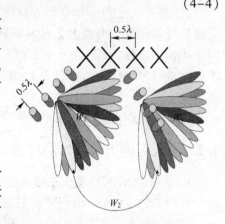

图 4-4 双码本思想示意

3. LTE 上行 MIMO 定义

（1）TM

LTE 上行 MIMO 包括上行 MU – MIMO 和 SU – MIMO。前者要求 eNB 具有多个接收天线，对 UE 发送天线数没有要求，在 LTE Release 8 中即可以支持。为了进一步提升 UE 的上行峰值速率，LTE Release 10 中引入了上行 SU – MIMO。

LTE 的上行传输模式主要包括以下两种：

- TM1，单天线端口传输。
- TM2，多天线端口传输，包括 2 和 4 天线端口传输。

（2）发送分集

当 UE 支持多天线传输时，可以在上行采用发送分集提高传输的鲁棒性。为了提升 PUCCH 的性能，LTE Release 10 针对 PUCCH 引入了 SORTD（Space Orthogonal Resource Transmission Diversity，空间正交资源发送分集），该机制同时向后兼容 Release 8 的 PUCCH 设计。

目前 LTE Release 10 中支持 2 天线的 SORTD，其基本思想是将 UCI（Uplink Control Signaling，上行控制信令）分成两路，使用不同的正交资源进行映射和传输，利用的正交资源包括循环移位和正交扩展码等，具体结构如图 4-5 所示。对于 4 天线的情况，可以通过天线虚拟化的操作实现 SORTD，即通过一个透明的机制将 2 天线端口的信号映射到 4 天线上进行发送。

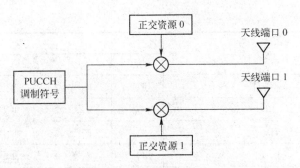

图 4-5   SORTD 结构示意

（3）反馈与码本

LTE 中目前支持最大 4 流的 PUSCH 传输。上行闭环 MIMO 传输的预编码和码本设计思路与下行相似，主要的差别在于上行的码本设计需要着重考虑每个发送天线上信号的单载波特性，获得尽可能低的 CM（Cubic Metric，立方度量）。

2 天线时，上行 MIMO 码本设计与下行码本相似。区别在于秩为 1 时上行增加了两个天线选择的向量，而秩为 2 时为了避免不同层的信号叠加带来的 CM 增加问题，上行仅保留了单位阵矩阵。4 天线下，上行无法像下行对不同秩下的码本进行统一设计，需要针对不同秩进行分别优化，在秩为 1～4 上，上行码本分别包含 24、16、12 和 1 个预编码向量或矩阵。

在未来大规模天线的标准化定义中，应充分考虑既有 LTE MIMO 的设计思路和经验。

4.2.2   大规模天线技术的理论基础

1. 从传统 MIMO 到大规模天线

3GPP LTE Release 10 已经能够支持 8 个天线端口进行传输，理论上，在相同的时频资源上，可以同时支持 8 个数据流同时传输，也即 8 个单流用户或者 4 个双流用户同时传输。但是，从开销、标准化影响等角度考虑，3GPP Release 10 中只支持最多 4 用户同时调度，每个用户传输数据不超过 2 流，并且同时传输不超过 4 流数据。由于终端天线端口的数目与基站天线端口数目相比较，受终端尺寸、功耗甚至外形的限制更为严重，因此终端天线数目不能显著增加。在这一前提下，基站采用 8 天线端口时，如果想要进一步增加单位时频资源上系统的数据传输能力，或者说频谱效率，一个直观的方法就是进一步增加并行传输的数据流的个数。或者更进一步，增加基站天线端口的数目，使其达到 16、64，甚至更高，由于 MIMO 多用户传输的用户配对数目理论上随天线数目增加而增加，我们可以使更多的用户在相同时频资源上同时进行传输，从而使频谱效率进一步提升。当 MIMO 系统中的发送端天线端口数目增加到上百甚至更多时，就构成了大规模天线系统[5]。

2. 大规模天线增益的来源

这一节分析大规模天线增益的理论来源，并进一步分析实际应用中能够获取的增益。为了便于描述，在这一节中我们暂且先不区分天线端口以及物理天线概念上的区别（这一区别将在后面 3D 信道的生成章节中详细说明），也就是说，一个天线端口就对应一个物理天线振子，或者对极化天线，对应一个振子的一个极化方向。

和传统的多天线系统相似，大规模天线系统可以提供三个增益来源：分集增益、复用增益以及波束赋形增益。

（1）分集增益

发射机或接收机的多根天线，可以被用来提供额外的分集对抗信道衰落，从而提高信噪比，提高通信质量。在这种情况下，不同天线上所经历的无线信道必须具有较低的相关性。为了获取分集增益，不同天线之间需要有较大的间距以提供空间分集，或者采用不同的极化方式以提供极化分集，如图 4-6 所示。

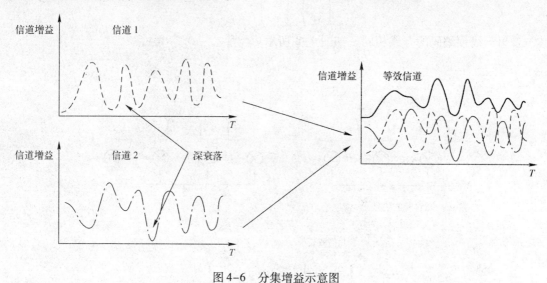

图 4-6 分集增益示意图

（2）复用增益

空间复用增益又称为空间自由度。当发送和接收端均采用多根天线时，通过对收发多天线对间信道矩阵进行分解，信道可以等效为至多 $N(N \leqslant \min(N_T, N_R))$ 个并行的独立传输信道，提供复用增益。这种获得复用增益的过程称为空分复用，也常被称为 MIMO 天线处理技术。通过空分复用，可以在特定条件下使信道容量与天线数保持线性增长的关系，从而避免数据速率的饱和。在实际系统中，可以通过预编码技术来实现空分复用，如图 4-7 所示。

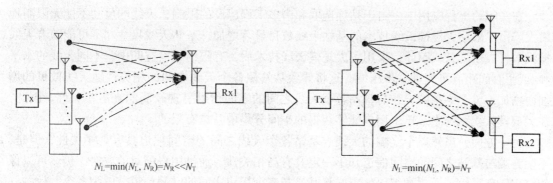

$$N_L = \min(N_L, N_R) = N_R \ll N_T \qquad N_L = \min(N_L, N_R) = N_T$$

图 4-7 空分复用示意图

（3）波束赋形增益

通过特定的调整过程，可以将发射机或接收机的多个天线用于形成一个完整的波束形态，从而使目标接收机/发射机方向上的总体天线增益（或能量）最大化，或者用于抑制特定的干扰，从而获得波束赋形增益。不同天线间的空间信道，具有高或者低的衰落相关性时，都可以进行波束赋形[6]。具体来说，对于具有高相关的空间信道，可以仅采用相位调整的方式形成波束；对于具有低相关性的空间信道，可以采用相位和幅度联合调整的方式形成波束。对于这两类波束赋形过程，更为一般的表示方式是：

$$\overline{S} = \begin{pmatrix} s_1 \\ \vdots \\ s_2 \end{pmatrix} = \begin{pmatrix} v_1 \\ \vdots \\ v_2 \end{pmatrix} \cdot s = \overline{v} \cdot s \tag{4-5}$$

其与发射天线预编码的方式相同，如图 4-8 所示。

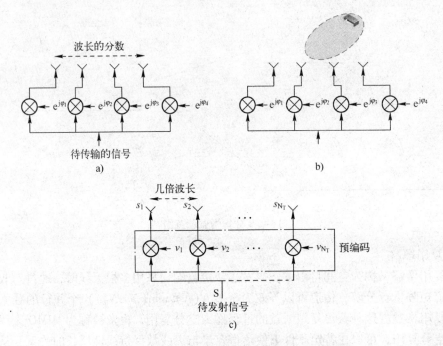

图 4-8   波束成型示意图

在实际的工程应用中，由于站址选取和诸多工程建设的限制，天线的尺寸不能无限制地增大。由于采用大规模天线技术的基站天线数目显著增加，基站天线尺寸却不可能随着天线振元数目成倍增长，因此，采用了大规模天线技术后，有限的天面空间中，不同天线的水平和/或垂直间距有可能进一步压缩。这将导致基站侧各个天线之间的相关性随天线数目的增加而增加，单个终端的天线与基站各个天线之间的空间信道呈现较高的衰落相关性。因此，在大规模天线系统中，单个用户能够获得的空间分集增益是有限的。

另一方面，虽然单个终端的天线与基站各个天线之间的空间信道具有高相关性，但是，不同终端与基站之间的空间信道却不一定具有高相关性。通过用户配对的方法，仍然可以像传统 MIMO 系统，通过预编码的方式将基站与多个用户之间的空间信道分解为多个等效的并行传输信道，实现多用户 MIMO 传输，从而获得复用增益。并且，由于大规模天线系统中天线数目比传统 MIMO 系统中更多，支持更多用户同时传输，因此利用大规模天线可以获得比传统 MIMO 系统更为显著的复用增益。

当天线间的相关性确定后，理论上通过波束赋形可以获得最多 N_t 倍的波束赋形增益，因此在实际应用中，大规模天线可以获得可观的波束赋形增益。

　　值得说明的是，利用大规模天线实现获取波束赋形增益与获取复用增益的关系。首先是两种增益获取手段的关系。从前面的介绍可以知道，在实际应用中波束赋形增益和复用增益的获取都是通过预编码的形式来实现的，因此在实现过程中为了便于区分，获得波束赋形增益的预编码也可以称为"模拟预编码"，获得波束赋形增益的过程也被称为"模拟波束赋形"，而用于进行 MU – MIMO 传输获取复用增益的预编码也可称为"数字预编码"，对于 MU – MIMO 中的每个用户的预编码过程也被称为"数字波束赋形"。模拟波束赋形过程和数字波束赋形过程的差别主要在于所用预编码矩阵的变化周期，数字预编码的变化可以在每个子帧进行，而模拟预编码的变化周期要远远大于这个范围。除此之外，两种增益的获取是处在不同的层面上。为了获取波束赋形增益，模拟波束赋形操作是针对天线本身进行的，是一种对整个天线阵列或者天线阵列局部的发射图样进行调整的过程，因此所有使用该天线阵列或者该天线阵列局部的用户传输都会受到模拟波束赋形操作的影响。复用增益则是针对用户传输而言的，换言之，数字波束赋形操作是基于模拟波束赋形操作后的等效空间信道进行的。

　　另一点值得说明的是，波束赋形与有源天线的关系和区别。由于大规模天线在抽象形式上也可以看作是有源天线阵列，两者有着天然的联系。实际上大规模天线中的"模拟波束赋形"过程本质上与形成电调下倾角[7]（见图 4-9）以及电调方向角的过程在形式上是相同的。两者的差别在于对于有源天线，电调下倾角和电调方向角在设定好之后一般不会轻易调整，而大规模天线的模拟波束赋形过程则更加灵活。

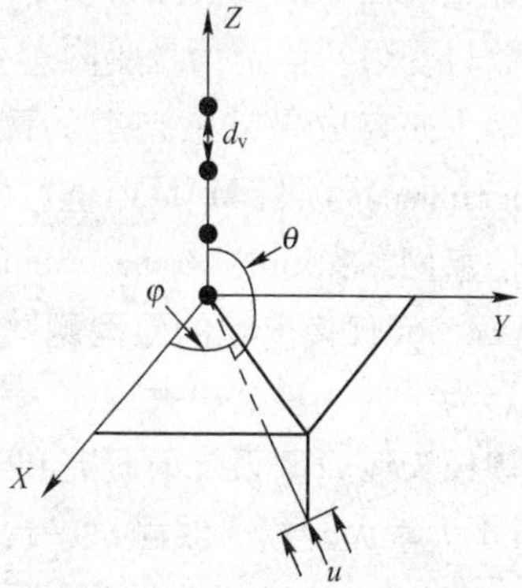

图 4-9　AAS 电调下倾角示意图

3. 大规模天线的理论特性

　　随着天线数目的增加，大规模天线系统除了可以提供比传统 MIMO 更大的空间自由度，还具有如下特点[8]：

　　（1）极低的每天线发射功率

　　保持总的发射功率不变，当发射天线数目从 1 增加到 n 时，理想情况下，每个天线的发送功率变为原来的 $1/n$。而且，如果仅仅保证单个接收天线的接收信号强度，在最理想的情况下，使用 n 个天线时总发射只需要原来的 $1/n$ 即可，也即，此时每个天线上的发射功率变为原来的 $1/n^2$。虽然，在存在信道信息误差、多用户传输等实际因素的情况下，不可能以如此低的发射功率工作，但是这也足以说明采用大规模天线阵列，可以降低单个天线发送功率。

　　（2）热噪声及非相干干扰的影响降低

　　利用相干接收机，不同接收天线间的非相干的干扰部分可以得到一定程度的降低。当采用大规模天线阵列收发时，由于接收天线数目极大，非相干的干扰信号被降低的程度显著增加，降低程度与天线数目成正比。因此，热噪声等非相干的噪声将不再是主要的干扰来源。与此同时，相关性的干扰源，如由于导频复用而造成的导频污染，成为影响性能的重要因素之一。

（3）空间分辨率提升

极高的发送天线数目提供了足够丰富的自由度对信号进行调整和加权。这不仅可以使发射信号形成更窄的波束，另一方面，也使信号能量在空间散射体丰富的传播环境中能够有效地汇集到空间中一个非常小的区域内，提高空间分辨能力。

（4）信道"硬化"

当大规模天线阵足够大时，随机矩阵理论中的一些结论便可以引入到大规模天线的理论研究中。当天线数目足够多时，信道参数将趋向于确定性，具体来说，信道矩阵的奇异值的概率分布情况将会呈现确定性，信道发生"硬化"，导致快速衰落的影响变小。

大规模天线的理论特性研究，大多是在假设天线数目可以无限增加的情况下进行的。在这种假设条件下，很多理论推导的工作都可以转化成为极限操作，能够获得较为简单和直观的闭合结论。但是，在现实条件下，天线数目是一个重要的限制条件，不可能无限增加。因此，目前从工业界的角度，关注点更加集中在大规模天线的实际增益以及其变化趋势上，对于大规模天线的理论特性则主要在定性分析上。在学术界，大规模天线理论研究工作也逐渐从理想条件下以及极限条件下大规模天线的性质分析，逐渐过渡到非理想条件下，例如在天线数目受限、信道信息受限等条件下，大规模天线的实现方法和具体性能研究[9-13]。更多的学术研究成果，感兴趣的读者可以参考欧盟 FP7 (European Union's Seventh Framework Programme) 项目 MAMMOET (Massive MIMO for Efficient Transmission) 提供的大规模天线研究信息网站：http://massivemimo.eu/research-library。

4. 大规模天线的原型测试平台

为了进一步缩小大规模天线理论研究和实际应用的差别，学术界和工业界都在积极探索大规模天线原型系统的研究和开发，例如：Green Touch 原型演示系统、Argos 测试平台以及 Lund 大学大规模天线测试平台。

（1）Green Touch 原型演示系统[14]

Green Touch 在 2010～2011 年间便开始了针对大规模天线的能效方面的研究。Green Touch 使用的大规模天线演示系统由 16 个天线单元构成，每个天线单元包括 4 个同相位的天线振子，如图 4-10 所示。演示系统基于 TDD，大规模天线发送端通过上、下行信道的互易性获取信道信息，并进行最大比合并和最大比发送。通过对比采用单个天线单元以及采用全

图 4-10　Green Touch 大规模天线演示系统

部 16 个天线单元进行上行接收时，单个终端发送功率的变化，该系统展示出当天线单元数目翻倍时，在不造成信号处理损失的情况下发送功率可以降低一半。结合理论分析，Green Touch 认为当天线数目增加到上百根时，采用空间复用技术实现多用户的传输，可以得到更为可观的能量效率图 4-11 为天线数数目为 100 的大规模天线系统能够达到的能量效率与单用户单天线系统的能量效率的对比。

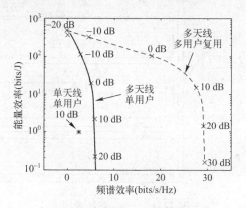

图 4-11　能量效率仿真结果

（2）Argos 测试平台[15]

Argos 测试平台是由美国 Rice 大学和贝尔实验室联合开发的用于验证大规模天线系统可行性的实验平台，如图 4-12 所示。虽然 Argos 平台的一个设计初衷是为了研究采用更多天线的情况下多用户传输在实际传播环境中的性能上限，但是实际上 Argos 系统作为采用 WARP（Wireless Open - Access Research Platform）扩展的方式成功实现的大规模天线测试系统，这一系统搭建成功本身是对其大规模天线测试系统的研发非常重要的激励。

Argos 系统由中央控制单元、总线系统，以及 WARP 模块板构成，如图 4-13 所示。每一块 WARP 板包括 4 个射频天线以及相应的射频控制器，通过在总线上连接多个 WARP 模块，可以实现大规模天线阵列系统及传输，并且通过改变 WARP 模块的数目可以灵活配置大规模天线系统中的天线数目。虽然 Argos 系统在设计演示时只实现了 64 天线的大规模天线传输，但是这种基于总线以及多个射频单元模块构成可配置的大规模天线测试系统的架构已经在其他大规模天线测试平台的研发中得到了广泛认可。

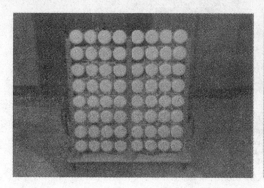

图 4-12　Argos 系统外观

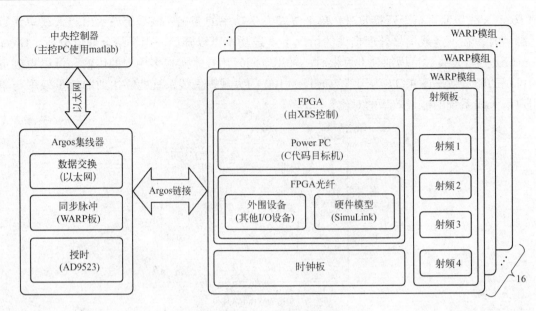

图 4-13　Argos 系统的构成

（3）Lund 大学大规模天线测试平台[16]

瑞典的 Lund 大学是早期投入大规模天线原型机研究的学术机构之一。Lund 大学早期的测试平台主要用于研究大规模天线系统采用不同天线阵列形式，如圆柱形和直线排列，对信道传播的影响。在 2014 年，Lund 大学和 NI（National Instrument，美国国家仪器公司）联合构建了具有通用性、灵活性，以及可扩展性的大规模 MIMO 测试台平台（LuMaMi），如图 4-14 所示。该平台基于软件无线电系统实现，包含 128 根天线，能够进行信号的实时处理，并且可以支持在各个频段和带宽上进行双向通信实验，其参数配置如表 4-4 所示。

图 4-14　瑞典 Lund 大学大规模天线测试平台

a）瑞典 Lund 大学大规模天线测试平台　b）一种自定义的极化贴片天线阵列

表 4-4　Lund 大学大规模天线测试平台配置参数

参　　数	值	参　　数	值
基站天线数量	64~128	FFT 型号	2048
射频中心频率	1.2~6 GHz	占用子载波数量	1200
每信道带宽	20 MHz	时隙长度	0.5 ms
采样率	32.72 MS/s	用户共享时间、频率时隙	10

除了学术界对大规模天线实验平台的研发之外，工业界也在积极尝试探索大规模天线商用化的可能。如三星在 28 GHz 的高频大规模天线实验系统、国内的大唐电信、中兴、华为等企业都在积极尝试的大规模天线原型样机的开发。理论研究和工程探索的成果，展示出了大规模天线巨大的应用潜力。

4.2.3　大规模天线信道模型

1. 概述

大规模天线技术的性能评估以及后续研究，很大程度上依赖于准确的信道建模。为此，针对大规模天线信道模型的研究引起了业内普遍的兴趣。为了使信道建模更加准确，各家公司以及研究机构对实际信道特征进行了大量的实际测量，并基于实际信道测量数据对信道模型进行了抽象和模型化。

随着城市发展，高楼林立，越来越多的用户分布在建筑物的各个楼层，即用户分布在一个 3D 立体的空间内。利用极窄的波束（同时）服务不同空间位置的用户是大规模天线主要的应用场景。因此，大规模天线信道建模的一个重要特点是对传统信道模型的 3D 化，包括与其对应的用户的 3D 分布和 3D 的信道传播环境。综合考虑，将大规模天线的信道模型划分为 UMa 场景（Urban Macro cell，宏蜂窝）、UMi 场景（Urban Micro cell，微蜂窝）、Het-Net 场景（Heterogeneous Network，异构网络）、High Rise 场景（城市高层）、回传链路场景，以及 Indoor 场景（室内）几个部分。

虽然从应用的角度上看，大规模天线技术并不限制其工作的频段，既可以适用于现有蜂窝通信的中低频率范围，也适用于毫米波通信范围，但是，实际上大规模天线的应用很大程度上取决于通信频谱规划政策的进度，因此目前大规模天线的信道模型建模是基于蜂窝通信的中低频段进行的。由于大规模天线的信道模型，在很大程度上是基于 3GPP 的 3D 信道模型发展而来，因此，首先介绍 3GPP 3D 信道模型的标准化进展。

2. 3D 信道模型的标准化进展

3GPP 从 2013 年 1 月开始对于 3D 信道模型进行了长达 1 年多的实际参数测量、会议讨论以及信道模型化。根据不同的应用场景，3GPP 在原有 2D 信道模型[17]的基础上，完成了对室外城市宏蜂窝和室外城市微蜂窝场景 3D 信道的建模。同时，对于城市高层建筑分布的场景也进行了讨论。最后形成技术报告 3GPP TR 36.873[18]。

相比于原来的 2D 信道模型，新的 3D 信道模型中首先引入了 3D 的用户分布，调查和研究表明 80% 的用户分布在室内环境，而室内的用户又分布在不同楼层。3GPP 3D 信道模型中，楼层分布为 4~8 层均匀分布，用户在楼层中均匀分布。因此，3D 模型中部分参数引入了用户高度的影响，例如在大尺度衰落以及 LOS（Line Of Sight，视距）概率中引入了用户高度的影响。

另外，在 3D 信道模型中，引入了垂直向信道参数：例如 ZSA（Zenith angle Spread of Arrive，垂直向到达角度扩散）、ZSD（Zenith angle Spread of Departure，垂直向离开角度扩展）、ZOA（Zenith angle Of Arrive，垂直向到达角度）、ZOD（Zenith angle of Departure，垂直向离开角度），以及 ZOA/ZOD 角度在 NLOS（Non – Line Of Sight，非视距）场景下相对于 LOS 方向的角度偏移。

2013 年 1 月到 2014 年 3 月，历时 1 年 3 个月时间，国内各家公司包括中国移动、中国电信、华为、大唐、北京邮电大学、中兴、中国信息通信研究院等单位积极参与并推动了 3GPP 3D 信道建模，对于 3D 信道的实际测量、分析、建模等做了大量工作。2014 年 3 月初，各家公司基于最新的 3D 信道模型提供了第一阶段、第二阶段以及基准的系统级仿真平台校准结果，标志着 3D 信道建模基本完成。3D 信道模型的进一步完善工作在 2014 年 9 月份完成。

随后，国内 IMT - 2020 5G 推进组的大规模天线技术专题组在 3GPP 3D 信道模型的基础上，针对 5G 大规模天线的几个重点应用场景，补充了测量结果，并进一步对室内微覆盖、无线回传以及异构场景的信道参数进行了细化，形成了大规模天线信道模型的相关建议。

3. 大规模天线环境建模

不同场景的大规模天线建模参数有所不同，具体可参见表 4-5。

表 4-5　大规模天线信道模型的场景及参数

项目＼场景	室外宏覆盖	室外微覆盖	室外高层覆盖	室内微覆盖	无线回传	异构
基站间距	500 m	200 m	300 m	60 m	宏基站部署与室外宏覆盖相同；微基站部署与 3GPP Small Cell 场景 2a[19] 相同	宏基站部署与室外宏覆盖相同 微基站部署与室外微覆盖相同
基站高度	25 m	10 m	25 m	3～6 m	宏基站：25 m 微基站：10 m	宏基站：25 m 微基站：10 m
用户分布	20% 室外，80% 室内 水平均匀分布 室外用户无垂直分布 室内用户垂直均匀分布在所在建筑物各楼层中 用户建筑物层数为 4～8 层，均匀分布，层高 3 m		20% 室外，80% 室内 室内用户 50% 位于高层建筑物内 室外和底层建筑物内用户水平均匀分布 高层建筑物内用户水平全部均匀分布在高层建筑物范围内 室外用户无垂直分布 室内用户垂直均匀分布在所在建筑物各楼层中 底层建筑物层数为 4～8 层，均匀分布，层高 3 m 高层建筑物水平方向为半径为 25 m 的圆形，每扇区一栋，位置均匀分布，层数为 20～30 层，均匀分布，层高 3 m	全部室内用户 用户水平方向在室内均匀分布 用户无垂直分布 办公楼室内办公区大小 15 m × 15 m，走廊 120 m	宏基站用户占 1/3，水平均匀分布在微基站簇外 微基站用户占 2/3，水平均匀分布在微基站簇内 宏基站用户分布参考室外宏覆盖场景 微基站用户分布参考室外微覆盖场景 微基站成簇分布，扇区簇 1～2/扇区 扇区簇半径：50 m 微基站数目：4～10/簇 微基站在簇内均匀分布 簇内微基站间距：10 m	宏基站用户数：10/扇区或 15/扇区 微基站用户数：5/扇区或 10/扇区 用户 20% 室外，80 室内 水平均匀分布 室外用户无垂直分布 室内用户垂直均匀分布在所在建筑物各楼层中 用户建筑物层数为 4～8 层，均匀分布，层高 3 m

（续）

项目 \ 场景	室外宏覆盖	室外微覆盖	室外高层覆盖	室内微覆盖	无线回传	异　　构
基站间距	500 m	200 m	300 m	60 m	宏基站部署与室外宏覆盖相同；微基站部署与 3GPP Small Cell 场景 2a[19] 相同	宏基站部署与室外宏覆盖相同微基站部署与室外微覆盖相同
基站高度	25 m	10 m	25 m	3 ~ 6 m	宏基站：25 m 微基站：10 m	宏基站：25m 微基站：10 m
基站发射功率	49 dB（20 MHz 带宽）52 dB（40 MHz 带宽）	46 dB（20 MHz 带宽）49 dB（40 MHz 带宽）	49 dB（20 MHz 带宽）52 dB（40 MHz 带宽）	21 dB（20 MHz 带宽）24 dB（40 MHz 带宽）	宏基站：49 dB（20 MHz 带宽）52 dB（40 MHz 带宽）微基站：30 dBm（10 MHz 带宽）33 dBm（20 MHz 带宽）	宏基站：与室外宏覆盖相同微基站：与室外微覆盖相同

4. 大规模天线 3D 信道建模方法

（1）天线阵列建模

为了能够在水平和垂直方向实现波束赋形，大规模天线的 3D 信道模型对天线阵列在水平和垂直两个维度进行了建模，包括天线拓扑结构和天线增益两个方面。在天线拓扑结构方面，通过使用天线阵列实现对天线振子在水平和垂直两个维度的划分，并且通过进一步定义三层映射关系，支持更灵活的天线配置方案；在天线增益方面，定义了单个振子在水平和垂直两个维度上的能量分布，以及多个振子在水平和垂直方向上合并形成波束的配置方法，从而可以描述天线阵列在 3D 坐标下各个方向的增益分布情况。

在大规模天线系统中，理论上过大的天线尺寸会造成天线空间特性的不平衡。此时虽然这些振子属于"一副"天线，但是从天线的空间特性上看已经与"一副"天线不同。这种情况在单个天线中有大量天线振子在某个方向上连续排列时，或者在分布式天线系统中会出现。但是由于在实际部署过程中，前者并不常见，而后者可以分解为多个独立的天线建模，因此这种不平衡性目前并没有包含在 3D 信道建模的过程中。在未来大规模天线的研究过程中，可能将作为 3D 信道模型的一种扩展或者增强方式进行研究。

（2）3D 信道建模方法

在 2D 信道模型的基础上，3D 信道模型建模集中在对垂直维度上的传播特性进行建模，包括传播环境的建模、传播参数的建模以及信道冲击响应的生成建模。

在传播环境建模中，3D 信道模型引入了用户的垂直分布。在现实场景中，用户可以分为室外和室内用户，室外用户只在水平维度上分布，在这一点上，与 2D 信道模型相似。室内用户位于建筑物不同楼层和楼层内不同位置，从而造成了室内用户在水平和垂直维度上的分布，并且，由于建筑物楼层具有一定高度，因此，如果假设建筑物的层高已知，室内用户在垂直维度上的分布是离散的。对于室内用户，对每个室内用户的水平位置和垂直位置按照各自的统计特征和限制条件随机生成。传播环境会影响信号的传播条件，相对于处于地面和建筑物底层的用户，位于建筑物高层的用户与基站之间进行直线传播的概率增大，传播过程中受到其他物体阻挡的概率降低，因此，根据用户在垂直维度上的位置变化，在 LOS 概率计算和路损计算时引入了相应的补偿。

传统 2D 信道的传播模型[17]如图 4-15 所示。

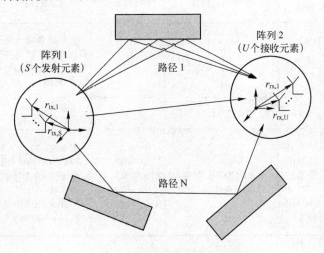

图 4-15　二维空间下信号传播模型

2D 信道模型中仅考虑信号在水平面内的传播特性，当信号遇到分布水平面中的散射体时，形成多个传播路径分量（Path），可分辨的多径分量也被称之为簇（Cluster）。信道模型对每一个簇的时延、达到、离开角度等参数进行了定义。对于每一个簇，又可以进一步划分为多个不可分辨的子径（Ray），簇内子径相互叠加，满足簇的统计特性。信道模型通过定义这些子径相对于簇的时延扩散、角度扩散等参数，描述了这些子径的传播特性[17,20,21]。

3D 信道模型传播模型建模方法与 2D 信道类似（见图 4-16）。考虑信号在具有三维空间散射体的环境下传播。该模型在 2D 信道模型基础上引入垂直维度传播参数，如垂直到达角、离开角、垂直维度的角度扩散，以及基于垂直维度参数对其他传播参数，如环境高度等进行修改。

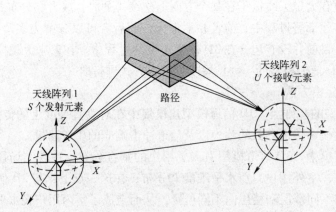

图 4-16　三维空间下的信号传播模型

基于传播模型，3D 信道模型中发射天线 S 到接收天线 U 的第 l 个径的信道冲激响应可以表示为：

$$h_{u,s}(\tau_1;t) = \sum_{m=1}^{M} \begin{bmatrix} F_{rx,u,\vartheta}(\Phi_{l,m}) \\ F_{rx,u,\varphi}(\Phi_{l,m}) \end{bmatrix}^{\mathrm{T}} \begin{bmatrix} \alpha_{l,m,\vartheta,\vartheta} & \alpha_{l,m,\vartheta,\varphi} \\ \alpha_{l,m,\varphi,\vartheta} & \alpha_{l,m,\varphi,\varphi} \end{bmatrix} \begin{bmatrix} F_{tx,s,\vartheta}(\Omega_{l,m}) \\ F_{tx,s,\vartheta}(\Omega_{l,m}) \end{bmatrix}$$

$$\exp(\mathrm{j}2\pi\lambda_0^{-1}(\Omega_{l,m} \cdot \bar{r}_{rx,u})) \exp(\mathrm{j}2\pi\lambda_0^{-1}(\Omega_{l,m} \cdot \bar{r}_{tx,s})) \exp(\mathrm{j}2\pi f_{d,l,m}t)$$

$$(4-6)$$

其中，λ_0 表示载波的波长；M 为子径数目；l 为簇的序号；$\Omega_{l,m}$ 代表经过第 l 簇的第 m 条径传播的信号在发送端的水平、垂直离开角组成的向量；$\Phi_{l,m}$ 代表经过第 l 簇的第 m 条径传播的信号在接收端的水平、垂直到达角组成的向量。

$$\begin{bmatrix} F_{rx,u,\vartheta}(\Phi_{l,m}) \\ F_{rx,u,\varphi}(\Phi_{l,m}) \end{bmatrix}^{\mathrm{T}}, \begin{bmatrix} F_{tx,s,\vartheta}(\Omega_{l,m}) \\ F_{tx,s,\vartheta}(\Omega_{l,m}) \end{bmatrix} \tag{4-7}$$

式（4-7）分别定义了接收天线振子 u 和发射天线振子 s 的远场天线响应，其中 $F_{tx,s,\vartheta}(\cdot)$，$F_{tx,s,\varphi}(\cdot)$ 表示发射天线振子 s 的垂直极化分量和水平极化分量，接收天线的两个极化分量的定义与此相似。

　　和 2D 信道模型的信道冲击响应类似，3D 信道模型小尺度参数生成公式中，在计算每条子径时包含 5 个部分：接收天线在水平极化面、垂直极化面的远场天线响应；不同极化面间的能量转换矩阵；发送天线在水平极化面、垂直极化面的远场天线响应；接收天线振子 u 和发送天线振子 s 各自在收发天线阵列中排列位置产生的相位差；由于收发天线间相对运动造成的多普勒频偏。

　　由于直射径和非直射径间存在显著的能量差异，因此在 LOS 环境下小尺度参数进一步修改为：

$$h'_{u,s}(\tau_1;t) = \sqrt{\frac{1}{K_R + 1}} h_{u,s}(\tau_1;t)$$

$$+ \delta(l-1)\sqrt{\frac{K_R}{K_R+1}} \sum_{m=1}^{M} \begin{bmatrix} F_{rx,u,\vartheta}(\Phi_{l,m}) \\ F_{rx,u,\varphi}(\Phi_{l,m}) \end{bmatrix}^{\mathrm{T}} \begin{bmatrix} \alpha_{l,m,\vartheta,\vartheta} & 0 \\ 0 & \alpha_{l,m,\varphi,\varphi} \end{bmatrix} \begin{bmatrix} F_{tx,s,\vartheta}(\Omega_{l,m}) \\ F_{tx,s,\vartheta}(\Omega_{l,m}) \end{bmatrix}$$

$$\exp(\mathrm{j}2\pi\lambda_0^{-1}(\Omega_{l,m} \cdot \bar{r}_{rx,u})) \exp(\mathrm{j}2\pi\lambda_0^{-1}(\Omega_{l,m} \cdot \bar{r}_{tx,s})) \exp(\mathrm{j}2\pi f_{d,l,m}t) \tag{4-8}$$

其中，$l=1$ 为直射径；δ 为 Dirac 函数；K_R 为莱斯 K 因子。

5. 3D 信道的生成

3D 信道实现过程如图 4-17 所示。

3D 信道的生成过程与 2D 信道的生成过程类似，包含三个阶段：

● 传播环境和大尺度参数生成。

● 小尺度参数生成。

● 冲激响应生成。

在第一阶段生成传播环境和大尺度参数，包括：

1）确定场景（UMa，UMi 等），并根据场景配置基站参数和用户位置，包括水平以及垂直维度的坐标、相对移动速度等，并且确定基站与用户的天线配置，包括天线阵列的构成、极化方式、天线孔径角度差。

2）根据用户和基站的相对位置关系依概率分布判断信号是否为 LoS 传输。

3）计算路径损耗。

4）基于用户和基站的位置关系，生成满足互相关和自相关条件的大尺度传输参数，包

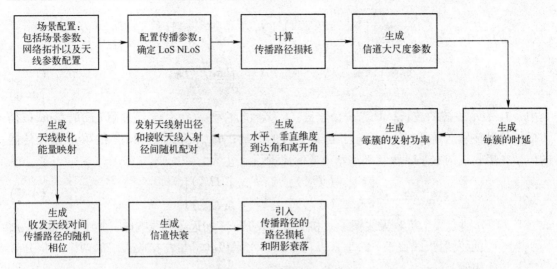

图 4-17   3D 信道模型实现过程

括时延扩散、水平及垂直维度的到达角角度扩散和离开角角度扩散（ASA、ASD、ZSA、ZSD）、阴影衰落、莱斯分布 K 因子。

第二阶段，生成小尺度参数，准备生成信道冲激响应：

1）各径及子径时延、功率。

2）各径及子径水平、垂直到达角、离开角。

3）各个子径到达角和离开角的配对。

4）不同极化面间的能量转换矩阵。

第三阶段，生成信道冲击响应：

1）随机生成各个子径的初始相位。

2）根据小尺度参数和初始相位依据式（4-6）和式（4-8）生成各个子径的冲激响应。

3）引入路径损耗和阴影衰落，完成信道生成。

6. 3D 信道模型分析

（1）LCS 与 GCS

3D 信道模型中使用两种坐标系统。分别是 GCS（General Coordination System，通用坐标系），以及 LCS（Local Coordination System，本地坐标系）[18]。GCS 与我们直观上的三维空间坐标系一致，可以一般地认为 GCS 中 XY 平面与地面平行，Z 轴垂直于地面。发送机和接收机都位于 GCS 中，通过 GCS 可以描述这两者的空间位置关系，以及信道模型中信号的传播路径。GCS 如图 4-18 中的 X、Y、Z 的坐标系所示。

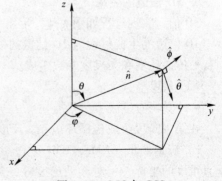

图 4-18   LCS 与 GCS

LCS 是用来描述波束方向与天线方向图关系的坐标系统。当描述天子振子时，天线振子位于坐标轴原点，天线方向图水平 0° 和垂直 90° 所指的方向为 X 轴的正方向，水平 90° 为 Y 轴正方向，垂直方向上的 0° 为 Z 系正方向；当描述

2D 的天线阵列时，阵列位于 *XZ* 平面上，天线阵列的孔径方向与 *X* 轴正方向一致。不论是天线振子或者天线阵列，当基于 LCS 给定一个方向向量(θ',φ')时，可以基于天线的方向图得到这个天线振子或者天线阵列在该方向向量上的天线增益。

采用 GCS 和 LCS 两套坐标系统，方便了在各自的系统内对一些与信道相关的属性进行定义。如前所述，在 GCS 中，便于定义与发送/接收机空间位置相关的属性；在 LCS 中，便于描述天线在不同方向上的天线增益。

但是，当把接收机和发射机的空间位置与其各自天线的方向图结合起来考虑时，例如，描述发送机天线在与接收机的视线传播方向上的增益时，就需要将 LCS 和 GCS 上的坐标进行映射，例如将 GCS 上的方向向量(θ,φ)映射为 LCS 上的(θ',φ')，可以通过如下的坐标变换实现：

$$R^{-1}=\begin{pmatrix}\cos\alpha\cos\beta & \sin\alpha\cos\beta & -\sin\beta\\ \cos\alpha\sin\beta\sin\gamma-\sin\alpha\cos\gamma & \sin\alpha\sin\beta\sin\gamma+\cos\alpha\cos\gamma & \cos\beta\sin\gamma\\ \cos\alpha\sin\beta\cos+\sin\alpha\sin\gamma & \sin\alpha\sin\beta\cos\gamma-\cos\alpha\sin\gamma & \cos\beta\cos\gamma\end{pmatrix} \quad (4-9)$$

$$\theta'(\alpha,\beta,\gamma,\theta,\varphi)=\arccos\left(\begin{bmatrix}0\\0\\1\end{bmatrix}^{\mathrm{T}}R^{-1}\hat{\rho}\right) \quad (4-10)$$

$$\varphi'(\alpha,\beta,\gamma,\theta,\varphi)=\arg\left(\begin{bmatrix}11\\j\\0\end{bmatrix}^{\mathrm{T}}R^{-1}\hat{\rho}\right) \quad (4-11)$$

其中，α、β、γ 分别是 LCS 相对于 GCS 在 *x*、*y*、*z* 轴上的旋转角度，如图 4-19 所示。

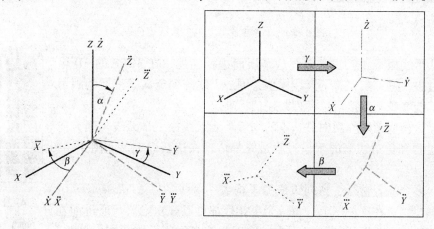

图 4-19　坐标轴旋转

其中笛卡尔坐标系统的坐标可以进一步转化为与前面描述更为一致的球坐标系坐标：

$$\hat{\rho}=\begin{pmatrix}x\\y\\z\end{pmatrix}=\begin{pmatrix}\sin\theta\cos\varphi\\ \sin\theta\sin\varphi\\ \cos\theta\end{pmatrix} \quad (4-12)$$

（2）天线振子与天线阵列

在 3D 信道模型中，天线的射频图样和增益是针对天线振子定义的。对于天线阵列来说，其在不同方向上的天线增益是通过构成天线阵列的各个天线振子的图样叠加而成的。

由于天线振子是按照一定的间距排列构成天线阵列的，因此基于远场假设位于阵列中不同位置的振子到达某一个和天线阵列不平行的给定平面的距离是不同的，由此不同天线振子发射出的同相位的电磁波在到达该平面时就会产生相位差。这种相位差，或者说，天线振子的不同排布关系，造成了天线阵列不同于天线振子的射频图样，如图 4-20 所示。另一方面，利用不同振子的相位差关系，通过调节各个振子上发射信号的相位权值，可以实现对天线阵列射频图样的调整，改变天线阵列的能量主瓣的方向，实现模拟波束赋形。

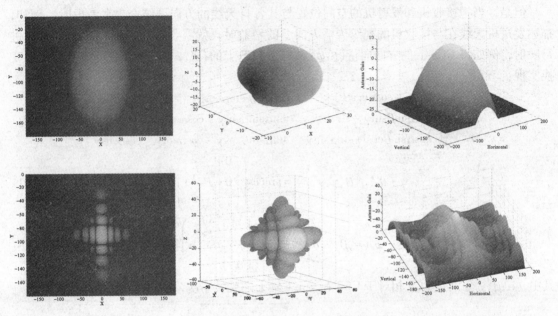

图 4-20　不同振子数目时的天线方向图

除了从天线振子和天线方向图这个层面进行描述，在 3GPP 的 3D 信道研究项目中，进一步完善了天线模型，围绕天线阵列定义了三层的映射关系，使其能够顺利承接信道模型与通信标准。

最底层是构成天线阵列中最基本的物理单元天线振子，天线阵列方向图的生成过程和信道快衰的生成过程最终都体现在这层面上，如图 4-21 所示。

一个、多个或者整行、整列天线振子构成一个 TXRU（Transceiver Units，收发单元）。在这一层上，每一个 TXRU 都可以独立配置。通过配置组成该 TXRU 的天线振子的加权系数，实现对该 TXRU 天线图样的调整，实现模拟波束赋形。TXRU 与天线振子可以配置成多种对应关系，从而改变模拟波束赋形的能力和特点。

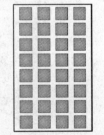

图 4-21　天线阵列中的天线振子

1）从 TXRU 的角度看，单个 TXRU 中可以只包含单列的天线振子（1D - TXRU），此时，TXRU 只能在垂直维度上调整形成的模拟波束；单个 TXRU 也可以包含多于一列的振子（2D - TXRU），在这种情况下，单个 TXRU 形成的模拟波束可以在水平和垂直两个维度上进行调整。

2）从天线振子的角度看，一列天线振子可以构成多个 TXRU，但是构成方式可以是如图 4-22a 所示的 Sub - Array（子阵列）形式，此时，每个 TXRU 只使用部分天线振子形成较宽的波束；也可如图 4-22b 所示采用 Full-Connection（全连接）方式，此时每个 TXRU 都可以对整个天线阵列的权值进行调整，形成较窄的波束。

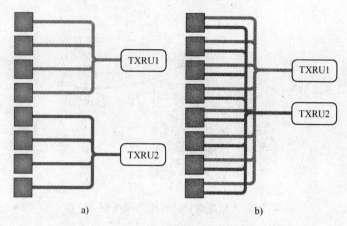

图 4-22　TXRU 与天线振子的映射关系示例
a）子阵列方式　b）全连接方式

一个或者多个 TXRU 再通过逻辑映射构成系统层面上看到 Antenna Ports（天线端口）。当 TXRU 与天线端口之间采用一一映射的关系，TXRU 和 Antenna Port 从定义上是等价的，如图 4-23 所示。

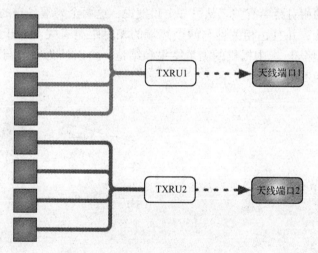

图 4-23　天线端口与 TXRU 的映射

通过在天线端口层面上进行预编码操作，可以实现更为灵活的数字波束赋形，例如使用针对单用户或者多用户的预编码，实现多流或者多用户传输。

（3）大尺度参数间的互相关特性

3D 信道模型中的 7 个大尺度参数包括：时延扩散，水平、垂直维度的到达角角度扩展，离开角角度扩散，莱斯分布 K 因子，阴影衰落。通过观测，这几个大尺度参数之间存在相关特性[18]。

大尺度参数的相关特性能够从两个方面来考量。第一个方面是单个位置点上，也就是同一个终端某一个基站间信道的各个大尺度参数之间的互相关特性。在 3D 信道模型中，互相关特性是通过互相关参数矩阵描述的；第二个方面是从系统层面上，针对某一个大尺度参数依据相对某一个参考位置的距离的自相关特性，如图4-24所示。

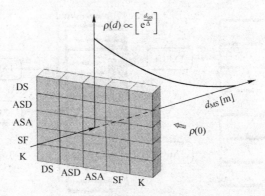

图4-24　大尺度参数的互相关和自相关特性

这种自相关特性在系统的层面上看包含两种（见图4-25）。第一种是连接到相同的基站终端之间的相关性；第二种，是同一个终端和不同基站之间的相关性。对于第一种情形，3GPP TR 36.873中参考WINNER II信道模型的建模方法[21]，将（单个）大尺度参数与距离的相关特性用指数相关函数来进行描述，并且将大尺度参数从原有的二维水平面扩展到了三维空间上。因此，两个终端与同一个基站之间的大尺度参数之间存在相关性，并且这种相关性与两个终端之间的相对距离有关。从另一个角度说，这两个终端各自的大尺度参数互相关矩阵之间存在相关性，并且，相关性与两个终端的相对距离有关。对于第二种情形，根据WINNER II信道模型报告[21]中提供的测量结果和结论，可以认为用户与不同基站之间的大尺度参数可以建模为不相关。

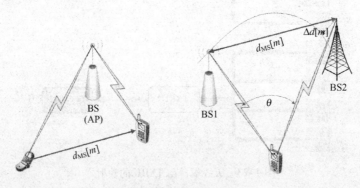

图4-25　两种相关性

各个大尺度参数都有其各自的随机分布特性。为了能够让模型中涉及的各个大尺度参数在满足其各自分布特性的同时具有互相关特性，3GPP TR 36.873中参考WINNER II信道模型中使用的对多个独立的Gaussian随机过程加权求和的方式来实现。具体的实现方法可以参考文献［20，21］，这里只介绍简单的思路。

首先，不考虑同一个终端的各个大尺度参数的互相关特性，针对每一个大尺度参数，例如DS，根据不同终端的位置与某一个公共参考位置的相对距离，为每个终端生成一个标准正态随机变量，保证在各个终端间，生成的随机变量与各个终端的相对距离间的关系满足针对 DS 参数的定义的指数相关函数。这一步之后，对于每个终端，生成了一组（7 个）Gassian 随机变量。

接下来，针对每一个终端，例如终端 k，根据大尺度参数间的互相关特性对前一步生成的终端 k 的 7 个随机变量进行矩阵加权计算，得到一组（7 个）新的满足互相关特性的 Gaussian 随机变量，此时这组随机变量称作 TLSP（Transformed LSP，大尺度参数转换变量）。不同终端的 TLSP 已经满足大尺度参数随相对距离的指数相关性，同时，对于每个终端的一组（7 个）TLSP，也满足描述大尺度参数互相关特性的互相关矩阵。

最后，由于 TLSP 是满足标准正态分布的随机变量，可以进一步通过放缩和调整，满足不同大尺度参数的随机统计特性要求（见图 4-26）。至此，就完成了 3D 信道大尺度参数的生成。

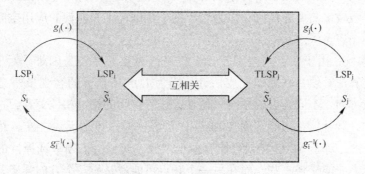

图 4-26　大尺度参数的生成

4.3　大规模天线的挑战

4.3.1　天线的非理想特性

大规模天线应用的一个重要假设是信道具备互易性，这会对系统设计带来巨大的便利以及容量的广泛提升。否则，完全依赖反馈的开销将非常巨大，系统设计也变得异常复杂。然而，信道互易性假设和其适用范围，特别是针对大规模天线系统是否适用，值得做深入的研究。

信道互易性的涵盖是广泛的，从广义的范围看要求满足互易的信道的幅频响应是相同的，而从狭义的角度看则要求某些统计量相同，如终端通过测量接收信号的 RSRP（Reference Signal Receiving Power，参考信号接收功率）的统计量来选择发送功率。对于 MIMO 系统，为了利用 MIMO 技术，需要关注的互易统计量是天线间的相对幅度和相位关系，也就是说不关心绝对的幅频响应是否相同，但要求相对的关系一致才能够利用互易性。

天线校准便是利用这一点，对于实际系统，基带估计的信道值都是包含有射频部分的响应的，而实际系统的射频模块很难做到理想，不同天线的射频通道响应可能有所不同，这使得估计信道响应的相对关系和实际信道的相对关系有较大的偏差。天线校准的示意图如图 4-27 所示，图中标识了发送通道的校准信号、接收信号、相

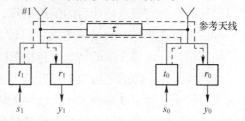

图 4-27　天线校准示意图

关射频响应，以及同样接收通道的校准信号、接收信号、相关射频响应。因而有 $y_0 = r_0 \tau t_1 s_1$ 和 $y_1 = r_1 \tau t_0 s_0$，若选择发送通道校准 $wt_1 = s_1/y_0 = (r_0 \tau t_1)^{-1}$ 和接收通道校准 $wr_1 = s_0/y_1 = (r_1 \tau t_0)^{-1}$，则对于第 i 根天线有 $\dfrac{t_i \cdot wt_i}{r_i \cdot wr_i} = \dfrac{t_0}{r_0}$。校准的结果不是保证每天线的绝对信道值一致，而是要保证和参考天线相对关系相同。

对于 TDD 系统，由于发送和接收在相同的频点，只是时间上有所区分，在实际系统中认为是互易的。然而其应用的主要挑战在于实际组网下的系统性能，特别是严重干扰下的性能。首先由于上行受到的干扰和下行受到的干扰肯定是不互易的，因而单独利用信道估计不足以确定下行的最优发送策略。此外，干扰越大则信道估计的准确度越低，这就会使系统设计陷入怪圈，即用户少的时候，本身系统容量要求不高的条件下，其大规模天线的容量高，而一旦真的用户数较多需要容量时，因为较大的干扰破坏了互易性的应用空间，反而在需要容量的时候拿不出容量了。

对于 FDD 系统，由于频点间差别较远，普遍认为互易性较为困难。对于 LOS 的场景，可以通过一定的算法补偿，准确地完成估计，因为 LOS 场景下的客观量便是用户的位置和几何学上的来波方向，不同频点的影响只是在天线阵列间的相对相位关系，这可以很容易的通过算法完成估计和补偿，当然这需要和 TDD 系统一样先经过天线校准。然而更大的挑战在于 NLOS 的场景，对于 NLOS 场景可能有多个来波方向，由于频率选择性的关系，可能在一个频点是某个方向能量强一些，而在另一个频点可能就是另一个方向强了，这使得仅仅通过上行频点的最强来波方向估计去确定下行最强的来波方向是很困难的。而且即便是可以确定最强的来波方向，角度扩展较大时同样难以应用，因为没有各个方向的相位信息，无法进行数字域的抑制，只能选择最强的方向作为发送方向发送，这使得多用户复用时，若其他用户虽然主方向与本用户不同可以复用，但由于角度扩展较大，其他用户能量扩展到了本用户的发送方向上，会带来较大的干扰。

4.3.2 信道信息的获取

在 FDD 系统中，终端需要对下行信道测量后反馈给基站。反馈包括两种方式：隐式反馈和显式反馈。隐式反馈是先假定系统要进行的传输方式，即 SU – MIMO 还是 MU – MIMO。然后每个接收端会按照这种传输方式进行相应的反馈。隐式反馈要求接收端反馈其能够获得最大系统容量的预编码向量和相应的信道质量信息。隐式反馈方案具有反馈量小的优点，但是其缺点是降低了传输端的灵活性。与隐式反馈不同的是，显式反馈并不假定某一种传输方式，而是反馈既支持 SU – MIMO 又支持 MU – MIMO 的信道状态信息。其中，信道状态信息可以是接收端进行信道估计后的信道矩阵、特征向量或者有效信道的方向信息。显式反馈使传输端的灵活性更好，缺点是增大了反馈量。LTE FDD 采用基于码本的隐式反馈来获取下行的信道信息，终端反馈的信息可包括 RI、PMI 和 CQI 等。

大规模天线系统的频谱效率提升能力主要受制于空间无限信道信息获取的准确性。大规模天线系统中，由于基站侧天线维数的大幅增强，且传输链路存在干扰，通过现有的导频设计及信道估计技术都难以获取准确的瞬时信道信息，该问题是大规模天线系统必须解决的主要瓶颈问题之一。TDD 具有天然的优势，这是因为随着天线数的增多，FDD 需要的导频开销增大，而 TDD 可以利用信道的互易性进行信道估计，不需要导频进行信道估计。因此，探寻适用于 FDD 的大规模天线系统的导频设计和信道估计技术，对构建使用的大规模天线系统具有重要的理论价值和实际意义。

4.3.3 多用户传输的挑战

多用户 MIMO 系统中，所有的配对用户可以在相同的资源上传输数据。因此，相比于单用户 MIMO 系统，多用户 MIMO 不仅可以利用多天线的分集增益提高系统性能，和/或利用多天线的复用增益提高系统容量，还由于采用了多用户复用技术，多用户 MIMO 可以带来接入容量的增加。此外还可以利用多用户的分集调度，获得系统性能的进一步提升。基站可以同时服务的用户数目受限于其发送和接收的天线数目（和基站天线数目成正比）。例如根据现有 3GPP 标准，LTE 系统最多配置 8 根天线，其服务的最大用户数目为 4。而大规模天线系统要求基站配置数十甚至上百根天线，因此大规模天线系统能够获得更多的空间自由度，从而可以将其服务的最大用户数提升至 10 个甚至更多。

最大多用户数目的提升可以使系统传输速率增加，然而随着多用户数的增加，系统的计算复杂度将呈现大幅增加。

系统计算复杂度的增加主要体现在以下几个方面：

（1）多用户配对和调度

多用户 MIMO 系统中，基站调度器需要根据系统内的用户信道状态，选择合适的用户子集进行配对传输。假设系统可以支持的最大配对用户数目为 N，如果考虑采用比较简单的穷搜配对算法，那么基站为了获得最优的配对情况，需要计算 $C_N^1 + C_N^2 + \ldots + C_N^N = 2^N$ 次，可以看出随着天线数目的增加，多用户配对和调度算法将呈现指数级的增长。

（2）多用户预编码

下行多用户系统中，基站需要利用多天线的预编码技术对用户数据信号进行预处理，从而充分抑制多用户间的干扰。现有的预编码算法包括非线性多用户预编码和线性多用户预编码。由于非线性多用户预编码实现复杂度过高，在实际的应用中一般采用线性预编码。经典的线性预编码算法包括迫零波束赋形，最大 SLNR（Signal – to – Leakage – and – Noise Ratio，信漏噪比）等。我们以迫零预波束赋形算法为例，分析大规模天线系统中多用户预编码的计算复杂度。迫零波束赋形预编码矩阵是通过对等效用户信道矩阵求逆获得的，而矩阵的求逆计算复杂度为矩阵 $\boldsymbol{M}$ 的三次方，即 $O(\boldsymbol{M}^3)$，因此不难看出，随着系统配置的天线数目增加，基站与用户之间的等效矩阵维度将随之增加，这将不可避免地造成多用户预编码矩阵计算复杂度的提高。

此外，在实际系统中，多用户配对调度以及预编码算法之间存在紧密的联系，二者相互影响。通过上面的分析可以看出，在大规模天线系统中，为了实现多用户传输，将会面临计算复杂度大幅提升。因此，如何优化系统预编码和调度算法，以较低的复杂度最大限度地利用信道空间自由度，提升多用户传输的性能是大规模天线系统的另一个重要挑战。

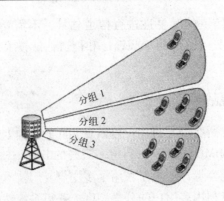

图 4-28　大规模天线系统中的 MU – MIMO

4.3.4　覆盖与部署

大规模天线阵列是大规模天线技术的主要特征之一。随着射频单元数目的增加，在天线振子间距保持不变的情况下，天线阵列的尺寸会随之增大。由于工业界一般采用 0.5 ~ 0.8 倍波长的宽度作为天线振子的间距，因此在现在普遍使用的 6GHz 以下的中低工作频段，增加天线振子将显著增加整个天线的尺寸。另一方面，由于 BBU（Base Band Unite，基带处理单元）和 RRU（Radio Remote Unit，射频拉远模块）之间的 Fronthaul（前向回传）连接的带宽与天线端口数目成正比，当部署大规模天线系统时，如果 BBU 和 RRU 之间采用传统的光纤接口，Fronthaul 光纤接口的成本将显著增长[22]，从而导致大规模天线系统的成本显著增加。采用 BBU 和 RRU 一体化方案可以解决 Fronthaul 成本增加的问题，但是集成基带处理单元后，不仅会显著增加大规模天线系统的尺寸（一般来说，会增加设备的厚度）和重量，造成设备安装和部署的困难，同时，为了满足集成基带处理单元的散热、功耗等问题，一体化设备对部署环境、日常维护也提出了更高的要求。

由于大规模天线阵列的使用，数目更多的天线振子可以映射到单个天线端口中，因此大规模天线系统能够提供更窄的波束。窄波束可以显著提高信号在传播过程中的空间分辨率，有利于降低不同波束之间的干扰，提高共享信道中多用户传输的性能；但是对于广播信道，较窄的波束意味着单波束覆盖范围的降低。如果降低单个天线端口中天线振子的数目，虽然可以增大波束的宽度，但是天线端口的发送功率也会随着天线振子数目的减少而降低，同时由于在天线阵列总发送功率不变的情况下大规模天线阵列中单个天线振子的发送功率较低，直接采用这种方案在覆盖范围方面也会面临较大的挑战。由于覆盖能力与网络部署和优化直接相关，因此针对大规模天线技术的研究除了着眼于提高传输效率（如提高频谱效率、多用户传输能力）外，同时需要解决大规模天线系统在部署过程中的实际需求。

无线网络建设的成本约占运营商网络投资主体的 70%，其中包括 CAPEX 和 OPEX。在这两项成本中，占据主要地位的分别是工程施工与设计成本（约占 CAPEX 30%）以及网络运营与支撑成本（约占 OPEX 的 40%）[23]。虽然大规模天线系统实现了传输在空间域的扩展，在提升系统频谱效率方面展现了巨大潜力，但是采用大规模天线技术后，如何满足灵活部署、网络易于运维等方面的实际需求，特别是提高传输效率与部署，也是亟待研究解决的现实问题。

4.4　大规模天线技术方案前瞻

大规模天线的技术方案研究是最早开始的 5G 关键技术研究，也是目前 5G 各项关键技术中，研究和讨论最为集中的方向之一。其中，除了各个 5G 研究团体展开的大规模天线研究外，3GPP 开展的"Full Dimensional MIMO/Elevation Beamforming"研究课题，也被普遍认为是大规模天线研究的一部分。本节分别对大规模天线中几个相对基础和有特点的研究方向和内容加以介绍。

4.4.1　大规模天线的部署场景

表 4-6 归纳了大规模天线系统可能的应用场景。其中城区覆盖分为宏覆盖、微覆盖以及高层覆盖三种主要场景：宏覆盖场景下基站覆盖面积比较大，用户数量比较多，需要通过大规模天线系统提升系统容量；微覆盖主要针对业务热点地区进行覆盖，比如大型赛事、演唱会、商场、露天集会、交通枢纽等用户密度高的区域，微覆盖场景下覆盖面积较小，但是用户密度通常很高；高层覆盖场景主要指通过位置较低的基站为附近的高层楼宇提供覆盖，在这种场景下，用户呈现出 2D/3D 的分布，需要基站具备垂直方向的覆盖能力。在城区覆盖的几种场景中，由于对容量需求很大，需要同时支持水平方向和垂直方向的覆盖能力，因此对大规模天线研究的优先级较高。郊区覆盖主要为了解决偏远地区的无线传输问题，覆盖范围较大，用户密度较低，对容量需求不是很迫切，因此研究的优先级相对较低。无线回传主要解决在缺乏光纤回传时基站之间的数据传输问题，特别是宏基站与微基站之间的数据传输问题。

表 4-6　主要场景特征描述

主要场景	特　点	潜在问题
宏覆盖	覆盖面积较大，用户数量多	控制信道、导频信号覆盖性能与数据信道不平衡
高层覆盖	低层基站向上覆盖高层楼宇，用户 2D/3D 混合分布，需要更好的垂直覆盖能力	控制信道、导频信号覆盖性能与数据信道不平衡
微覆盖	覆盖面积小，用户密度高	散射丰富，用户配对复杂度高
郊区覆盖	覆盖范围大，用户密度低，信道环境简单，噪声受限	控制信道、导频信号覆盖性能与数据信道不平衡
无线回传	覆盖面积大，信道环境变化小	信道容量、传输时延问题

根据上述分析，宏覆盖、高层覆盖、微覆盖以及无线回传几种场景是大规模天线技术研究的重点场景，如图 4-29 所示。下面将详细介绍这几种主要场景。

1. 室外宏覆盖

大规模天线系统用于室外宏覆盖时，可以通过波束赋型提供更多流数据并行传输，提高系统总容量。尤其是在密集城区需要大幅提高系统容量时，可采用大规模天线系统。

由于室外宏覆盖通常采用中低频段，当采用大规模天线系统时，可能会造成天线尺寸较大，增加硬件成本和施工难度，因此小型化天线是重要的发展方向。

UMa 场景是移动通信的主要以及最重要的应用场景之一，如图 4-30 所示，在实际环境中占有较大比例。首先，UMa 场景中用户分布较为密集，随着用户的业务需求的增长，对

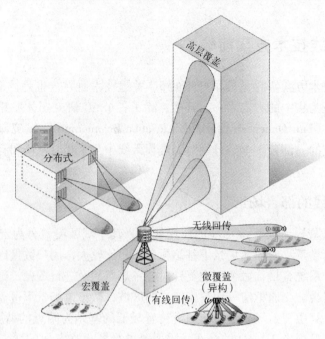

图 4-29　大规模天线系统主要应用场景

于频谱效率的需求也越来越高；其次，UMa 场景需要提供大范围的服务，在水平和垂直范围，基站都需要提供优质的网络覆盖能力以保证边缘用户的服务体验。大规模天线技术能够实现大量用户配对传输，因此频谱利用率能够大幅度提高，满足 UMa 场景频谱效率的需求。另外由于大规模天线能够提供更为精确的信号波束，因此能够增强小区的覆盖，减少能量损耗，并利于干扰波束间协调，有效提高 UMa 场景的用户服务质量。

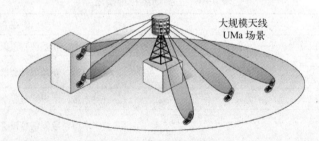

图 4-30　UMa 场景

　　另一方面，由于大规模天线技术需要配置大量的天线振子，放大器及射频链路结构复杂，单个系统成本较高，并需要占用较大的空间尺寸。而一般 UMa 场景的基站具有较大的尺寸和发射功率，高度一般大于楼层高度。因此，UMa 场景中大规模天线系统可以获得较为丰富的天面资源。

　　从 UMa 的场景需求和大规模天线的技术特征等方面判断，UMa 场景是大规模天线的一个典型应用场景。

2. 高层覆盖

　　大多数城市都会有高层建筑（20～30 层），且分布不均匀，这些分布不均的高楼被 4～8 层的一般建筑所包围，如图 4-31 所示。高层建筑的覆盖需要依赖室内覆盖，对于无法部署室内覆盖的高楼，可以考虑通过周围较低楼顶上的基站为其提供覆盖，通过大规模天线技术形成垂直维度向上的波束，为高层楼宇提供信号。

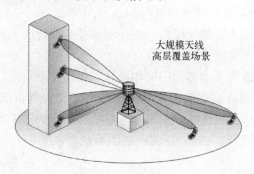

图 4-31　High Rise 场景

类似地，在一些山区，也可以通过大规模天线技术为高地提供信号覆盖，主要是利用大规模天线系统在垂直方向的覆盖能力。

3. 微覆盖

根据部署位置不同，微覆盖还可以分为室外微覆盖和室内微覆盖。

（1）室外微覆盖

室外微覆盖主要应用在一些业务量较高的热点区域进行扩容，以及在覆盖较弱的区域用于补盲。在业务热点区域，比如火车站的露天广场等场所，用户密集，业务量较大，可通过大规模天线系统进行扩容。UMi 场景是另一个移动通信应用的主要场景，如图 4-32 所示，一般为市内繁华区域，建筑物分布和用户分布都相对密集，UMi 场景中的基站需要对大量的用户同时进行服务，对于系统频谱效率的要求较高；同时，在 UMi 场景中，信号传输环境相对复杂，传输损耗较大，因此需要通过有效的传输和接收方式提高信号传输效率；另外，UMi 场景中小区之间相对距离较小，小区间干扰较大，服务质量受干扰限制，尤其是边缘用户的性能受干扰影响明显，因此还需要有效的干扰协调和避免技术。

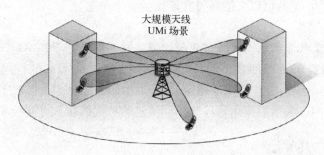

图 4-32　UMi 场景

在 UMi 场景中，大规模天线技术首先能够实现大量用户的多用户配对，使得频率资源能够同时被多个用户复用，频谱效率大幅提升；其次，大规模天线技术能够形成精确的信号波束，能够针对特定用户进行高效传输，保证信号的覆盖和用户服务质量；同时，在大规模天线技术中，形成的波束具有较多的空间自由度，在水平和垂直维度都能够提供灵活的信号传输，使得信号间干扰调度变得更加灵活有效。

另外，UMi 场景中基站高度低于周围楼层高度，用户分布在高楼层时，传统的通信系统不能很好地对其覆盖。而大规模天线技术在垂直方向上也能够提供信号波束赋形的自由度，改善对高层用户的信号覆盖。

相对于 UMa 场景，UMi 基站尺寸以及发射功率等都较小，但是仍能够为大规模天线技术提供足够的应用空间和成本资源。因此，UMi 场景也是大规模天线的一个典型应用场景。

（2）室内微覆盖

室内覆盖是移动通信需要重点考虑的应用场景，如图 4-33 所示。据统计，未来 80% 的业务发生在室内。室内覆盖最重要的需求是大幅提升系统容量以满足用户高速率通信的需求。室内覆盖也可以使用大规模天线技术来提高系统容量，同时考虑到室内覆盖通常会采用较高频段，大规模天线系统可以通过 3D 波束赋型形成能量集中的波束，从而克服高频段衰减大的缺点。

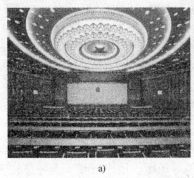

　　　　a)　　　　　　　　　　　　　　　　b)

图 4-33　室内覆盖典型场景

a）大型会议室　b）大型体育馆

室内场景可以分为很多类型：主要包括：

1）一般室内环境：基站可以部署在走廊，也可以在各个房间内。

2）大型会议场馆：基站可以部署在各个角落，也可以位于天花板上。

3）大型体育场馆：基站可以分散布署在场馆的各个角落。

4. 无线回传

在实际网络中，某些业务热点区域需要新建微基站，但是并不具备光纤回传条件。可以通过宏基站为微基站提供无线回传，解决微基站有线回传成本高的问题，如图 4-34 和图 4-35 所示。这种场景中，宏基站保证覆盖，微基站承载热点地区业务分流，宏基站和微基站可同频或异频组网，典型的应用为异频。回传链路和无线接入可同频或异频组网。

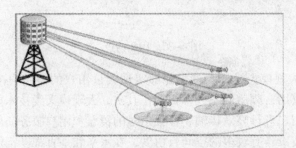

图 4-34　大规模天线宏基站为室外微基站提供无线回传

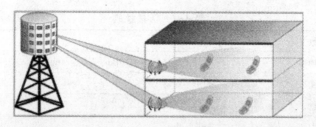

图 4-35　大规模天线宏基站为室内微基站提供无线回传

在无线回传中，可能存在无线回传容量受限的问题。宏基站采用大规模天线阵列，通过 3D 波束为微基站提供无线回传，可提高回传链路的容量。该场景进一步可分为室外和室内无线回传两种场景：支持大规模天线的宏基站为室外微基站做无线回传；支持大规模天线的宏基站为室内微基站做无线回传。

4.4.2　大规模天线的关键技术研究

1. 信道信息的测量与反馈

在 TD - LTE 系统中，基站可通过上下行信道的互易性，根据对上行 SRS（Sounding Reference Signal，探询参考信号）导频测量的结果获取下行信道的状态信息，因此对于 TD - LTE 系统，使用大规模天线后，信道信息的测量与获取方式可以使用与现有 4G 系统相同的方案。对于 LTE FDD 系统，需要终端对下行信道进行测量后反馈给基站，在现有 4G LTE 系统中，采用基于码本的有限信道信息反馈来获取下行的信道信息。当采用大规模天线后，采用现有 4G LTE 信道测量和反馈方法，所需开销将随天线振子数目增加而显著增加，因此在这一部分，将针对 FDD 方式下，大规模天线系统的测量与反馈方案进行讨论。

（1）基于 Kronecker 乘积的反馈方法

在基于 FDD 的 MIMO 系统中，基站需要通过用户测量导频并反馈信道信息。用户直接反馈 2D 天线阵列的信道信息将导致巨大的反馈开销。为了降低用户信道信息反馈开销，用户可以对水平和垂直维度天线分别反馈信道信息。基站获得用户反馈的水平和垂直信道信息后通过 Kronecker 乘积恢复 2D 天线阵列的信道信息（见图 4-36）。基站用户预编码矩阵 W 通过水平预编码矩阵 W_H 和垂直预编码矩阵 W_v 的 Kronecker 乘积获得，即有

$$W = W_H \otimes W_v \qquad (4-13)$$

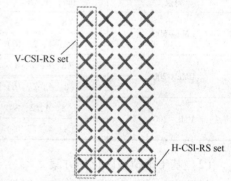

图 4-36　基于 Kronecker 乘积的反馈方法

基于 Kronecker 乘积的反馈方法可明显降低用户的反馈开销，水平维度和垂直维度的 CSI - RS 端口数都不会超过 8 个。

考虑的天线配置为 $(M, N, P, Q) = (8, 4, 2, 16)$，水平维度天线端口数目为 8，垂直维度天线端口数目为 2，仿真场景为 3D - UMa/3D - UMi 场景，仿真的参数假设如表 4-7 所示。

表 4-7　仿真参数

参　　　数	值
基站发送功率	UMi/UMa-200：41dBm，UMa：46dBm
双工方式	FDD
天线配置	0.5λ（水平）/0.8λ（垂直）
业务模型	Full buffer
小区数	19 小区
系统带宽	1 0 MHz（50 PRBs）
每小区用户数目	10
终端天线数	交叉极化 2 天线（0/+90）
反馈模式	PUSCH 3-2
	CQI、PMI、RI 周期为 5 ms
	调度时延 5 ms
	Release 10 8 天线码本
传输方案	TM10，SU/MU Rank 自适应
负载	3 个 DL CCHs 符号，2 CRS 端口，每 PRB 上的 DMRS 数目为 12
CSI-RS 周期	5 ms

通过仿真结果可以看出，相比于 TXRU 数目为 8 的 Release 12 方案，基于 Kronecker 乘积的方案，在 TXRU 数目为 16 时，可以在不同场景中获得 7%~37% 边缘频谱效率的增益，见表 4-8。

表 4-8　基于 Kronecker 乘积方案仿真性能

场景	(M, N, P, Q)	小区平均吞吐量/（bit/s/Hz）	小区边缘吞吐量/（bit/s/Hz）
UMa-500	(8, 4, 2, 8)	2.6325（100%）	0.0807（100%）
	(8, 4, 2, 16)	2.5209（95.8%）	0.0866（107.3%）
UMa-200	(8, 4, 2, 8)	2.7590（100%）	0.0817（100%）
	(8, 4, 2, 16)	2.8401（102.9%）	0.0987（120.8%）
UMi-200	(8, 4, 2, 8)	2.6461（100%）	0.0794（100%）
	(8, 4, 2, 16)	2.6816（101.3%）	0.1093（137.7%）

（2）基于虚拟扇区化的方案

基于 CSI-RS 波束赋形的扇区虚拟化是一种受到广泛关注的大规模天线增强方案。该方案的核心思想是利用对 CSI-RS 的波束赋形技术，在水平和垂直方向形成多个虚拟扇区，每个扇区配置相同的小区 ID，通过降低用户每次需要测量和反馈的天线端口数目，降低测量和反馈量如图 4-37 所示。

为了实现虚拟扇区化，基站需要配置多个 CSI-RS 资源，每个 CSI-RS 资源对应虚拟扇区，在每个虚拟扇区内，终端接收到的 CSI-RS 资源上的端口数目小于等于 8。

基站通过多个 TXRU 产生不同方向的虚拟扇区，在实现该方案时，小区下倾角和水平角参数的设置会对虚拟扇区化方案的系统性能产生较大影响。

图 4-38 给出了 4 个垂直虚拟扇区时天线端口虚拟化的示例，天线配置为 $(M,N,P,Q) =$ $(32,4,2,32)$，每一列的相邻 8 个同极化阵子映射为一个 TXRU。每一列在相同的极化方向上有两个 TXRU，垂直方向的每个 TXRU 对应一个虚拟扇区，扇区的下倾角根据不同场景设置为不同数值。水平方向上共有 8 个 TXRU，TXRU 与天线端口为一一映射，每个虚拟扇区的天线端口数目为 8，与 Release 12 保持一致。

为了能够让用户接入到最佳的虚拟扇区中，终端和基站需要进行波束的选择。FDD 系统中波束选择的方法主要有以下两类：

图 4-37　虚拟扇区化示意图

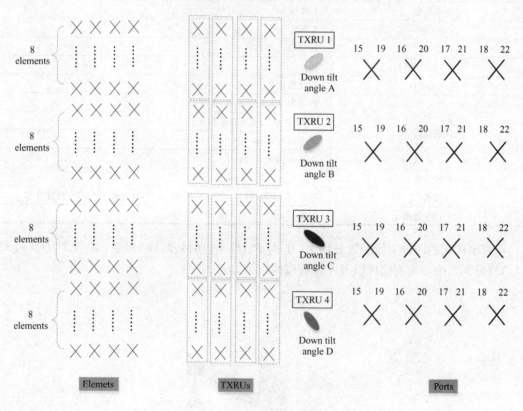

图 4-38　天线端口虚拟化

1）基于 FDD 信道互易性的波束选择

基站采用 DFT 预编码的方式形成下行 CSI – RS 波束，基于 SRS 测量到的上行接收到的

相关矩阵 R，则波束选择可由下式给出：

$$W = \underset{W_i \in C}{\mathrm{argmax}}\left(W_i^H R W_i\right) \qquad (4-14)$$

其中，W_i 为预编码向量；C 为包含所有虚拟小区预编码的 DFT 码本。这里假设 FDD 上下行统计相关矩阵存在互易性，该假设的前提是需要对 FDD 天线进行校准，FDD 天线校准的方法需要后续进一步研究。

2）基于 CSI – RS RSRP 测量的波束选择

该方案要求用户可以基于 CSI – RS 测量并在不同的 CSI 进程反馈所有波束的 RSRP，基站根据 RSRP 为用户选择最佳波束。值得注意的是，基于 CSI – RS 的 RSRP 测量是在 Release 12 引入的，需要 Release 12 的终端支持，目前标准支持最大 4 个 CSI 进程。

接下来，将对 FDD 大规模天线样机的虚拟扇区方案性能进行评估。考虑垂直和水平两种扇区虚拟化方案。仿真场景为 3D – UMa，站间距为 200 m，仿真的参数假设如表 4-9 所示。

表 4-9　仿真参数

参　数	值
基站发送功率	41 dBm
双工方式	FDD
天线配置	0.5λ（水平）$/0.8\lambda$（垂直）
业务模型	Full buffer
小区数	7 小区
系统带宽	10 MHz（50 PRBs）
每小区用户数目	10
终端天线数	交叉极化 2 天线（0/ +90）
反馈模式	PUSCH 3 – 2
	CQI、PMI、RI 周期为 5ms
	调度时延 5 ms
	Release10 8 天线码本
传输方案	TM10，SU/MU Rank 自适应
负载	3 个 DL CCHs 符号，2 CRS 端口，每 PRB 上的 DM – RS 数目为 12
CSI – RS 周期	5 ms

垂直扇区化的两种天线配置分别为 $(M,N,P,Q) = (16,4,2,16)$ 以及 $(M,N,P,Q) = (32,4,2,32)$ 分别对应 2 垂直扇区以及 4 垂直扇区。

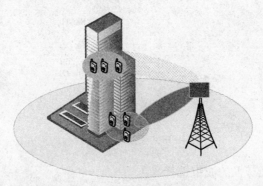

图 4-39　垂直虚拟扇区化示意图

与单扇区的性能对比，可以看出，2 垂直扇区虚拟化方案可以将小区平均吞吐量提升约51%，小区边缘吞吐量提升约22%；4 垂直扇区虚拟化方案可以将小区平均吞吐量提升约101%，小区边缘吞吐量提升约16%。

表 4-10　垂直扇区化仿真性能

3D – UMA 200m ISD 垂直扇区化			
	天线倾角	小区平均吞吐量(bit/s/Hz)	小区边缘吞吐量(bit/s/Hz)
1 扇区	[104]	2.6949(100%)	0.0910(100%)
2 扇区	[114,85]	4.0722(151%)	0.1113(122%)
4 扇区	[114,104,94,84]	5.4185(201%)	0.1052(116%)

水平扇区化的两种天线配置分别为 $(M,N,P,Q)=(8,8,2,16)$ 以及 $(M,N,P,Q)=(8,16,2,32)$ 分别对应 2 水平扇区以及 4 水平扇区。

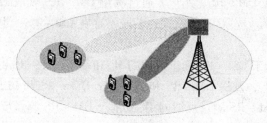

图 4-40　水平虚拟扇区化示意图

与单扇区的性能对比，可以看出，2 水平扇区虚拟化方案可以将小区平均吞吐量提升约42%；4 垂直扇区虚拟化方案可以将小区平均吞吐量提升约78%；小区边缘吞吐量没有明显提升。

表 4-11　水平扇区化仿真性能

3D – UMA 200m ISD 水平扇区化			
	天线倾角	小区平均吞吐量 /(bit/s/Hz)	小区边缘吞吐量 /(bit/s/Hz)
1 扇区	[104]	2.6949(100%)	0.0910(100%)
2 扇区	[30,-30]	3.8229(142%)	0.0893(98%)
4 扇区	[45,15,-15,-45]	4.7864(178%)	0.0855(94%)

（3）基于混合 RS 测量 CSI 反馈

在 3GPP Release 10 中，用户基于 CSI – RS 测量信道信息并进行反馈。随着天线数的增加，CSI – RS 的开销也将随之增加。

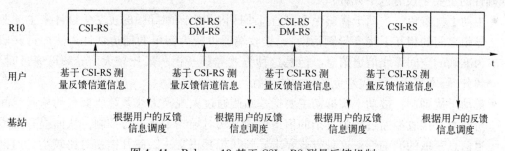

图 4-41　Release 10 基于 CSI – RS 测量反馈机制

为了降低在大规模天线系统中 CSI – RS 开销的问题，可以采用一种基于混合 RS 测量信道信息并反馈的方法。其主要思想是用户基于 CSI – RS 的测量或 DM – RS 的测量进行信道信息的反馈。

方案的具体操作步骤如下：

1）基站配置 CSI – RS 并通过高层信令通知给用户，包括 CSI – RS 端口、CSI – RS 图案、CSI – RS 周期等。

2）在存在 CSI – RS 的子帧，用户 k 通过测量 CSI – RS 获取信道 $\boldsymbol{H}_k$，用户根据 $\boldsymbol{H}_k$ 和码本 $\boldsymbol{W}\{\boldsymbol{W}_1, \boldsymbol{W}_2, \cdots, \boldsymbol{W}_M\}$ 选取 $\boldsymbol{W}_k$ 并反馈。

3）基站获取用户反馈的 $\boldsymbol{W}_k$ 进行调度，若用户 k 被调度上，发送 DM – RS 和 PDSCH，DM – RS 和 PDSCH 用相同的预编码矩阵 $\boldsymbol{T}_n$，$\boldsymbol{T}_n$ 可以为 $\boldsymbol{W}_n$，也可不同于 $\boldsymbol{W}_n$。

4）用户判断当前子帧是否存在 CSI – RS 或 DM – RS：若存在 CSI – RS，同步骤 2）；若不存在 CSI – RS，但存在 DM – RS，用户 k 通过测量 DM – RS 获取 $\boldsymbol{H}_k\boldsymbol{T}_n$，用户根据 $\boldsymbol{H}_k\boldsymbol{T}_n$ 和码本 $\boldsymbol{W}\{\boldsymbol{W}_1, \boldsymbol{W}_2, \cdots, \boldsymbol{W}_M\}$ 选取 $\boldsymbol{W}_k$ 并反馈；若既不存在 CSI – RS，也不存在 DM – RS，用户不反馈信道信息。

5）基站根据用户基于 CSI – RS 测量反馈的 $\boldsymbol{W}_n$ 和基于 DM – RS 测量反馈的 $\boldsymbol{W}_n$ 共同决定调度。若用户 k 被调度上，发送 DM – RS 和 PDSCH，DM – RS 和 PDSCH 用相同的预编码矩阵 $\boldsymbol{T}_n$，$\boldsymbol{T}_n$ 可以和基于 CSI – RS 测量反馈的 $\boldsymbol{W}_n$ 或基于 DM – RS 测量反馈的 $\boldsymbol{W}_n$ 相同，也可不同于 $\boldsymbol{W}_n$。

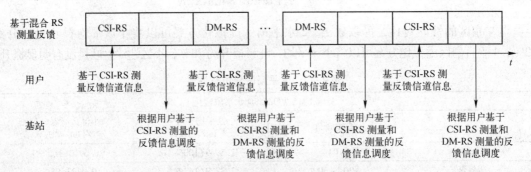

图 4-42　基于混合 RS 测量反馈机制

2. 导频和码本设计

实际系统中，空间无线信道信息的获取来源于导频信号，而导频信号在时间、频率上的分布及小区间的干扰都会影响空间无线信道信息获取的准确性。提高空间无线信道信息获取的准确性的主要手段有以下几种：

- 主动干扰避免：主动干扰避免主要通过小区内和小区间导频的正交化设计来主动避免导频之间的相互干扰（导频污染），接收端通过较为简单的信道估计算法即可获取较为准确的空间无线信道信息。但是这种方式导频开销一般比较大。导频可通过时分/频分/码本复用的方式避免导频间的干扰。

- 被动干扰抑制：被动干扰抑制主要指基站侧通过大规模天线系统所拥有的精确空间分辨能力，接收端通过较为复杂的信道估计方法对导频干扰进行抑制，从而提升无线信道信息获取的准确性。这种方式要求导频间相互正交，因此开销相对比较小，但接收端的复杂度将会有所提高。

在基于码本反馈的 FDD MIMO 系统中，基站发送下行导频信号；用户对导频信号进行测量，选取与信道相匹配的码本并反馈给基站。大规模天线系统需要支持更多的天线，在 FDD 大规模天线系统中，基站需要发送更多的下行导频信号来获取下行信道的状态信息。如果采用目前 LTE 设计 CSI - RS 的方案，大规模天线系统中所需要的导频开销将随天线数的增加呈线性增长。

（1）基于天线虚拟化的导频设计[24]

基于天线虚拟化的导频设计方案可有效降低大规模天线所需要的下行导频数量。其主要思想是基站利用大规模天线形成若干个波束，对导频信号进行预编码并发送给用户，用户通过测量获取预编码后的信道，基于该信道信息选取最优码本并反馈给基站，基站根据导频预编码和用户的反馈共同决定数据信道的预编码。预编码矩阵 $W\{W_1, W_2, \cdots, W_M\}$ 由基站产生，W 的数目大于或等于导频信号端口的数目。且该预编码矩阵 W 对用户透明，即用户不知道 W 的具体内容。基站从 M 个预编码矩阵中选取 N 个对导频信号进行预编码，并发送导频信号。基站在不同的时刻可选取不同的预编码矩阵对导频信号进行预编码并发送，如图 4-43 所示。

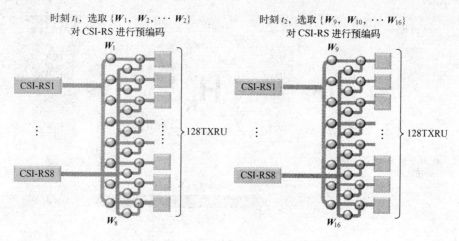

图 4-43　虚拟化导频发送

根据用户反馈的内容，基于虚拟化的天线导频设计可包括两种具体实现方案。

方案一：用户反馈最优的若干个导频（如图 4-44 所示），其具体操作步骤如下：

1）基站利用大规模天线形成 $M(M \geq N)$ 个波束（N 为正交导频数），预编码矩阵表示为 $W_1, W_2, \cdots, W_M$，矩阵大小为 $T \times 1$（T 为大规模天线的天线端口数）。

2）从 M 个预编码矩阵中选取 N 个，对导频信号进行预编码，并发送导频信号：$W_1 s_1, W_2 s_2, \cdots, W_N s_N$。

3）用户 k 对导频信号 $H_k W_1 S_1, H_k W_2 S_2, \cdots H_k W_N S_N$ 进行测量，获得 $H_k W_1, H_k W_2, \cdots H_k W_N$，根据一定准则将 $H_k W_n$ 的索引 n 反馈给基站。其中 $H_k(R \times T)$ 为用户 k 的信道矩阵（R 是用户 k 接收天线数）。

4）基站根据用户反馈的索引对应的 $H_k W_n$ 推算其信道信息为 W_n。

5）基站根据每个用户的信道信息进行调度和形成预编码矩阵 T_n。

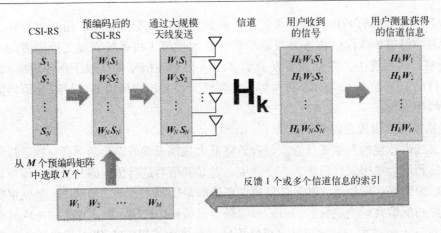

图 4-44　方案 1 示意图

方案二：用户通过测量获取预编码后的信道，基于该信道信息选取最优码本并反馈给基站（如图 4-45 所示），其具体操作步骤如下：

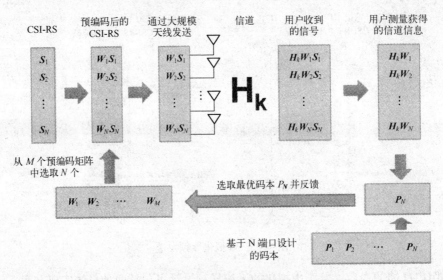

图 4-45　方案 2 示意图

1）基站利用大规模天线形成 $M(M \geqslant N)$ 个波束，预编码矩阵表示为 $W_1, W_2, \cdots, W_M$ 矩阵大小为 $T \times 1$。

2）从 M 个预编码矩阵中选取 N 个，对导频信号进行预编码，并发送导频信号：$W_1 S_1$，$W_2 S_2, \cdots, W_N S_N$。

3）用户 k 对导频信号 $H_k W_1 S_1, H_k W_2 S_2, \cdots, H_k W_N S_N$ 进行测量，获得的 $H_e = [H_k W_1, H_k W_2, \cdots, H_k W_N]$，用户从 N 个码本中选择一个最优的码本 P_n 并反馈给基站。其中 H_k 为用户 k 的信道矩阵，大小为 $R \times T$（R 是用户 k 接收天线数）。P_n 大小为 $N \times r$，r 为用户的 rank 值。

4）基站根据用户反馈的索引求得 P_n。

5）基站根据每个用户的信道信息进行调度和形成预编码矩阵 T_n，$T_n = W P_n$，其中 P_n 可以为用户的反馈，也可不同于用户的反馈 P_n。

（2）天线分组的码本设计和反馈方法

大规模天线系统中，需要从只关注在水平方向的波束赋形转移到关注水平和垂直共同作用下的空间立体自适应波束赋形技术。如何在尽可能降低上行反馈信道开销的情况下设计大维度的码本空间，保证无线信道的量化精度，是需要仔细研究的问题（特别是系统上下行信道特性不同的频分双工系统）。主要解决方法有：

- 基于旋转的码本构造方法：目前学术界关于 Grassmannian 流行压缩的研究主要集中于低维度的情形，对于高维度的研究较少，因此它对计算复杂度和性能提出了双重要求，所以必须通过设计搜索算法的精心设计才能够在较短时间内获得较为理想且上行反馈开销小的结果。
- 基于叠加的码本构造方法：分析大规模天线系统空间无线信道的特点，通过多级码本的设计来降低系统的上行反馈信道开销，并保证空间无线信道的量化精度。例如，分别设计水平码本和垂直码本，在基站通过 Kronecker 乘积的方式形成大维度码本。

目前 LTE 中为了支持 2、4、8 根发送天线下的信道反馈，分别定义了三种码本。大规模天线系统天线数目将更大且多样，比如可以支持 16～128、256 甚至更多天线数。码本的设计一直是 LTE 系统的一个难点，此时针对不同的天线数目，逐个去设计码本并基于此进行反馈的方法将过于复杂和不切实际。本节给出了一种基于天线分组的码本设计和反馈方法，该方法可以适应大规模天线系统天线数目更大且多样性的需求，其具体实现步骤如下：

1）eNB 针对发送天线进行分组。eNB 将 N 根发送天线均匀分组，$N = \text{NSG}_{size} \times \text{NSG}_{num}$，其中 NSG_{size} 为每个子组内包含的发送天线数，NSG_{num} 为划分的子组数目。每个子组内的天线数目与已有码本支持天线数目对应，如可为 2、4、8。每个子组内的天线（index）连续，或者天线（index）间隔相等。每个子组内的天线极化方向相同。eNB 通过 SIB（或 RRC）将 NSG_{size}（和/或 NSG_{num}）通知给 UE。例如，将 $N = 64$ 的大规模天线发送天线分为 8 个子组，每个子组包含 8 根天线，如图 4-46 所示。

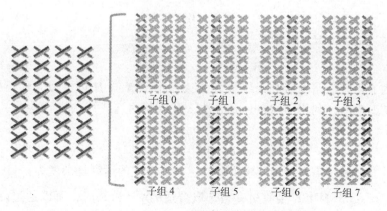

$H = [h_0, h_1, \cdots, h_1]$
假设总信道 H 为 1×64 向量，每个子组信道 h_i 为 1×8 向量

图 4-46　天线分示意图

2）UE 利用已有码本针对各子组内（以及子组间）天线信道进行量化反馈。UE 采用已有码本对每个子组内天线对应信道 SG_CSI 进行量化反馈，将 SG_CSI 进行量化反馈为

w_i，其中 w_i 为码本中 $\max|h_i w_i|$ 的向量。UE 采用已有码本对子组间信道 $\text{Inter}_{\text{SG CSI}}$ 进行量化反馈，将 $\text{Inter}_{\text{SG CSI}}$ 进行量化反馈为 v，其中 v 为码本中 $\max|[h_0 w_0, h_1 w_1, \cdots, h_7 w_7]v|$ 的向量。

3）eNB 根据反馈的子组内（和子组间）CSI 进行信道重构。子组内 CSI 反馈和子组间 CSI 反馈时，信道重构为

$$\hat{H} = [(w_0 v_0)^H, (w_1 v_1)^H, \cdots, (w_7 v_7)^H] \tag{4-15}$$

与现有技术（针对不同的天线数目，逐个去设计码本并基于此进行反馈的方法）相比，这种不依赖于逐天线数码本设计的统一的 MIMO 反馈方法的好处是针对任意新型发送天线数目，无需设计相应新型码本而可以直接采用已有码本进行量化反馈。该方法大大降低了 MIMO 反馈实现上的复杂度，提高了实现上的灵活性，解决了大规模天线应用中的反馈问题。

3. 低复杂度接收机

当大规模天线进行多天线接收时，接收机复杂度将成为比较重要的问题，本节给出两种降低复杂度的技术方法。

（1）近似线性接收机性能的低复杂度迭代算法

当基站侧配置天线数较多，同时上行链路 MU – MIMO 并行传输用户数目较多时，非线性检测的复杂度会显著提升，此时当接收性能要求相应降低时可以采用线性接收机，例如 ZF（Zero Forcing，迫零）或 MMSE（Minimum Mean Square Error，最小均方误差）。然而，线性接收机中也需要做信道矩阵求逆计算，当信道矩阵维度较高时复杂度也非常可观。文献 [25] 给出了一种性能近似于线性接收机的迭代算法，进一步降低接收机复杂度。首先给出系统建模：

$$Y = HX + N \tag{4-16}$$

其中，H 为维度 $N_r \times M$ 的 MIMO 信道矩阵，M 为总传输数据流数，当每用户一个数据流时，M 为用户数。

当采用 MMSE 接收机时，

$$\hat{X} = (H^H H + \sigma^2 I)^{-1} H^H Y = W^{-1} \tilde{Y} \tag{4-17}$$

其中，$W = H^H H + \sigma^2 I$，维度为 $M \times M$，因此可进一步改写：

$$\tilde{Y} = W^{-1} \hat{X} \tag{4-18}$$

当采用大规模天线时，上行链路中接收天线数 N_r 较大，信道矩阵 H 可近似为列正交，此时可证明矩阵 W 为半正定的，利用 Richardson 方法，可以利用迭代算法进行检测，具体为：

$$X^{(i+1)} = X^{(i)} + w(Y - WX^{(i)}) \tag{4-19}$$

从上式可以看出，本接收机不需要做矩阵求逆计算，一次迭代的运算复杂度为：$4M^2 + 2M$，迭代次数越多性能越趋近于 MMSE 接收机，当选取合适的 $\hat{X}^{(0)}$ 和 w 时，可以通过降低迭代次数来降低复杂度。

图 4-47 和图 4-48 针对迭代算法与传统线性 MMSE 接收机做了仿真对比，采用非相关瑞利信道，上行 MU – MIMO，基站侧 128 根天线，每用户 1 根天线。通过仿真分析，当 $w = 0.00645$，$\hat{X}^{(0)} = 0$ 时，迭代 5 次可以得到近似 MMSE 的系统性能，简单地从仿真时

间来看，2 用户时两种算法仿真时间相近，16 个用户时 MMSE 算法为迭代算法仿真时间的 3 倍。

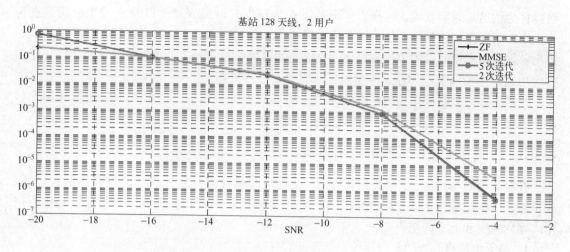

图 4–47　2 个用户

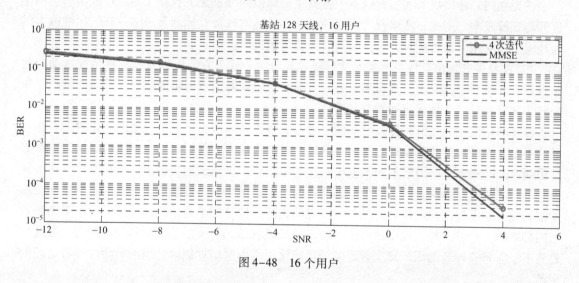

图 4–48　16 个用户

对于线性检测 ZF/MMSE，计算复杂度为 $O(M^3)$，而迭代方法的计算复杂度如表 4–12 所示。

表 4–12　计算复杂度

迭代次数	$i=2$	$i=3$	$i=4$	$i=5$
复杂度	$8M^2+4M$	$12M^2+6M$	$16M^2+8M$	$20M^2+10M$

可见，低复杂度接收机算法相比于传统线性接收机能进一步降低计算复杂度。

（2）利用信道时间相关性的低复杂度解决方案

如前所述，线性接收机复杂度主要体现在矩阵求逆的计算上。考虑在目前 LTE 系统设计中的实际计算方法，导频在时域间隔插入，通过对不同时间点上导频估计的信道冲激响应进行时域插值获得时间维度上各个 OFDM 符号上的信道冲激响应，而后在每个 OFDM 符号上进行信道检测，这样也就是每个 OFDM 符号都要做信道的矩阵求逆。

在实际系统中，当用户移动速度不大时，信道的时变性并不明显，也就是在相干时间内可以认为信道是时不变的，这样以相干时间 N 为周期，对每 N 个 OFDM 符号上的信道进行一次矩阵求逆操作，所以整体求逆操作次数将为原来的 $1/N$。N 的数值选取需要多次测试后得出。在具体实现时，需要接收机留出存储空间，将每组符号上的信道进行求逆计算后存储并应用到 N 个 OFDM 符号上，N 个符号后存储器进行更新。

当然，进行分组操作后的系统性能会受到不同程度的影响，这与 N 值的选取和用户移动速度有关，需要基站通过用户的移动速度测量后对 N 设置不同的取值。

4.4.3　轻量化大规模天线的技术方案

在第 2 章的 5G 需求中已经指出，对 5G 网络的研究应总体致力于建设满足部署轻便、投资轻度、维护轻松、体验轻快要求的"轻"型网络，那么在大规模天线部分轻量化的技术方案则应引起业界的重视。

1. 基于大规模天线的无线回传

在无线网络建设成本和运营成本中占据主要地位的分别是工程施工与设计成本以及网络运营与支撑成本。因此，从运营的角度考虑，一种能够降低整体部署成本并降低运维成本的大规模天线应用方案将更加符合运营商实际部署的需求。

在 5G 及未来通信系统中，基站数目将显著增加。这一方面将导致控制建站成本随着建站数目需求的增加而变得更为重要；另一方面，站址资源的选择将面临更加严峻的挑战，未来密集部署的基站选址将更加具有灵活性。

传统基站使用的光纤回传以及微波点对点无线回传系统在适应这种新的变化时都存在明显的不足。光纤回传的建设过程决定了其较高的建设成本，并且采用光纤回传基站的选址必须限制在光纤接入点的附近。当大量使用宏基站进行广域覆盖的情况下，光纤回传的这些特点并不会在建设、运维过程中产生显著的负面影响；但当基站逐渐趋于低成本、小型化，基站部署位置越来越密集灵活的情况下，固定的光纤回传显然不是最优的选择。由于未来基站组网部署的一个方向是大规模部署微基站，并且微基站具有灵活的开启和关闭能力，在这种趋势下，需要一种新的回传解决方案来满足建设成本、网络性能以及组网灵活性三者之间的平衡。

由于网络建设和运维具有连续性和可持续性，并且由于网络建设程度和建设周期的差异，大规模天线技术将不可避免地与微基站技术混合部署、联合组网。因此可以利用宏基站为微基站提供基于大规模天线的无线回传，该方案如图 4-49 所示。

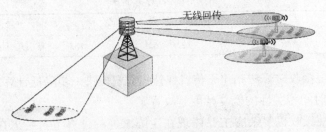

图 4-49　大规模天线无线回传场景

对于采用大规模天线的宏基站来说，从传输的角度看，通过无线回传链路接入宏基站的各个微基站本质上与宏基站内的用户并没有区别，因此利用大规模天线提供的空间自由度，宏基站可以同时为多个位置的微基站提供无线回传。而另一方面，利用动态波束赋形，理论上，当采用大规模天线提供无线回传时，微基站的部署位置可以灵活调整。相对于传统回传方式，这一应用方式将显著降低站址选择以及回传线路架设的成本。

进一步，由于微基站相对于宏基站在相当长的时间内都不发生移动，因此宏基站与微基站间的信道具有极低的时变特性。这一特性为信道测量、信道信息反馈技术方案的设计提供了足够的研究与优化空间，能够在显著降低信道信息反馈开销的同时提高信道信息的准确程度，使大规模天线即使采用简单的传输方案仍能高效进行，可以极大地降低大规模天线系统的运维难度和成本。

2. 虚拟密集小区

随着天线数目的增加，对于 FDD 的大规模天线系统，由于信道反馈量大幅增加，实际系统设计变得较为困难，同时传统终端难以利用大规模天线带来的性能增益，实际系统性能依赖于可支持大规模天线终端占据的比例，这些都给网络部署和维护带来困难。另一方面，超密集组网虽然可以大幅度提升系统容量，但是考虑到工程实际部署的困难，以及站址资源回传和投资成本收益等因素，超密集的小区不一定在所有的场景都适用，集中式的宏技术对运营而言仍然有较大的吸引力。

传统网络优化采用小区分裂的方式进行扩容，包括新增站址和基于天线技术的扇区化分裂等方式。而大规模天线系统从理论上支持了更多小区分裂的可能性。利用集中式的大规模天线系统，通过结合 MIMO 技术的灵活性和小区分裂技术的简洁性，半静态地赋形出很多个具有小区特性的波束，看起来就像是虚拟的超密集组网一样。

其技术如图 4-50 所示，成形的每个波束上有不同或相同的物理小区 ID 和广播信息，看起来就像是一个独立的小区。小区的数量有一定限制，并可以根据潮汐效应半静态地转移。虚拟小区间的干扰可以利用干扰协调技术或是一些实现相关的增强手段来克服。可以在窄波束虚拟的小区上，用宽波束虚拟出宏基站小区，形成 HetNet 的网络拓扑。

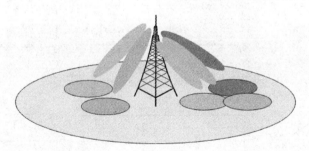

图 4-50　虚拟密集小区示意图

表 4-13 展示了传统大规模天线、虚拟密集小区技术与传统 UDN 技术之间的比较，需要看到的是，虚拟密集小区方式的主要好处在于其对标准化影响小，系统实现相对简单。而最大的挑战则在于投入大量成本部署大规模天线后，性能增益是否满足预期的投入产出比。

表 4-13　不同系统的比较

	传统大规模天线技术（MU－MIMO）	传统 UDN 技术	虚拟小区技术
设备实现	为满足信号处理灵活性，需要较多的 TXRU 和对应的天线 Port	需要较多的站址和回传资源	集中式部署，只需要能形成一定数量的波束，只用相对少的 TXRU
标准化和兼容性	标准化影响大，新的序列设计满足大量接入，需天线模拟满足传统终端接入	标准化影响不定，取决于采用标准相关还是实现相关的干扰抑制技术方案	标准化影响小，传统和大量的终端可自然接入
适合场景	宏微各种典型场景都可以应用	用户热点分布场景	性能易受限，需要宏覆盖下有可分辨的用户热点分布，且 UDN 难以部署的场景
系统性能	依赖用户配对基带处理算法和射频非理想干扰抑制的能力	由于物理距离缩小，接收功率较大，因而性能增益大	受限于波束成小区的干扰水平和分布情况，用户分布情况和增强干扰协调抑制能力，无距离增益

　　由于波束成小区是自干扰系统，其干扰情况是决定系统性能的关键，图 4-51 展示了简单场景下的仿真结果。仿真假设为单基站并采用理想全向天线振子，用户在与基站信噪比 10dB 的圆环区域上分布，统计均匀分布（左图）和用户在波束 6 度内热点分布（右图）下的系统 SINR（Signal to Interference plus Noise Ratio，信干噪比）和依据香农公式计算的平均频谱效率（图中数值）。通过非常简单的示意性仿真可以看到，热点分布的 SINR 和平均吞吐量比均匀分布的场景有较大改善。图 4-52 为同样 3 扇区化，扇区间角度扩展的情景，同样可以看到性能的改善，而图 4-53 是 5 扇区化的结果，可以看到由于分裂的复用增益，系统的容量有所提升。

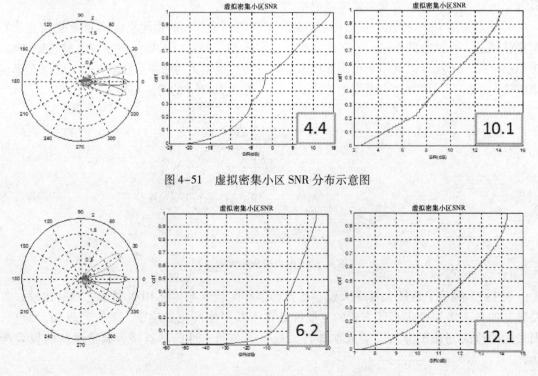

图 4-51　虚拟密集小区 SNR 分布示意图

图 4-52　虚拟密集小区 SNR 分布示意图

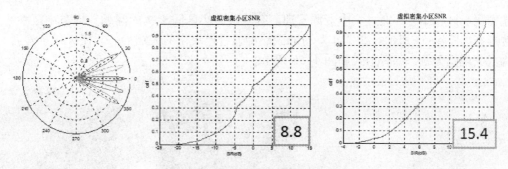

图 4-53　虚拟密集小区 SNR 分布示意图

　　然而实际系统是十分复杂的，简单的示意性仿真不能说明系统的实际增益，包括更好的波束成型跟踪技术（大规模天线领域）或者是干扰协调技术（超密集组网领域）都会对系统的性能带来影响，需要长远和深入的评估。虚拟波束成小区的管理和干扰也同样复杂，包括可以分配相同或不同的小区广播信息与 ID 等，这和在 UDN 中面临的问题相类似，其对网络极度复杂下运维网优的挑战，可以与密集小区的场景整合到统一的网络管理平台之中。

3. 分布式大规模天线

　　由于天线数量的增加，大规模天线对天线的形态和信号处理的方式会有一定程度上的转变。以 2GHz 载波频率的天线为例，其波长为 15 cm，考虑天线间距为半波长以上才能获得阵列信号处理得较好的处理增益，因而对于 8 行 8 列双极化的 128 天线来说，其尺寸至少约为 60 cm × 60 cm。这相对传统天线来说尺寸变化较大，特别是在水平方向上，因为在传统天线的竖直方向有很多为了获得天线增益的阵子存在，可以以减少天线增益为代价赋予原有竖直方向上天线振子独立调制信号的自由度，来实现大规模天线系统。模拟信号数字化虽然可能减少最终天线增益，其最主要的一个好处便是可以获得信号处理的自由度。这一自由度可以是多方面的，从系统容量的角度来说，通过扩展空域信号的自由度也就是空间信道矩阵的秩，来复用更多高信噪比下的用户；而从天线设计的角度，这一自由度减弱了对传统天线形态的必然要求。传统天线为了通过简单有效的方式获得波束成型的天线增益，往往采用均匀线性阵列，这使得天线的形态成为一个封闭的长方体。数字化自由度使得在原理上不需要限制天线振子的位置，通过数字化的接收端调整幅度和相位进行补偿，以达到和均匀线性阵列相同的性能。

　　另外，考虑大规模天线的采用不同天线形态，拥有几十甚至几百个天线阵子的分布式大规模天线有其他天线结构无法比拟的优势。①更易于部署：相比于集中式大规模天线，分布式的天线结构能更灵活地设计天线形态，可以有效解决大规模天线在部署时对站址要求较高的难题；②更高的频谱效率：相比于集中式大规模天线，采用分布式大规模天线的天线阵时，当基站采用的天线总数为 M，在基站已知完全信道状态信息条件下获得相同接收信噪比只需要 $1/M$ 的发送功率，而已知部分信道状态信息的条件下只需要 $1/\sqrt{M}$ 的发送功率[8]；③覆盖更大：拥有的多个天线阵子可以获得更大的覆盖范围，从而使用户位于小区边缘的概率减小，减小了同频干扰和切换概率。

　　以下从部署场景方面考虑分布式大规模天线的多种应用方式。

　　（1）室外部署场景

　　在室外部署时，分布式大规模天线的优势主要在于易于部署，可以分为两种形式：①"大"分布式，即多个天线子阵列进行集中处理，整体构成大规模天线，此种部署形式可与超密集小区相结合，通过集中资源管理，有效解决小区间干扰的问题，提高小区吞吐量。部署形态如图4-54所示。②"小"分布式，即通过模块化的天线形态，用天线子阵列的形式构成大规模天线，部署形式如图4-55所示。

图4-54　"大"分布式天线部署　　　　　　　图4-55　"小"分布式天线部署

（2）室内部署场景

在室内部署时，分布式大规模天线的优势主要在于更灵活的组网，考虑模块化天线形态，以下举了三个例子，如图4-56所示：a办公室举例，大规模天线子阵列部署在办公室各角落，此时可以各房间的子阵列集合单独集中处理构成大规模天线，也可以考虑跨房间的集中处理；b商场举例，商场的特殊之处在于通常有中间走廊的公共区域，两边为面积有限的商铺或房间，此时公共区域可以部署天线子阵列；c体育场举例，可以将大规模天线子阵列部署在中央显示屏的四周。

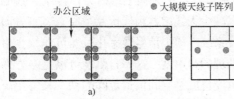

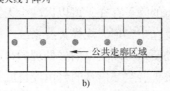

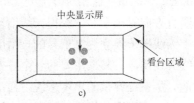

a)　　　　　　　　　　　　　b)　　　　　　　　　　　　　c)

图4-56　室内部署场景

同时，对于形态灵活可变的天线，在实际部署过程中的某些特定的场景下可以展现出其特有的优势。比如可以将天线制作成文字、壁画、树枝等形状，类似美化天线的方式灵活部署在特定的场景，而且和美化天线比起来由于没有传统物理天线尺寸的硬限制，对场景会有更强的适用性，因而模块化分布式大规模天线是运营商实际部署中一个非常有应用前景的关键技术。当然也面临着巨大的挑战，主要集中在天线的物理设计和指标退化分析，数字基带信号处理补偿和校准，以及实际部署下的防风防盗等。

图4-57对理想阵子异形天线方向图进行分析。对于理想阵子偶极子天线，假设天线阵列为16行8列的128单极化天线，仿真得到不同天线间距下的方向图如图4-57所示。

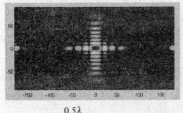

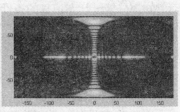

0.5λ　　　　　　　　　　　　0.75λ　　　　　　　　　　　　1.0λ

图4-57　不同天线间距下的方向图

调整波束的方向角度（球坐标 $\varphi = 30°, \theta = 150°$）后的能量增益变为图 4-58 所示。

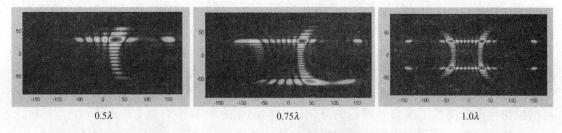

图 4-58　波束方向改变后不同天线间距下的方向图

由此可见，在中心位置时，0.5 ~ 1λ 间拥有较好能量集中度的天线，在非中心波束方向时会出现一定的镜像能量，这不利于系统整体的干扰控制。

对于异形天线，以常见的"中"字形为例，讨论分析其方向图（见图 4-59），天线示意如图 4-60 所示。

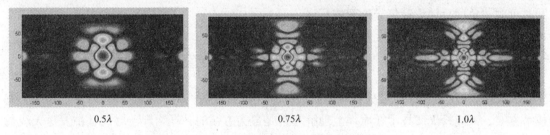

图 4-59　"中"字天线不同天线间距下的方向图

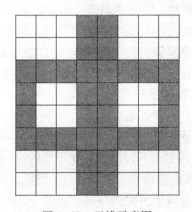

图 4-60　天线示意图

由于仿真中天线数量较少，天线 3 dB 半波宽度较宽，实际应用时可以通过增加天线数来降低天线半波宽度，但这不影响定性的理论分析。通过仿真结果可以看出，调相加权下的方向图相对宽度较大，而且有更多的旁瓣能量的泄漏。相对于传统天线来讲，性能有所退化是预料之中的，关键是这种退化的影响究竟会有多大，只有通过系统全面的评估才能得到一个初步的结果，并要经过反复大量的测试来确定结论，这里只是做一个前期简单的定性评估。

如果天线能够做成模块化的形式，就可能出现多种新型的天线形态设计方案，这也将解决大规模天线在时间上遇到的挑战，主要体现在天线尺寸的增加使部署变得困难。大规模天线由于天线数量会增加到 128 根以上，天线的尺寸会因此而大幅增加，这会对实际的部署带来挑战。但在特定的站址环境下，一个新形状的天线却有可能适应部署的环境，并能够方便地完成安装。然而，现在的天线并不具备这样的灵活性。定制的天线成本较高，虽然定制天线是一个解决布署大规模天线不够灵活的办法，然而定制的天线由于不具有规模效应，需要根据不同的场景进行系统设计和模具制作，成本较高，难以大规模广泛地获得应用。

通过可折叠大规模天线系统，可实现天线部署的灵活性，同时模块化设计降低了成本和回传的开销。由模块化的基本单元和旋转接口单元级联组成可折叠的天线系统；基本单元背插 RRU 成为独立的有源天线单元，通过一个具有接口连接和机械旋转功能的旋转接口模块级联组成这套系统，如图 4-61 所示；模块化的设计有助于降低成本。基本单元具有信号提取和处理的能力，旋转接口模块具备数据传输和角度反馈的功能，通过一条光纤复用多天线阵子的数据，减少大规模天线的接线数量，同时可利用角度反馈设计信号处理的算法。

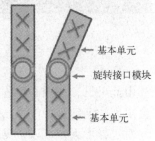

基本单元

旋转接口模块

基本单元

图 4-61　折叠天线示意图

4.5　小结

大规模天线技术是 5G 通信系统中，最具有性能提升潜力的关键技术。相对于其他关键技术方案，大规模天线技术在原理上理解起来是最为直接的：在物理上增加基站发送天线数目，在传输过程中增加并行传输用户数目。但是，利用大规模天线获取性能增益却并不简单。大规模天线技术所面临的挑战，在很大程度上，都是由于天线数目增加这一量变过程直接产生的工程技术问题，或者换一个角度来说，大规模天线技术所面临的挑战，在很大程度上，都是如何在实际应用场景中部署、使用大规模天线的问题。因此，大规模天线技术研究的核心内容是如何在性能和工程可实现性上取得平衡，或者说，是代价和增益之间的博弈。

5G 通信系统中的大规模天线技术研究是面向实际应用部署的技术研究。虽然相比于其他关键技术，大规模天线技术方案研究起步较早，也较为充分。但是，随着高频技术、密集小区技术、硬件技术的发展以及实际应用需求的进一步更新，目前在大规模天线技术研究中使用的假设仍可能发生改变（例如上下行信道的互译性假设），甚至应用场景也会发生调整（例如利用大规模天线实现对高速移动场景的覆盖）。因此，本章介绍的内容仅仅是尽作者所能，呈现了现阶段大规模天线技术研究的开端。随着 5G 通信系统其他各项关键技术研究的深入，大规模天线技术研究的内容一定会更加丰富，而在实际部署 5G 通信系统的过程中，也一定会有更加优秀的设计思想和更加先进的技术解决方案，让我们拭目以待。

参考文献

［1］　IMT － 2020（5G）推进组. 5G 愿景与需求白皮书［EB/OL］,2014. http://www. imt － 2020. org. cn/zh/documents/listByQuery？ currentPage = 1&content = .

［2］　ITU. The World in 2014：ICT Facts and Figures features［EB/OL］,2014. http://www. itu. int/en/ITU － D/Statistics/Documents/facts/ICTFactsFigures2014 － e. pdf.

[3] 3GPP. TS 36.213, Physical layer procedures for E – UTRA (Release 12) [S], 2013.

[4] 3GPP TS 36.211, Physical Channels and Modulation for E–UTRA (Release 12) [S], 2013.

[5] T Marzetta. Noncooperative Cellular Wireless with Unlimited Numbers of Base Station Antennas[A]. IEEE Trans. on Wireless Communications, 2010:3590 – 3600.

[6] Erik Dahlman, Stefan Parkvall, Johan Skold. 4G 移动通信技术权威指南[M]. 堵久辉, 缪庆育, 译. 北京: 人民邮电出版社, 2012.

[7] 3GPP. TR 37.840, Study of Radio Frequency (RF) and Electromagnetic Compatibility (EMC) requirements for Active Antenna Array System (AAS) base station (Release 12) [R], 2013.

[8] T Marzetta, F Rusek, E G Larsson, D Persson, B K Lau, O Edfors, F Tufvesson. Scaling Up MIMO: Opportunities and Challenges with Very Large Arrays[A]. IEEE Signal Processing Magazine, 2013: 40 – 60.

[9] J Nam, J – Y Ahn, A Adhikary, et al. Joint spatial division and multiplexing: Realizing massive MIMO gains with limited channel state information[A]. Proceedings of Information Sciences and Systems (CISS), 2012:1 – 6.

[10] D J Love, J Choi, P Bidigare. A closed – loop training approach for massive MIMO beamforming systems[A]. Information Sciences and Systems (CISS), 2013:1 – 5.

[11] J Choi, D J Love, P Bidigare. Downlink Training Techniques for FDD Massive MIMO Systems: Open – Loop and Closed – Loop Training With Memory[A]. IEEE Selected Topics in Signal Processing, 2014:802 – 814.

[12] Y Xu, G Yue, S Mao. User Grouping for Massive MIMO in FDD Systems[A]. IEEE New Design Methods and Analysis, 2014:947 – 959.

[13] X Rao, V K N Lau. Distributed Compressive CSIT Estimation and Feedback for FDD Multi – User Massive MIMO Systems[A]. IEEE Trans. on Signal Processing, 2014:3261 – 3271.

[14] GreenTouch. GreenTouch 2010 – 2011 Annual Report[EB/OL], 2011. http://www.greentouch.org/uploads/documents/GreenTouch_2010 – 2011_Annual_Report.pdf.

[15] C Shepard, H Yu, N Anand, E Li, T Marzetta, R Yang, L Zhong. Argos: practical many – antenna base stations[A]. Proceedings of the 18th annual international conference on Mobile computing and networking, 2012:53 – 64.

[16] Edfors, Ove. LuMaMi – A flexible testbed for massive MIMO[EB/OL]. http://www.eit.lth.se/fileadmin/eit/group/74/LuMaMiGlobedom2014.pdf.

[17] 3GPP. TR36.814, Evolved Universal Terrestrial Radio Access (E – UTRA); Further advancements for E – UTRA physical layer aspects(Release 12) [R], 2013.

[18] 3GPP. TR 36.873, Study on 3D Channel Model for LTE(Release 12) [R], 2015.

[19] 3GPP. TR 36.872, Small cell enhancements for E – UTRA and E – UTRAN – Physical layer aspects(Release 12) [R], 2013.

[20] ITU – R. M.2135, Guidelines for evaluation of radio interface technologies for IMT – Advanced[EB/OL]. www.itu.int.

[21] WINNER. D1.1.2, WINNER II Channel Models[EB/OL]. www.ist – winner.org.

［22］ IMT‐2020(5G)推进组. CTEC54 LSAS‐14106，面向 5G 的大规模天线协作前端总体方案探讨［R］，IMT‐2020(5G) 大规模天线专题组第 6 次会议，2014.

［23］ 中国电信财务报告(2008 年‐2013 年)［EB/OL］. 2014 . http://www. chinatelecom‐h. com.

［24］ China Telecom. R1‐144954，CSI‐RS Design and CSI Reporting for EB/FD‐MIMO［Z］. 3GPP RAN1#79，2014.

［25］ Xinyu Gao, Linglong Dai, Yongkui Ma, Zhaocheng Wang. Low‐complexity near‐optimal signal detection for uplink large‐scale MIMO systems［A］. Electronics letters，2014:1326‐1328.

第 5 章　异构网络部署

5.1　技术基础及标准演进

随着移动互联网的迅猛发展和智能终端的大量普及，移动数据业务量呈现爆炸式增长趋势。同时，移动网络流量分布表现出极为严重的时空不均衡性，忙时忙区承载了全网主要的数据流量。传统的技术手段在解决以上需求时表现乏力，在诸多背景下，一种新的组网形态"异构网"逐渐受到了关注。异构网通过空间复用提高单位区域内的频谱效率，获得更大的网络容量。

异构网络是指由不同类型的基站节点所组成的网络，每种节点具有不同的特性。LTE 异构网则是指在传统的宏基站覆盖基础上，再部署 LPN（Low Power Node，低功率节点）的混合组网方式。与传统的不同频率分层组网不同，这些 LPN 节点与宏基站占用相同的频率及载波带宽。

目前对 LTE 异构网定义的低功率节点包括：

1）RRH（Remote Radio Head，射频拉远头）：指通过有线连接到 BBU 的射频拉远单元，即常说的 RRU，发射功率一般为 46 dBm，主要用于城区的局部深度覆盖，室内外热点覆盖。

2）Pico eNB：指通过有线连接到核心网，相对于 RRH 更小的低功率基站，发射功率一般为 23～30dBm，主要用于办公室、咖啡厅等相对较封闭的中小型室内场景。

3）HeNB（Home evolved Node B，家庭演进基站）：指通过家庭宽带连接到核心网的一种低功率基站，发射功率一般小于 23dBm，在 2G 和 3G 中被称为 Femtocell，一般部署在家庭或小型企业，并由用户自行部署。

4）Relay nodes：指通过无线连接到施主基站的一种低功率基站，发射功率一般为 30dBm。

异构网通过 LPN 的部署，可大大增加网络容量，减少宏基站负荷，提高小区边缘速率和平均吞吐量，有效吸收热点地区话务，解决网络话务不均衡特性等问题。

LTE 系统在物理层采用了 OFDM 接入技术，较好地避免了小区内部干扰。因此，LTE 同/异构网络中系统干扰管理技术的研究主要集中在小区间干扰控制的问题上。小区间的干扰协调技术可通过时域、频域或空域实现。而对于频率复用方法，如何在蜂窝网络中合理复用频率资源，对于降低小区间的同频干扰至关重要。目前 LTE 系统中基于频率复用的干扰协调技术分为静态频率复用方法和动态频率复用方法两大类。静态频率复用方法复杂度低，网络信令开销少，在工程中容易实现。动态频率复用方法可以根据干扰大小、网络负载大小、网络覆盖范围大小以及用户对速率的要求等条件动态修改频率复用的方法。相对于静态频率复用方法，动态频率复用方法可以有效提高系统性能，同时频谱利用率也比静态频率复用方法高，但是动态频率复用方法通常需要增加开销以及额外的协议支持，网络会变得复杂，对基站和终端的处理能力有较高的要求。

静态频率复用方法从蜂窝通信网建立之初就在使用，一直在不断地发展。该方法一般使用频率复用因子的参数来评价。频率复用因子的定义是网络中相同频率可以使用的比例。频率复用因子越大代表频率利用效率越低，反之频率复用因子越小代表频谱利用效率越高。

动态频率复用方法通常是在小区内灵活配置频率资源来实现干扰抑制。通过基站与基站之间的负载情况、干扰情况、用户服务质量需求等参数的交互来动态地调整频率资源。其中，软频率复用是受到广泛关注的方法之一，该方法把用户划分为小区中心用户和小区边缘用户，同时将可以使用的频带也分成两类，一类给小区中心用户使用，另外一类给小区边缘用户使用，而且中心频带和边缘频带可以动态地调整，从而实现了系统性能和频率利用率之间的平衡。

随着对 LTE 系统中小区间干扰问题的深入研究，仅仅依靠单个小区中的基站来解决小区间的干扰变得越来越困难。多小区协作技术可以通过多个小区的基站联合处理信号，从而有效降低小区间干扰。多小区协作处理分为上行多小区协作处理和下行多小区协作处理。受制于终端处理能力，目前多小区协作联合发送的研究重点在网络侧，也就是下行多小区协作处理。多小区协作网络中的终端用户可以接收到来自多个基站的信号，将原来属于相互干扰的多个小区间干扰信号对同一用户终端做数据传输，很好地解决了小区间干扰问题，从而提升了系统性能。然而，多小区协作处理需要进行大量的协作信令交互，以及数据资源的共享，这些都给多小区协作处理技术带来了挑战。所以，异构网中干扰协调、CoMP、动态小区开关和增强接收机等解决小区间干扰的技术问题应得到重点关注。

5.1.1 小区间干扰协调

LTE Release 8 中开始针对同构网络小区间 ICIC（Inter – Cell Interference Coordination，干扰协调）技术进行研究与标准化。由于 ICIC 采用的功率控制和 FFR（Fractional Frequency Reuse，部分频率复用）无法根本改变控制信道的可靠性，因此在 LTE Release 10 中针对异构网络场景引入 eICIC（enhanced Inter – Cell Interference Coordination，增强的干扰协调）。

1. eICIC

eICIC 通过配置 ABS（Almost Blank Subframe，几乎空白子帧）来避免对被干扰小区用户的 PDCCH（Physical Downlink Control Channel，物理下行控制信道）以及 PDSCH（Physical Downlink Shared Channel，物理下行共享信道）的干扰，从而提高被干扰小区用户的 SINR。

（1）CRE（Cell Range Expansion，小区范围扩展）与 ABS 的定义

在 LTE Release 10 针对 eICIC 的讨论时，重点集中在 HetNet，主要是指在宏覆盖小区中放置低功率节点，例如：RRU/RRH、Pico、Femto、Relay 等获得小区分裂增益。为避免传统小区检测方法引起的 LPN 覆盖范围较小、使用效率较低的问题，LTE Release 10 引入了 CRE，通过小区扩展，即在对 LPN 进行小区选择时，添加 CRE 偏移值获得更多的小区分裂增益。

采用 CRE 之后接入 LPN 的用户会受到来自宏基站的强干扰，因此可以采用时域干扰协调技术控制 LPN 边缘用户的干扰问题。具体方法如下：在异构网络中，将干扰小区（例如，宏基站小区）的一个或多个子帧配置为 ABS，被干扰小区（例如，微基站小区）在 ABS 子

帧上为小区边缘用户提供服务，使被干扰小区的用户只能够在干扰小区配置 ABS 的子帧上进行 PDCCH 译码和 PDSCH 解调，从而规避了干扰小区的主要干扰，提升被干扰小区边缘用户的性能。

考虑与 LTE Release 8/9 的后向兼容性，ABS 子帧仍需携带 Release 8/9 终端与网络连接所必须的一些最基本的信号或者信道，例如 CRS 在每个单播子帧都必须全带宽发送。对于 PSS（Primary Synchronization Signal，主同步信号）、SSS（Secondary Synchronization Signal，辅同步信号）、PBCH（Physical Broadcast Channel，物理广播信道）、SIB1、寻呼信道和 PRS（Positioning Reference Signal，定位参考信号）等，当正好配置在 ABS 子帧上时，也必须发送。

（2）ABS 适用典型场景与信息交互

按照异构节点间信息交互方式，eICIC 研究场景分为如下两类[1,2]。

1）Macro – Pico（宏基站 – 微基站）场景

对 Macro – Pico 场景，微基站边缘用户受到来自宏基站的强干扰。宏基站与微基站间存在 X2 接口，ABS 子帧配置以使用位图图样（bitmap pattern）的形式通过 X2 接口从宏基站传递给微基站节点。图样的周期在 FDD 系统是 40 ms，在 TDD 系统的配置 1～5 是 20 ms，TDD 系统的配置 0 是 70 ms，TDD 系统的配置 6 是 60 ms。ABS 图样是半静态配置的，更新的周期小于或者等于 X2 接口中的 RNTP（Relative Narrowband Transmission Power，相对窄带发射功率）。有两个位图图样需要交互，其中第一个位图指示哪些子帧是 ABS，第二个位图是第一个位图的子集，主要是指示在第一个位图中哪些子帧长期都是 ABS 的子帧，这种 ABS 配置方式用于限制 RLM（Radio link monitor 无线链路监控）/RRM（Radio resource management，无线资源管理）。ABS 位图是基于事件触发的。图 5-1 所示的是一个 Macro – Pico 场景的例子，图中 ABS 配置是 5/10，即 10 个子帧中有 5 个子帧配置为 ABS 子帧。

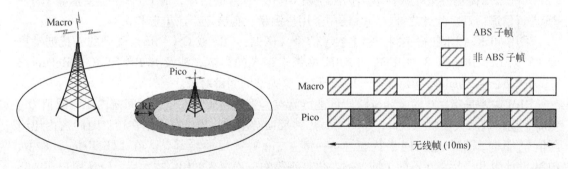

图 5-1 ABS 在 Macro – Pico 场景的应用

ABS 子帧配置的是下行子帧，其实也隐含上行的子帧配置，如图 5-1 所示，宏基站将子帧 1，3，5，7，9 配置成 ABS，根据 FDD 中的上行授权（UL grant）和相应的 PUSCH 的 $k+4$ 的定时关系，以及 PUSCH 和相应的下行 PHICH（Physical Hybrid ARQ Indicator Channel，物理混合自动重传指示信道）的 $k+4$ 的定时关系，宏基站将不在上行子帧 1，3，5，7，9 承载 PUSCH 或者发送 ACK（Acknowledgement，肯定应答）/NACK（Negative Acknowledgement，否定应答），如图 5-1 所示，这些上行子帧实际上就是"上行 ABS"，无形当中降低了宏基站小区用户的上行发射对微基站节点的干扰，使得微基站用户可以更顺畅地与微基站节点进行上行的业务传输。

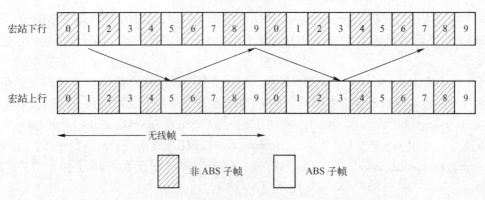

图 5-2　ABS 的子帧配置和上/下行子帧资源，FDD 系统

2）Macro - Femto（宏基站 - 家庭基站）场景

Femto 节点是家庭基站，此时通过配置 ABS 来保护干扰的受害者。例如在 Macro - Pico 场景是微基站节点下的终端，在 Macro - Femto 场景中，由于 Femto 是非运营商规划安装的微基站，其安装部署具有不确定性，因此干扰的受害者是宏基站的终端，尤其是处于宏基站和低功率节点覆盖相互重叠的区域。因为 Femto 节点不支持 X2 接口，Femto 使用 ABS 位图图样由 OAM 的方式由核心网对 Femto 进行配置。所以一个 Femto 节点的位图图样基本上是静态不变的。

（3）对 RLM/RRM 产生的影响

eICIC 技术的引入，带来了宏基站与 LPN 间的负载均衡，提升小区边缘用户吞吐量的同时也带来了对测量上报和信道信息反馈的挑战。

LTE 在传输模式 1~7 中，终端采用 CRS 进行信道估计；在传输模式 8~9 中，PDCCH 和 PBCH 采用传输分集模式传输，仍然使用 CRS 来做信道估计，而 PDSCH 主要依靠 CSI - RS 进行信道估计。除此之外，CRS 还用于用户测量上报决定小区重选和切换。

采用 eICIC 技术使得不同子帧上参考信号（例如：CRS 或 CSI - RS）受到的干扰波动更大，这对 LTE Release 8 中 RLM 和 RRM 将带来很大的影响，涉及 RSRP/RSRQ（Reference Signal Received Quality，参考信号接收质量）等关键的测量对象。

RLM 主要是指用户对无线链路质量进行监控。当链路质量在预设时间窗内比门限值 Q_{out} 低时，用户进入失步状态（out - of - sync）并反馈给基站；当链路质量在预设时间窗内比门限值 Q_{in} 低时，用户进入同步状态（in - of - sync）并反馈给基站。在 LTE Release 8 中，RLM 设计假设干扰是在不同子帧上的变化是平稳的。而引入 eICIC 技术后，LPN 用户在 ABS 与非 ABS 子帧上受到的干扰差别很大，为了准确反映子帧的干扰情况，基站通过 "RRCConnectionReconfiguration" 消息将测量用的子帧的图样通知终端，对终端测量的子帧加以限制。

RSRP 根据小区公共参考信号进行测量，ABS 的设定造成不同子帧上干扰的变化会对测量结果的准确性造成影响。因此，为了保证 RSRP 测量准确性，需要对 RSRP 测量的子帧进行限制。为保证测量精度，对测量小区配置的时域资源限制应当保证一个射频帧（10 ms）内至少有一个子帧能用于测量。除此之外，RSRQ 是 RSRP 与 RSSI（Received Signal Strength Indication，接收的信号强度指示）的比值，也需要限制在规定的子帧中测量。

RRM 旨在有限带宽条件下，为网络内的无线用户终端提供无缝连接和业务可靠传输，并灵活分配和动态调整无线传输资源，最大程度地提高无线频谱利用率，防止网络拥塞。与 RLM、RSRP 和 RSRQ 一样，基站需要通过 "RRCConnectionReconfiguration" 消息告知终端在哪些子帧上测量 CSI（CQI、PMI、RI），然后进行反馈。

（4）eICIC 下系统性能

为了更真实模拟 eICIC 性能，eICIC 采用 CRE + ABS 的同时，需要在 ABS 中模拟宏基站发射的 CRS 对微基站小区中 PDSCH 所带来的干扰。表 5-1 是根据 3GPP 模式 1 在 Hetnet configuration 1 场景下的 eICIC 技术系统性能比较[3]。表 5-2 是接入用户比例及 ABS 子帧配置比例。从表 5-1 可以看出，不采用 CRE 时，很大一部分用户将接入宏基站，随着 CRE 的增加，宏微之前负载均衡效果明显，微基站用户接入比例逐渐升高。由表 5-2 仿真结果可以看出，Release 10 的接收机在 6 dB CRE 偏移值的时候能够获得最大小区平均频谱效率增益，在 12 dB CRE 偏移值时能够在小区边缘获得更好的性能增益。即当 CRE 偏移值较大时，CRS 对 PDSCH 的干扰会大幅降低小区边缘用户的性能。

表 5-1　3GPP 模式 1 在 Hetnet configuration 1 场景下 eICIC 技术系统性能比较

CRE 偏移值	无 eICIC	eICIC		
	0 dB	6 dB	12 dB	18 dB
小区平均频谱效率增益	0	1.32%	-2.16%	-8.16%
小区边缘频谱效率增益	0	17.86%	32.14%	-3.57%
50% 用户吞吐量增益	0	23.33%	35.56%	32.22%
95% 用户吞吐量增益	0	-13.54%	-22.87%	-29.05%

表 5-2　3GPP 模式 1 在 Hetnet configuration 1 场景下用户接入比例与 ABS 子帧配置比例

CRE 偏移值	宏基站用户接入比例	微基站用户接入比例	ABS 比例
0 dB	80.21%	19.79%	0
6 dB	64.65%	35.35%	1/5
12 dB	46.48%	53.52%	2/5
18 dB	29.92%	70.08%	3/5

从上述分析可以看出，eICIC 并未彻底解决 CRS 的干扰和弱小区信号的检测等问题，因此 3GPP 在 Release 11 中继续对增强的 eICIC 技术进行研究。

2. FeICIC

为解决 eICIC 技术中 CRS 的干扰和弱小区信号的检测等遗留问题，LTE 在 Release 11 中继续针对 FeICIC（Further eICIC）进行研究和标准化工作[4]。FeICIC 主要关注于在 Macro - Pico 场景使用较大的 RSRP 偏置，FeICIC 所考虑的 RSRP 偏置在 9 dB 或者更高[2]。

（1）CRS 干扰消除

从 eICIC 的仿真结果可以看出（见表 5-1），在 CRE 偏置较大的场景下，配置 ABS 子帧后残留 CRS 干扰问题不可忽略。CRS 的干扰可以分两种情况：

1）CRS 非直接对撞（Non - CRS - Colliding）情形：干扰小区的 CRS 与被干扰小区子帧上的非 CRS 位置上的资源单元相撞，主要影响终端的 PDSCH 和 PDCCH 等的解调。

2）CRS 直接对撞（CRS - Colliding）情形：干扰小区 ABS 子帧上的 CRS 资源单元与被

干扰小区子帧上的 CRS 资源单元完全重合，同时影响终端的 PDSCH/PDCCH 等的解调和 CSI 的测量。

　　CRS 的干扰消除可以在发射端进行，即被干扰小区将 PDSCH/PDCCH 上对应干扰小区发送 CRS 位置的数据资源单元打掉不发送。这种方法的优点是干扰消除的效果较好，但也存在一系列缺点，例如仅适用于 CRS 非直接对撞的情形，并且需要通过辅助信令将静默不发的资源单元的具体时频位置告知终端，才可以进行发射端的速率匹配。对于 PDSCH，协议的影响不是很大。但是对于 PDCCH，需要对协议进行较大的改动才能够保证速率匹配的合理进行，例如 REG（Resource Element Group，资源组）需要重新定义，相关的标准工作量较大。而 PDCCH 的增强专门在 Release 11 中 ePDCCH（增强 PDCCH）研究和标准化，同频异构小区是其中一种应用场景。

　　CRS 的干扰消除在接收端的解决方法有两种。

　　1）使用先进的接收机进行干扰消除

　　高端的终端可以配备增强型接收机，通过复杂度高的算法来消除 CRS 的干扰，对 CRS 非直接对撞情形和 CRS 直接对撞情形都适用。

　　对于 CRS 直接对撞情形，一般情况下，终端无法获知相邻小区是否配置为 ABS，如果盲目进行干扰消除操作，有可能造成 RLM 测量和 CSI 反馈的不准确，因此需要基站辅助信令告知终端需要进行干扰消除操作的小区列表信息，包括小区 ID、CRS 天线端口、CRS 发送子帧等信息。

　　2）打掉受 CRS 干扰的资源单元

　　当受干扰的终端检测到某些资源单元受到相邻小区 CRS 干扰较大时，便丢弃这些承载数据的资源单元而不进行译码。其优点是后向兼容 LTE Release 8/9/10 的终端，但缺点是只适用于 CRS 非直接对撞的情形，而且性能并不理想。

　　（2）PSS/SSS 的干扰处理

　　ABS 子帧上如果存在 PSS/SSS，则同步序列需要正常发送，并且无论 FDD 系统还是 TDD 系统，同步序列的位置都是固定的。在 FDD 系统，位于每个 10 ms 无线帧中的#0 和#5 子帧（时隙#0 和#10）的最后一个符号和倒数第二个符号，占中间 6 个资源块；在 TDD 系统，位于每个 10 ms 无线帧中的#1 和#6 子帧第三个符号，占中间 6 个资源块；不考虑同步偏差，则相同双工系统的干扰小区与被干扰小区的同步序列位置是相同的。如果在不引入干扰避免的情形下采用较高的 RSRP 偏置，则终端在 CRE 区域将受到干扰小区同步序列的严重干扰，导致用户无法检测到受干扰小区的存在，并进而影响在受干扰小区的移动控制操作。

　　通过平移子帧，可以避免干扰小区与被干扰小区间 PSS/SSS 的冲突问题。这种方法仅限于 FDD 系统，不适用于 TDD 系统，因为 TDD 系统中相邻小区间不对齐，则会产生上下行串行干扰问题。

　　基站侧的辅助信令可以简化用户发现受干扰小区操作的实现，例如当用户可以从服务基站获取到需要上报的受干扰小区列表（Cell ID 等），则可以避免错误上报问题，这在 Release 10 信令已经可以解决。

　　另外，高版本的终端增强型接收机可通过高复杂度的算法消除来自干扰小区的 PSS/SSS 干扰。

（3）MIB/SIB1 的干扰处理

因为 PBCH/SIB1 的位置都是固定的，MIB/SIB1 的干扰问题与 PSS/SSS 的类似。所以子帧平移也可以在 FDD 系统中采用，但不适用于 TDD 系统。

另外，高层信令辅助可以同时解决 FDD 系统和 TDD 系统的 MIB/SIB1 的干扰，即在受保护资源上，受干扰小区可以通过 RRC 信令将 MIB/SIB1 信息发送给受干扰的用户。

高版本的终端增强型接收机可通过高复杂度的算法消除来自干扰小区的 MIB/SIB1 干扰。

除此之外，在 FeICIC 的标准化讨论中针对 LP（Low Power，低功率）– ABS 也进行了热烈的讨论，但是由于在引入功率分配参数未达成一致，最终 LP – ABS 未被纳入 LTE Release 11 中[5]。

5.1.2 协同多点传输（CoMP）

CoMP 又被称为 Network MIMO（网络 MIMO），是指下行由多个传输点在相同的时频资源上协作为同一用户发送数据，或者上行由多个接收点在相同的时频资源上协作接收同一用户的数据。参与协作的多个传输点在地理位置上可以分开或者共址，可以属于相同或不同的小区。CoMP 技术通过对干扰信号的抑制及对有用信号的增强，可以有效提高系统边缘用户的吞吐量和频谱效率，从而提升网络整体性能，成为 4G 的关键技术之一。

1. CoMP 应用场景

CoMP 包括上行 CoMP 和下行 CoMP。上行 CoMP 主要是实现相关问题，在 LTE 标准层面，下行 CoMP 更为复杂。根据参与 CoMP 处理的传输点小区是否在相同位置，CoMP 可以分为同一站点（Intra – site）CoMP 和站点间（Inter – site）CoMP 两种方式。Intra – site CoMP 无需不同站点间数据和信令上的交互，较易于实现，而 Inter – site CoMP 中需要不同站点之间的数据和信令交互，对于接口的传输带宽和时延都有较高的要求。

根据不同功率节点使用的频点是否相同以及回传条件的不同，异构网络部署下可以划分如下三种 CoMP 应用场景[6-8]：

（1）应用场景一

如图 5-3 所示，该场景对应于 LTE Release 11 CoMP 研究中的场景 3/4，其中 CoMP 协作小区由一个宏 eNB 和多个低功率 RRH 组成，两者使用相同频率，采用理想回传（如光纤）相连。另外，eNB 与 RRH 之间可以采用不同和相同的小区 ID。

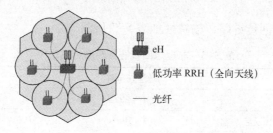

eH

低功率 RRH（全向天线）

—— 光纤

图 5-3 应用场景一

（2）应用场景二

如图 5-4 所示，该场景对应于 LTE Release 12 Small cell 研究中的场景 1，其中 CoMP 协

作小区由一个宏基站和多个微基站组成，两者使用相同频率，宏基站与微基站之间以及不同微基站之间均使用非理想回传。

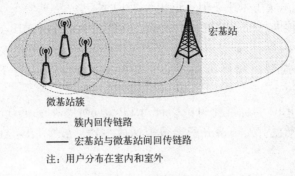

图5-4   应用场景二

（3）应用场景三

如图5-5所示，该场景对应于 LTE Release 12 Small cell 研究中的场景2a，其中宏基站和微基站之间采用异频传输，CoMP 协作小区由多个微基站组成，宏基站与微基站之间以及不同微基站之间均使用非理想回传。

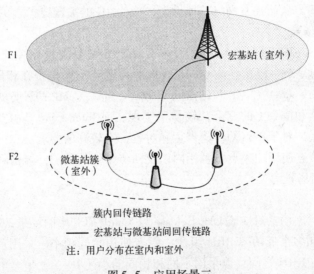

图5-5   应用场景三

几种典型的非理想回传链路传输特性如表5-3所示[9]。

表5-3   非理想回传链路传输特性比较

回传技术	时延（单程）	速率
光纤接入 1	10 ~ 30 ms	10 Mbit/s ~ 10 Gbit/s
光纤接入 2	5 ~ 10 ms	100bit/s ~ 1000 Mbit/s
DSL	15 ~ 60 ms	10bit/s ~ 100 Mbit/s
电缆	25 ~ 35 ms	10bit/s ~ 100 Mbit/s
无线回传	5 ~ 35 ms	一般 10 ~ 100 Mbit/s

2. CoMP 技术分类

从技术原理上，CoMP 可分为两大类：JP（Joint Processing，联合处理）和 CS/CB（Coordinated Scheduling/Coordinated Beamforming，协作调度/波束成形）。两者的主要差别在于 JP 中同一用户的信号由多个协作小区进行收发（可以同时或不同时），CS/CB 中同一 UE 的信号仍由该用户原服务小区进行收发，协作小区在调度上或者波束上进行干扰规避。

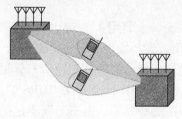
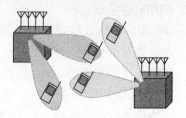

图 5-6　JP　　　　　　　　　　　　　　　图 5-7　CS/CB

下行 JP 包括 JT（Joint Transmission，联合传输）和 DPS（Dynamic Point Selection，动态节点选择），其中 JT 还包括相干 JT 和非相干 JT，上行 JP 一般特指 JR（Joint Reception，联合接收）。JP 技术实现的条件是协作小区不仅需要共享用户的信道信息，而且需要共享用户数据信息，因此对回传链路的传输带宽和时延都有较高的要求，适用于理想回传的场景。CS/CB 中协作小区之间不需要共享用户的信道信息，只需要传递用户的部分或完全信道信息，因此对回传链路要求没有 JP 高，可以适用于理想回传和非理想回传的场景。

CoMP 技术与回传条件的对应关系如表 5-4 所示。

表 5-4　CoMP 技术与回传条件的对应关系

	理想回传	非理想回传
下行	JP：包括 JT 和 DPS	CS/CB
上行	JP：特指 JR	

3. CoMP 标准化关键技术及性能

（1）Release 11 CoMP

LTE Release 11 CoMP 侧重于 Intra – site 以及 Inter – site 理想回传场景下的研究，异构组网下主要针对以上的场景一。

1）CSI 测量与反馈

CoMP 测量集指的是 UE 针对短时 CSI 进行测量和报告的 CoMP 协作节点的集合。Release 11 CoMP 研究中综合分析了不同测量集大小下的系统性能，反馈开销，以及实现复杂度，规定 Release 11 中的 CSI 测量集最大为 3。

CoMP 中 UE 需要针对 CoMP 测量集中的多个节点进行测量和反馈。此外，为了实现相干 JT，UE 还需要反馈不同节点的信道在相位和幅度上的相对关系。Release 11 CoMP 研究中针对是否进行节点间 CSI 的反馈从性能增益，反馈开销，标准化复杂度及误差敏感度上进行了比较，最终决定不进行节点间 CSI 的反馈，也就是说 Release 11 CoMP 中不支持相干 JT。

针对 CSI 的反馈，Release 11 CoMP 中引入了 CSI 进程的概念，其中每个 CSI 进程包含一个非零功率的 CSI – RS 和一个 IMR（Interference Measurement Resource，干扰测量资源），分

别用来测量有用信号和干扰信号。IMR 在 Release 11 CoMP 中首次被引入，其中采用了基于零功率 CSI – RS 的思想，即干扰之外的节点在该资源上保持静默，该资源上接收到的功率即为所有干扰的功率之和。为了实现联合发送以及灵活的调度，一个用户可以配置多个 CSI 进程，分别对应不同有效信号和干扰的情况。不同的 CoMP 技术和测量集大小对 CSI 进程数的需求不同，UE 支持的最大进程数取决于 UE 的能力，Release 11 中要求不超过 4。

2）DL DMRS 增强

Release 10 MU – MIMO 的设计中最多支持在同一资源上复用 4 个 DMRS 的序列，通过采用不同的 nSCID 以及天线端口进行区分。在异构组网 CoMP 场景一下，由于多个 RRH 分散存在，同一资源上可能有超过 4 个 UE 数据流进行复用，但是在协作集内所有传输节点采用相同小区 ID 的情况下，传统基于小区 ID 的 DMRS 扰码序列设计会带来 DMRS 的冲突问题。另外，即使在协作集内不同传输节点采用不同小区 ID 的情况下，由于不同小区的非正交扰码设计，小区边缘的 UE 会受到来自相邻小区的较强干扰，而且此干扰在异构组网下变得更为严重。

由此，Release 11 CoMP 中对下行 DMRS 采用了增强设计。其中将序列中的原小区 ID $N_{\mathrm{ID}}^{\mathrm{cell}}$ 更新为虚拟小区 ID $N_{\mathrm{ID}}^{\mathrm{DMRS}}$，$N_{\mathrm{ID}}^{\mathrm{DMRS}}$ 由基站通过高层信令半静态配置，取值区间为 $[0,503]$。通过虚拟小区 ID 的引入，实现 DMRS 更灵活的配置，支持更多数目的数据流复用：

$$c_{\mathrm{init}} = (\lfloor n_{\mathrm{s}}/2 \rfloor + 1) \cdot (2N_{\mathrm{ID}}^{\mathrm{DMRS}} + 1) \cdot 2^{16} + n_{\mathrm{SCID}} \tag{5-1}$$

3）性能[1]

以下给出了 FDD 系统中 DL 及 UL CoMP 在不同业务模型和场景假设下的系统性能，其中还与 Release 10 eICIC 进行了比较。可见，即使在采用 Release 10 eICIC 的前提下，使用 CoMP 还可以获得进一步的性能增益。另外，从平均吞吐性能上看，上行 CoMP 比下行 CoMP 增益大，JP 比 CS/CB 增益大，FTP 业务比 full buffer 增益大。

表 5-5　场景一下 DL CoMP 性能增益（**full buffer** 业务，**configuration 4b**）

FDD DL	CoMP JP 增益		CoMP CS/CB 增益	
	宏基站小区平均	5% 最差用户	宏基站小区平均	5% 最差用户
与无 eICIC 比较	6.2%	28.8%	5.2%	30.1%
与 eICIC 比较	2.3%	42.9%	1.6%	17.6%

表 5-6　场景一下 DL CoMP 性能增益（**FTP** 业务，**configuration 4b**）

FDD DL	CoMP JP 增益			CoMP CS/CB 增益		
	宏基站小区平均	用户平均	5% 最差用户	宏基站小区平均	用户平均	5% 最差用户
与无 eICIC 比较	13.5%	16.9%	39.7%	0.0%	18.2%	54.2%
与 eICIC 比较	5.5%	10.3%	16.7%	0.0%	13.3%	13.6%

表 5-7　场景一下 UL CoMP 性能增益（**full buffer** 业务，**configuration 4b**）

FDD 上行链路	CoMP JR 增益	
	宏基站小区平均	5% 最差用户
与无 eICIC 比较	15.2%	45.0%

（2）Release 12 CoMP[7]

LTE Release 12 CoMP 侧重于 Inter – site 非理想回传场景进行 CoMP CS/CB 的研究，其中考虑的需要基于 X2 接口进行交互的信令包括：

- 可能的资源分配结果。
- UE 集合的一个或多个 CSI 结果，包括 RI、PMI 和 CQI。
- UE 集合的一个或多个 RSRP 测量报告。
- 增强的 RNTP。

以下给出了 FDD 系统中下行 CoMP 在不同回传时延假设下的系统性能。可见，回传时延对 Release 12 CoMP 的性能有较大的影响，在低时延下 Release 12 CoMP 可以获得较大的性能增益。

表 5-8　场景二下行 CoMP 性能增益（FTP 业务）

回传时延	5% UPT	50% UPT	95% UPT	Mean UPT
2 ms	14.1%	17.2%	3.6%	12.9%
5 ms	11.7%	14.8%	0.1%	10.3%
10 ms	9.8%	12.1%	– 3.2%	7.1%
30 ms	6.1%	6.6%	– 12.1%	– 0.9%
50 ms	2.2%	1.3%	– 20.6%	– 8.4%

表 5-9　场景三下 DL CoMP 性能增益（FTP 业务）

回传时延	5% UPT	50% UPT	95% UPT	Mean UPT
2 ms	11.6%	42.2%	1.8%	18.9%
5 ms	10.7%	38.8%	– 2.3%	16.4%
10 ms	8.4%	33.6%	– 9.3%	11.1%
30 ms	0.4%	24.4%	– 15.3%	1.0%
50 ms	– 2.2%	11.1%	– 19.4%	– 8.2%

5.1.3　动态小区开关

小区开关是一种有效的干扰抑制的方法。在异构网中，通过小区开关，将空负载或低负载的小区关闭，从而降低小区间的干扰；当小区有负载需求时，开启该小区，为用户提供服务。当小区处于关闭状态时，该小区不发送任何信号，包括公共参考信号 CRS。

LTE Release 8 ~ 11 可支持基于切换的小区开关，典型的时延为几百毫秒至几秒。当小区开关的转换时间较少时，如低于 40 ms，动态小区开关可以提高整个系统的容量，并且转换时间越少，容量提升越大。LTE Release 12 提出了采用发现信号 DRS（Discover Signal）的动态小区开关，小区在关闭时只发送 DRS。根据实现方法，可分为三种应用场景：基于切换的动态小区开关、基于载波聚合的动态小区开关和基于双连接的动态小区开关。基于切换的动态小区开关的流程如图 5-8 所示。

为了尽可能地提升系统容量，需要将小区开关时间控制在 40 ms 以下。在以上三种场景

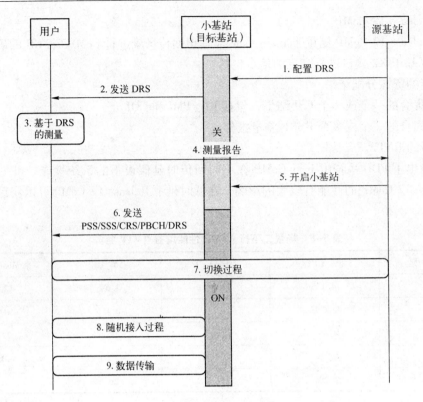

图 5-8　基于切换的动态小区开关流程

中，基于载波聚合的动态小区开关所需要的转换时间最少。如果用户的能力支持载波聚合，用户可以支持基于载波聚合的动态小区开关。在该场景中，通过理想回传相连的宏基站和微基站或微基站和微基站可支持载波聚合。其中宏基站小区或微基站小区为 PCell（Primary Cell，主小区），微基站小区为 SCell（Secondary Cell，辅小区）。处于关闭状态的微基站小区发送 DRS，用户可以对该微基站小区进行基于 DRS 的 RRM 测量。PCell 根据用户的测量汇报快速决定是否需要激活该微基站小区。微基站小区的激活/去激活（开启/关闭）可通过 MAC（Media Access Control，介质访问控制）层信令实现，转换时间大约是 20～30 ms。如果通过物理层信令，如（e）PDCCH，控制微基站小区的开关，转换时间可进一步降低，使用物理层控制信令，微基站小区开关的转换时间可降低到 10 ms 以下。在该方法中，所有用户都需具备载波聚合的能力，如果微基站小区中存在不支持载波聚合能力的用户，微基站小区开关需通过切换来实现，于是转换时间由不支持载波聚合能力的用户决定。或者工作在基于载波聚合的动态小区开关的微基站小区禁止不支持载波聚合能力的用户接入，这些用户都连接到其他小区。

基于载波聚合的动态小区开关流程如图 5-9 所示。具体步骤如下：

1）PCell 配置 SCell 的 DRS 图案和周期。

2）PCell 通过 RRC 信令将 SCell 的图案和周期通知用户。这些信息有助于用户检测 DRS。

3）SCell 按照 PCell 的配置发送 DRS，不发送任何其他信号。

4）PCell 为用户配置基于 DRS 的测量对象。

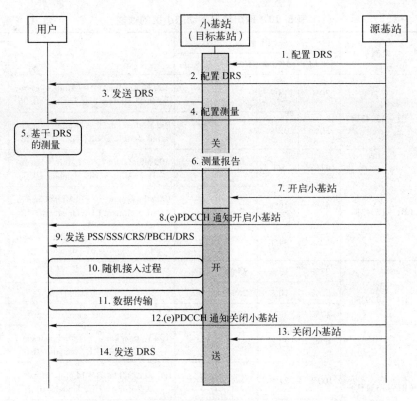

图 5-9　基于载波聚合的动态小区开关流程

5）用户通过 PCell 的辅助信息对 SCell 进行基于 DRS 的 RRM 测量。

6）用户将基于 DRS 的测量结果汇报给 PCell。

7）PCell 收到用户的测量报告后，向 SCell 发送激活信令开启 SCell。

8）PCell 通过物理层信令（e）PDCCH 通知用户 SCell 已被开启。

9）SCell 发送常规信号，如 PSS/SSS/CRS/PBCH，仍可以发送 DRS。

10）用户向 SCell 发起随机接入，请求上行同步。

11）用户和 SCell 进行数据传输。

12）如果网络需要关闭 SCell，PCell 通过物理层信令（e）PDCCH 通知用户 SCell 即将关闭。

13）PCell 向 SCell 发送去激活信令关闭 SCell。

14）SCell 按照 PCell 的配置发送 DRS（和步骤 3 相同）。

3GPP TR 36. 872[8]总结了动态小区开关在不同转换时间时的性能。在理想情况下，即假设动态小区开关可基于子帧级别实现。在包产生的时刻（子帧），小区可在当前子帧实现开启，而在包完成传输的时刻（子帧），小区可在当前子帧实现关闭。表 5-10 列出了各个公司对理想情况下动态小区性能的评估。从评估结果中看出，在理想情况下，基于子帧级别的动态小区开关在网络中低负载时可获得较大的系统吞吐量提升，增益大约是 20% ~ 50%。

表 5-10　理想情况下动态小区的性能

场景	来源	UPT gains				业　　务	RU
		平均	5%ile	50%ile	95%ile		
1，4pico	1 (R1-133431)	30%	18%			100 Mbit/s/km², ~7 Mbit/s/macro, ~0.23 Mbit/s/UE, lambda=0.06	baseline M-RU 20%
		30%	32%			190 Mbit/s/km², ~14 Mbit/s/macro, ~0.5 Mbit/s/UE, lambda=0.12	baseline M-RU 40%
2a，4pico	1 (R1-133431)	41%	5%			100 Mbit/s/km², ~7 Mbit/s/macro, ~0.23 Mbit/s/UE, lambda=0.06	baseline M-RU 20%
		45%	16%			190 Mbit/s/km², ~14 Mbit/s/macro, ~0.5 Mbit/s/UE, lambda=0.12	baseline M-RU 40%
		52%	44%			310 Mbit/s/km², ~22 Mbit/s/macro, ~0.75 Mbit/s/UE, lambda=0.2	baseline M-RU 60%
	3 (R1-133023)	23%	13%	35%	2%	5/s/macro	
		22%	10%	26%	0%	7.5/s/macro	
		17%	6%	19%	3%	10/s/macro	
2a，10pico	1 (R1-133431)	97%	23%			100 Mbit/s/km², ~7 Mbit/s/macro, ~0.23 Mbit/s/UE, lambda=0.06	baseline M-RU 20%
		100%	27%			190 Mbit/s/km², ~14 Mbit/s/macro, ~0.5 Mbit/s/UE, lambda=0.12	baseline M-RU 40%
		108%	44%			310 Mbit/s/km², ~22 Mbit/s/macro, ~0.75 Mbit/s/UE, lambda=0.2	baseline M-RU 60%
	2 (R1-133591)	53%	71%			low	
		44%	75%			medium	
		20%	52%			high	
	6 (R1-132933)	53%	71%			4 file/s/macro, 0.13 file/s/UE	
2a，10pico	4 (R1-133871)	53%	120%			lambda=2	
2a，10pico	9 (R1-134105)	61%	39%	95%	17%	lambda=3 per macro cell (packet size=0.5 MB/s)	baseline M-RU 18%
		59%	25%	72%	24%	lambda=7.5 per macro cell (packet size=0.5 MB/s)	baseline M-RU 41%
		59%	28%	68%	31%	lambda=10 per macro cell (packet size=0.5 MB/s)	baseline M-RU 53%
2a，4pico	12 (R1-134375)	4%	19%			lambda=3.1	baseline M-RU 17.78%
		5%	12%			lambda=9.1	baseline M-RU 60.13%
2a，10pico	13 (R1-134446)	165%	134%			FTP Model 1, lambda=6	7.7%
2a，10pico	15 (R1-134562)	24%	0%			lambda=1/3	

（续）

场景	来源	UPT gains				业　　务	RU
		平均	5% ile	50% ile	95% ile		
2a, 10pico	22 （R1 – 135673）	81%	99%	128%	1%	FTP Model 1，lambda = 1	
		46%	56%	61%	1%	FTP Model 1，lambda = 1.5	
		32%	34%	44%	3%	FTP Model 1，lambda = 2	

5.1.4　数据信道的增强接收机

业务流量的迅速增长要求进一步提高 LTE 的网络容量。一方面，典型 LTE 系统的频率复用因子为 1，小区间干扰对系统性能有非常显著的影响；特别对于异构网络，在宏基站的覆盖范围内，部署多个同频的微基站，会带来更为严峻的小区间干扰。另一方面，MIMO 多流数据的同时同频传输是提高小区中心用户数据速率的有效手段，而用户内多个数据流间的干扰也制约着 MIMO 复用技术能带来的实际性能增益。

为了降低小区间和数据流间的干扰，3GPP LTE 系统研究并引入了多项基于发送端干扰协调的技术。同时，随着产业界基带处理能力的不断提升，从 LTE Release 11 开始，终端和基站干扰处理接收机的演进与增强发挥着越来越重要的作用。终端/基站的先进接收机能够在接收侧抑制或删除下行/上行信道的干扰，是提高系统吞吐量性能的有效手段。考虑实际系统中信道信息的量化误差和反馈时延，接收端一般能够获得比发送端更加准确和实时的信道信息，因而在干扰处理方面存在一定的优势。LTE Release 11 到 Release 13 中，在终端和基站侧，引入了以下数据信道干扰处理的先进接收机：

- 终端干扰抑制（MMSE – IRC，Minimum Mean Square Error – Interference Rejection Combining）接收机。
- 基站干扰抑制（MMSE – IRC）接收机。
- 基于网络辅助的终端干扰抑制/删除（NAICS，Network – Assisted Interference Cancellation and Suppression）接收机。
- 终端内多个数据流间的干扰抑制/删除（Interference cancellation and suppression receiver for SU – MIMO）接收机。

以下将对这几种已定义接收机的原理、结构和性能增益进行详细介绍。

1. 终端干扰抑制接收机

3GPP 在 LTE Release 11 开展了终端干扰抑制（MMSE – IRC）接收机的相关研究[10] 和性能指标定义工作[11]。在 LTE Release 8 到 Release 10 中，终端的基带解调性能指标是基于线性 MMSE 接收机来定义的，仅能抑制用户内的多个数据流间的干扰。相比之下，MMSE – IRC 接收机是在空域进行干扰处理的有力手段，其不仅能抑制用户内流间的干扰，还能抑制小区间干扰，如图 5-10 所示，从而提升下行小区边缘和小区平均的频谱效率。

（1）接收机结构

$r(k, l)$ 为第 k 个子载波和第 l 个 OFDM 符号上的终端接收信号向量，其为有用信号 $\boldsymbol{H}_1(k,l)\boldsymbol{d}_1(k,l)$、干扰信号 $\boldsymbol{H}_j(k,l)\boldsymbol{d}_j(k,l)(j>1)$ 和白噪声 $n(k,l)$ 之和，即：

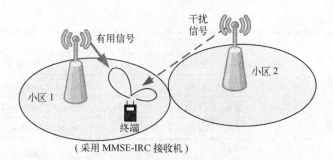

图 5-10　终端 MMSE – IRC 接收机示意图

$$r(k,l) = H_1(k,l)d_1(k,l) + \sum_{j=2}^{N_{BS}} H_j(k,l)d_j(k,l) + n(k,l) \qquad (5-2)$$

其中，$d_j(k,l)$ 代表 $N_{Tx} \times 1$ 的发送信号向量；$H_j(k,l)$，$j = \{1, \cdots, N_{BS}\}$ 为第 j 个小区到目标用户的 $N_{Rx} \times N_{Tx}$ 维信道矩阵。通过 $N_{Stream} \times N_{Rx}$ 维的接收端加权矩阵 $W_{RX,1}(k,l)$，可以在用户侧恢复出 $N_{Stream} \times 1$ 维的信号向量：

$$\hat{d}(k,l) = W_{RX,1}(k,l)r(k,l) \qquad (5-3)$$

对于传统的 MMSE 接收机，其接收端加权矩阵可表示为：

$$W_{RX,1}(k,l) = \hat{H}_1^H(k,l)R^{-1}, \quad R = p_1\hat{H}_1(k,l)H_1^H(k,l) + \sigma^2 I \qquad (5-4)$$

其中，$\hat{H}_j(k,l)$ 为接收端根据导频估计得到的信道矩阵；σ^2 为噪声功率；P_1 为服务小区的发送信号功率，即 $P_1 = E[\,|d_1(k,l)|^2]$。

对于增强的 MMSE – IRC 接收机，其接收端加权矩阵可表示为：

$$W_{RX,1}(k,l) = \hat{H}_1^H(k,l)R^{-1} \qquad (5-5)$$

其中，$\hat{H}_j(k,l)$ 和 R 分别为接收端根据导频估计得到的信道矩阵和干扰协方差矩阵。若下行采用基于 CRS 的 MIMO 传输模式，则可在 CRS 所占的资源粒子上估计 R，即：

$$R = P_1\hat{H}_1(k,l)\hat{H}_1^H(k,l) + \frac{1}{N_{sp}} \sum_{k,l \in CRS} \tilde{r}(k,l)\tilde{r}(k,l)^H \qquad (5-6)$$

$$\tilde{r}(k,l) = r(k,l) - \hat{H}_1(k,l)d_1(k,l) \qquad (5-7)$$

类似地，若下行采用基于 DMRS 的 MIMO 传输模式，则可在 DMRS 所占的资源粒子上估计 R，即：

$$R = P_1\hat{H}_1(k,l)\hat{H}_1^H(k,l) + \frac{1}{N_{sp}} \sum_{k,l \in DM-RS} \tilde{r}(k,l)\tilde{r}(k,l)^H \qquad (5-8)$$

$$\tilde{r}(k,l) = r(k,l) - \hat{H}_1(k,l)d_1(k,l) \qquad (5-9)$$

式中，N_{sp} 代表导频所占的资源粒子数目。

（2）性能增益

在 3GPP 开展的研究项目中，有多家公司对终端 MMSE – IRC 接收机的性能增益进行了链路级和系统级仿真评估，相关仿真参数、链路级干扰建模方法和系统级接收机建模方法参见文献［12］。由于各公司的算法实现有一定差异，仿真结果并不完全相同。整体上，对于小区边缘用户：链路级仿真中，终端 MMSE – IRC 接收机能带来 1～2 dB 的 SNR 性能提升、11%～33% 的吞吐量增益，如表 5-11 所示；系统级仿真中，终端 MMSE – IRC 接收机能带来 5%～25% 的吞吐量增益[12]。

表 5-11　MMSE-IRC 相对于 MMSE 的吞吐量增益

服务小区的传输模式	干扰协方差估计方法	目标用户的 SINR	调试编码方式	MMSE-IRC 相对 MMSE 的吞吐量增益
传输模式 6，2 发 2 收	基于 CRS	0 dB	外环链路自适应	11.5%
		-3 dB		19.6%
		-2.5 dB		33.10%
传输模式 9，4 发 2 收	基于 DMRS	0 dB		10.9%
		-3 dB		18.2%
		-2.5 dB		23.40%

2. 基站干扰抑制接收机

LTE Release 13 中，正在研究制定基站干扰抑制（MMSE-IRC）接收机的性能指标[13]。与终端侧类似，在 LTE 前期的版本中，基站的基带解调性能指标是基于线性 MMSE 接收机来定义的，仅能抑制用户内的多个数据流间的干扰。相比之下，MMSE-IRC 接收机不仅能抑制用户内流间的干扰，还能抑制小区间干扰，如图 5-11 所示，从而提升上行小区边缘和小区平均的频谱效率。

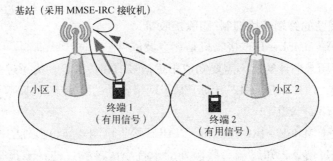

图 5-11　基站 MMSE-IRC 接收机示意图

（1）接收机结构

基站 MMSE-IRC 接收机的数学表达式与终端是基本对称的。考虑到实际系统上、下行空口设计的不同，会有一些实现层面的差别，包括：用于估计信道和干扰协方差的导频结构和图样（注：上行采用解调导频 DMRS）、收发端的天线数目和配置等。

（2）性能增益

通过系统级仿真，可对基站 MMSE-IRC 相对 MMSE 接收机的频谱效率增益进行评估。采用 3GPP 典型的参数配置，对同构网络（仅有宏基站）和异构网络（同频的宏基站和微基站部署）两种场景分别进行评估。基本配置如下，详细的仿真参数表见文献［14］：

- 上行 FDD 系统，载频为 2 GHz，10 MHz 信道带宽。
- 宏基间的站间距为 500 m，共 57 个扇区、并采用 wrap around 技术模拟干扰。
- 每个宏基站内有 4 个微基站，采用文献［15］中的配置 4b 进行用户撒点。
- 天线配置为交叉极化，相距 0.5 倍波长。
- 采用 Wishart 分布的方法，在系统中建模基于实际 DMRS 进行 MMSE-IRC 协方差估计带来的误差，建模方法详见文献［12］。

图 5-12 展示了基站 MMSE-IRC 接收机带来的性能增益。可以看到，相对于 MMSE 接收机，MMSE-IRC 接收机能够带来显著的小区平均和边缘频谱效率增益；性能增益随着接收天线数目的增多而增大；而且由于异构网络中的干扰情况更为严重，在相同接收天线数目下，异构网络中能够获得比同构网络更大的增益。

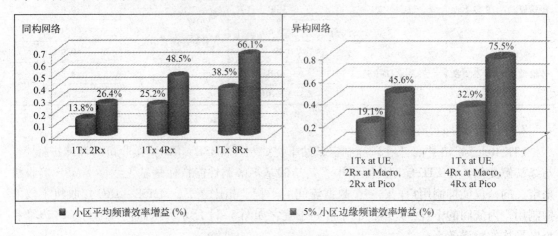

图 5-12　基站 MMSE-IRC 接收机带来的性能增益

3. 基于网络辅助的终端干扰抑制/删除接收机

前面介绍的终端 MMSE-IRC 接收机是在空域进行小区间干扰抑制，干扰协方差矩阵是通过服务小区的导频来估计的，不需要知道干扰信号的相关信息。为了进一步增强下行数据信道的吞吐量性能，LTE Release 12 启动了基于网络辅助的终端干扰抑制/删除（NAICS）接收机的研究[16]和标准定义工作[17]。

一方面，相比于 MMSE-IRC 接收机，NAICS 接收机能够获得额外的性能增益；另一方面，需要网络侧通过信令告知终端一些额外的干扰小区参数（注：干扰基站可能需要通过基站间的 X2 信令将相关参数传递给目标基站），同时，还要求终端通过盲检获取另外一些动态的干扰信号参数，从而进行增强的接收端小区间干扰处理。可以看到，NAICS 先进接收机需基于网络的辅助，并且对终端处理能力提出了更高的要求。

（1）接收机结构

1）NAICS 前期的性能评估主要基于以下 4 种候选接收机结构[18]：

E-MMSE-IRC（Enhanced-MMSE-IRC，增强的干扰抑制接收机）

基于前述 MMSE-IRC 接收机进行增强，主要体现为增强的干扰协方差矩阵估计算法，即：对若干个强干扰小区到终端间的信道进行估计，进而计算得到更为准确的干扰协方差矩阵。其干扰协方差的计算如下，式中集合 U 代表需要实时进行信道估计的强干扰小区集合：

$$\boldsymbol{R} = P_1 \hat{\boldsymbol{H}}_1(k,l) \hat{\boldsymbol{H}}_1^{\mathrm{H}}(k,l) + \sum_{m \in U} P_m \hat{\boldsymbol{H}}_m(k,l) \hat{\boldsymbol{H}}_m^{\mathrm{H}}(k,l) + \frac{1}{N_{RS}} \sum_{(k,l) \in RS} \tilde{r}(k,l) \tilde{r}^{\mathrm{H}}(k,l) \quad (5-10)$$

$$\tilde{r}(k,l) = r(k,l) - \hat{\boldsymbol{H}}_1(k,l) d_1(k,l) - \sum_{m \in U} \hat{\boldsymbol{H}}_m(k,l) \boldsymbol{d}_m(k,l) \quad (5-11)$$

与 MMSE-IRC 相比，E-MMSE-IRC 需要终端获知强干扰小区的导频信息以进行干扰信道估计，因此需要一些额外的信令支持或通过终端盲检来获得。

2）R – ML（Reduced complexity – Maximum Likelihood，降复杂度的最大似然算法）

基于最大似然准则，采用低复杂度算法实现有用和干扰小区调制符号的联合检测，例如球译码、QR – MLD 等。为实现 R – ML 接收机，终端需要知道干扰小区信号的导频信息以进行信道估计，并知道干扰的调制方式以进行解调。

3）SL – IC（Symbol level – Interference cancellation，符号级干扰删除）

对干扰信号进行线性检测（例如采用 MMSE – IRC）、重构并删除，可通过多次迭代提高精度，其基本流程如图 5-13 所示。与 R – ML 接收机类似，终端需要知道干扰小区信号的导频信息和调制方式等。

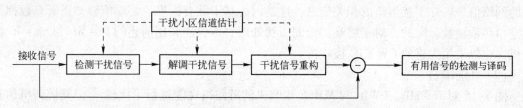

图 5-13 终端 SL – IC 接收机的流程示意图

4）CW – IC（Code word level – Interference cancellation，码字级干扰删除）

对干扰信号进行线性检测、解调译码、编码重构并删除，也可通过多次迭代提高精度，其基本流程如图 5-14 所示。终端需要知道干扰小区信号的导频信息以进行信道估计，还要知道干扰的调制编码等级、HARQ（Hybrid Automatic Repeat reQuest，混合自动重传请求）的循环冗余 RV（Redundancy Version，冗余版本）以进行解调和信道译码，并知道干扰小区用户的 RNTI（Radio Network Temporary Identity，无线网络临时标识）信息以进行比特级解扰等。此外，还要求蜂窝网络是时间同步的。

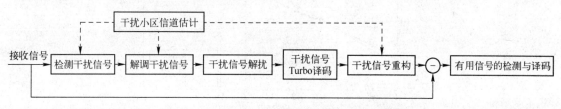

图 5-14 终端 CW – IC 接收机的流程示意图

（2）性能增益

在 3GPP 关于 NAICS 的研究项目中，多家公司对上述 4 种接收机的性能进行了评估，并得到以下结论[18]：与 Release 11 MMSE – IRC 接收机相比，E – MMSE – IRC/R – ML/SL – IC/CWIC 都能获得明显的性能增益；其增益的大小与干扰的强度有关，主干扰信号功率越强时，增益越大；SL – IC/R – ML 一般能获得比 E – MMSE – IRC 更优的性能增益。

由于性能的角度看，E – MMSE – IRC 获得的额外增益相对较小，因此后期的 NAICS 工作项目定义性能指标时，并未采用 E – MMSE – IRC 接收机。同时，CW – IC 虽然获得优异的性能，但其所需获知的干扰信号信息也是最多的，考虑基站间和空口信令交互的实时性和开销等问题，NAICS WI 阶段也并未采用 CW – IC 接收机。综上所述，经过性能和复杂度等多方面的评估，最终的 NAICS 先进接收机是基于 R – ML 和 SL – IC 接收机的[19]。目前，NA-ICS 的解调性能指标定义工作还在进行中。

4. 终端内多个数据流间的干扰抑制/删除接收机

前面介绍的终端干扰抑制接收机、基站干扰抑制接收机、基于网络辅助的终端干扰抑制/删除接收机都用于处理小区间干扰。对于信道条件较好的终端，将有较大的比例采用空域多流传输，即 SU-MIMO。由于实际系统非理想信道反馈和有限码本等因素，多个数据流间的干扰将直接影响 SU-MIMO 传输的性能[20]。因此，为了提高 SU-MIMO 的吞吐量，3GPP 也对终端内多个数据流间的干扰抑制/删除接收机进行了立项研究[21]。

（1）接收机结构

与 NAICS 中小区间干扰抑制/删除不同的是，SU-MIMO 层间干扰抑制/删除不需要额外的网络信令告知干扰信道的相关信息。这是因为基于既有标准，终端能够知道所有数据流的空口传输参数。因此，对于终端的流间干扰处理，不仅能利用前述的 R-ML 和 SL-IC 接收机，也能采用先进的 CW-IC 接收机。

（2）性能增益

图 5-15 对 R-ML、CWIC 与 MMSE 接收机的链路机性能进行了比较[20]。其链路机仿真的基本配置为：下行 2 发 2 收、传输模式 4、ETU 70 Hz 信道、天线间相关性为中等。可以看到，数据层间的干扰抑制/删除接收机可以带来显著的性能增益。

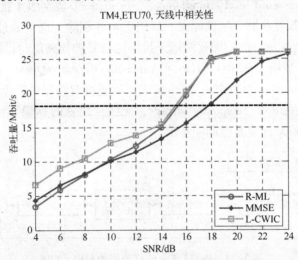

图 5-15 R-ML、CWIC 与 MMSE 接收机的性能比较

5.2 超密集组网技术方案前瞻

未来移动数据业务飞速发展，尤其是热点地区的流量需求一直是运营商亟需解决的重要问题，这一问题在未来 5G 网络将显得尤为显著。由于低频段频谱资源的稀缺，仅依靠提升频谱效率无法满足移动数据流量增长的需求。增加单位面积内微基站密度是解决热点地区移动数据流量飞速增长的最有效手段。超密集组网 UDN 是基于既有微基站相关的技术研究与定义，在 5G 阶段引起普遍关注的技术研究方向。

5.2.1 UDN 应用场景

5G 典型场景涉及未来人们居住、工作、休闲和交通等各种区域，特别是办公室、密集住宅区、密集街区、校园、大型集会、体育场和地铁等热点地区和广域覆盖场景。其中，热点地区是超密集组网的主要应用场景见表 5-12 和图 5-16。

表 5-12　UDN 主要应用场景

主要应用场景	室内外属性	
	站点位置	覆盖用户位置
办公室	室内	室内
密集住宅	室外	室内、室外
密集街区	室内、室外	室内、室外
校园	室内、室外	室内、室外
大型集会	室外	室外
体育场	室内、室外	室内、室外
地铁	室内	室内

图 5-16　UDN 应用场景

下面分别介绍 UDN 主要应用场景的特点。

（1）应用场景 1：办公室

办公室场景的主要特点是上下行流量密度要求都很高。在网络部署方面，通过室内微基站覆盖室内用户。在办公室场景中，每个办公区域内无内墙阻隔，小区间干扰较为严重。

（2）应用场景 2：密集住宅

密集住宅场景的主要特点是下行流量密度要求较高。在网络部署方面，通过室外微基站覆盖室内和室外用户。

（3）应用场景 3：密集街区

密集街区的主要特点是上下行流量密度要求都很高。在网络部署方面，通过室外或室内微基站覆盖室内和室外用户。

（4）应用场景4：校园

校园的主要特点是用户密集，上下行流量密度要求都较高；站址资源丰富，传输资源充足；用户静止/移动。在网络部署方面，通过室外或室内微基站覆盖室内和室外用户。

（5）应用场景5：大型集会

大型集会场景的主要特点是上行流量密度要求较高。在网络部署方面，通过室外微基站覆盖室外用户。在大型集会场景中，小区间没有阻隔，因此小区间干扰较为严重。

（6）应用场景6：体育场

体育场场景的主要特点是上行流量密度要求较高。在网络部署方面，通过室外微基站覆盖室外用户。在体育场场景中，小区间干扰较为严重。

（7）应用场景7：地铁

地铁场景的主要特点是上下行流量密度要求都很高。在网络部署方面通过车厢内微基站覆盖车厢内用户。由于车厢内无阻隔，小区间干扰较为严重。

5.2.2　UDN 的挑战

超密集组网可以带来可观的容量增长，然而在实际部署中，站址的获取和成本是超密集小区需要解决的首要问题。

（1）站址

UDN 的本质是通过增加小区密度提高资源复用率，然而天面资源的获取以及与业主协调的难度越来越大，新增站址将面临巨大的挑战。

（2）成本

成本是网络部署和运维的重要基础。微基站数目的增加必然导致运营商初期建网成本的增加。同时，微基站数目也会增加网络运维的成本。

运营商在部署超密集小区时，除了需要解决站址的获取和成本的问题，同时也要求 UDN 具有四大特点：灵活性、高效性、智能化、融合性。

（3）灵活性

在网络部署方面，根据不同场景的要求采用不同的基站形态，如一体化基站和分布式基站。一体化基站具有成本低、易部署等优势；而分布式基站对机房和天面要求较小，可减少配套投资，从而降低建设维护成本，提高效率。在 UDN 中，需要为大量的微基站提供传输资源。光纤由于其容量大、可靠性高，是最理想的传输资源。然而，在实际网络中，某些地区无法通过有线方式为超密集组网提供传输资源，可考虑以无线方式为 UDN 提供传输资源。

（4）高效性

小区密度的增加将使小区间的干扰问题更加突出。干扰是制约 UDN 性能最主要的因素。UDN 中对干扰进行有效的管控，需要有高效的干扰管理机制。在网络侧，可考虑基站之间的协调将干扰最小化；在终端侧，可考虑采用先进的接收机消除干扰。

用户的切换率和切换成功率是网络重要的考核指标。随着小区密度的增加，基站之间的间距逐渐减小，这将导致用户的切换次数显著增加，影响用户的体验。UDN 需要有高效的移动性管理机制。可考虑宏基站和微基站协调，如宏基站负责管理用户的移动性、微基站承载用户的数据，从而降低用户的切换次数，提高用户的体验。

（5）智能化

在热点地区部署 UDN 的主要特点是密集的基站部署和海量的连接用户。UDN 需要有智能化的网络管理机制，对密集基站和海量用户进行有效管理以及解决海量用户产生的信令风暴对基站和核心网的冲击问题。在网络运维方面可采用 SON（Self – Organizing Network，自组织网络）技术方案以降低网络运维成本。

（6）融合性

仅依靠 UDN 技术无法满足未来 5G 业务的需要，超密集小区需要和其他技术相融合。如可采用大规模天线为超密集小区提供无线回传、在超密集小区中采用高频作为无线接入、和 WLAN 互操作等。

5.2.3 UDN 的关键技术

目前，国际上对 UDN 的研究正如火如荼地开展，针对以上 UDN 的挑战，本书尝试着给出几项 UDN 关键技术的研究方向。首先，随着网络中小区密度的增加，一方面，小区间的干扰问题更加突出，尤其是控制信道的干扰直接影响整个系统的可靠性；另一方面，用户在 UDN 中的移动性管理变得异常严峻。如何避免空闲状态的用户在超密集网络中进行频繁的小区选择和小区重选以及如何避免连接状态的用户在超密集网络中进行频繁的切换等问题亟待解决。虚拟层技术的提出正是为了解决以上技术难点，可以有效控制信道的干扰问题和移动性问题。

其次，在 UDN 中，需要为大量的微基站提供传输资源。光纤由于其容量大、可靠性高，是最理想的传输资源。然而，在实际网络中，存在某些地区无法通过有线方式为超密集组网提供传输资源，可考虑以无线方式为超密集组网提供传输资源。同时，基于有线、无线回传的混合分层回传技术也提供了 UDN 微基站即插即用的技术可能性。

另外，用户的切换率和切换成功率是网络重要的考核指标。随着小区密度的增加，基站之间的间距逐渐减小，这将导致用户的切换次数显著增加，影响用户的体验。UDN 需要有高效的移动性管理机制。可考虑宏基站和微基站协调，如宏基站负责管理用户的移动性，微基站承载用户的数据，从而降低用户的切换次数，提高用户的体验。

本节中给出了虚拟层和混合分层回传两项具体技术方案，对于 UDN 的移动性管理，将在 5.2.4 节详细进行分析和讨论。

1. 虚拟层技术

虚拟层技术的基本原理是由单层实体网络构建虚拟多层网络。如图 5-17 所示，单层实体微基站小区构建两层网络：虚拟宏基站小区和实体微基站小区，其中虚拟宏基站小区承载控制信令，负责移动性管理；微基站小区承载数据传输。

虚拟层技术可通过单载波和多载波实现。单载波方案通过不同的信号或信道构建虚拟多层网络；而多载波方案通过不同的载波构建虚拟多层网络。

在单载波方案中，将 UDN 中微基站划分为若干个簇，每个簇可分别构建虚拟层。网络为每个簇配置

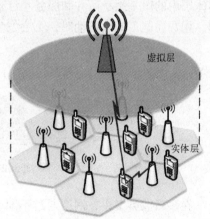

图 5-17 虚拟层技术基本原理

一个 VPCI（Virtual Physical Cell Identifier，虚拟物理小区标识）。同一簇内的微基站同时发送 VRS（Virtual Reference Signal，虚拟层参考信号），对应于 VPCI，不同簇发送的 VRS 不同；同一簇内的微基站同时发送广播信息，寻呼信息，随机接入响应，公共控制信令，且使用 VPCI 加扰。传统微基站小区构成实体层，网络为每个微基站小区配置一个物理小区标识 PCI。单载波方案中虚拟层的构建可通过时域或频域实现，如图 5-18 和图 5-19 所示。

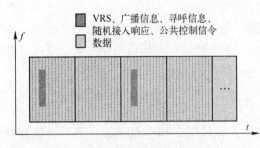

图 5-18　单载波方案 - 时域实现虚拟层方法

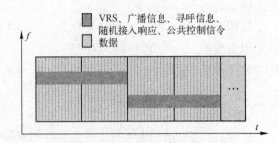

图 5-19　单载波方案 - 频域实现虚拟层方法

图 5-20　空闲态用户
看到的网络

空闲态用户驻留在虚拟层，侦听微基站小区簇发送的信息，包括 VRS、广播信息、寻呼信息、公共控制信令，同时使用 VPCI 对广播信息、寻呼信息和公共控制信令进行解扰，如图 5-20 所示。空闲态用户不需要识别实体层，在同一簇内移动时，不会发生小区重选。空闲态用户通过随机接入过程接入实体层。用户向虚拟层发送 PRACH，并采用 VPCI 加扰；网络收到用户的随机接入请求后由虚拟层向用户发送随机接入响应，并采用 VPCI 加扰。同时根据用户上行信号在各个微基站小区接收的强度，随机接入相应中包含用户可接入的微基站小区物理小区标识 PCI；用户接收到虚拟层的随机接入响应后，在 PUSCH 信道上发送消息 3，并采用 PCI 加扰；微基站小区发送消息 4，并采用 PCI 加扰。自此，用户完成了随机接入过程，进入连接态。

连接态用户侦听微基站小区簇发送的信息，包括 VRS、广播信息、寻呼信息、公共控制信令，同时使用 VPCI 对广播信息、寻呼信息和公共控制信令进行解扰。连接态用户可识别实体层中的微基站小区并和服务小区进行数据交互。网络通过虚拟层实现对连接态用户的管理，用户在同一簇内移动时，不会发生切换，如图 5-21 所示。

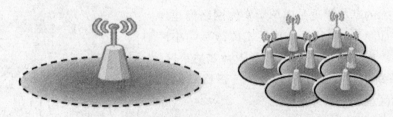

图 5-21　连接态用户看到的网络

在多载波方案中，网络通过不同的载波构建虚拟多层网络。图 5-22 给出了两个载波的例子。在该例子中，同一簇内的不同小区在载波 1 使用相同的 PCI 构建虚拟层，在载波 2 使用不同的 PCI，即实体层。空闲态用户驻留在载波 1，空闲态用户不需要识别实体层，在同一簇内移动时，不会发生切换。连接态用户通过载波聚合技术可同时接入载波 1 和载波 2。网络通过载波 1（虚拟层）实现对连接态用户的管理，用户在同一簇内移动时，不会发生切换。

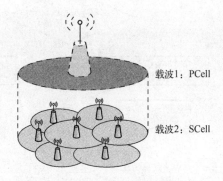

图 5-22 多载波方案举例

（1）虚拟层技术的空闲态移动性管理

1）虚拟层技术的小区选择

实体小区的系统信息中广播其是否属于某虚拟小区，以及所属虚拟小区的 VPCI；UE 在运营商移动网络选择之后，测量实体层小区的信号强度，并依据传统小区选择准则确定一个合适的实体小区；若该小区的系统信息中指示出属于虚拟小区及对应 VPCI，则 UE 驻留在对应的虚拟小区，否则 UE 驻留在该实体小区，如图 5-23 所示。

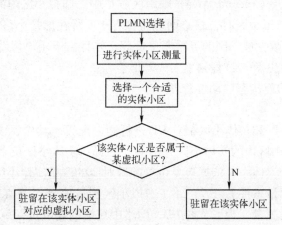

图 5-23 虚拟层技术的小区选择流程

2）虚拟层技术的小区重选

虚拟小区广播相邻虚拟小区列表，UE 移动过程中测量当前虚拟小区以及相邻虚拟小区的信号强度。若 UE 测量发现相邻某虚拟小区的信号强度大于当前虚拟小区信号强度，则 UE 重选到该虚拟小区；若 UE 测量发现当前虚拟小区信号强度小于门限，则开启对本虚拟小区以外的相邻实体小区的测量。后续测量发现了适合重选的实体小区，且该小区的系统信息中指示出其属于虚拟小区及其 VPCI，则 UE 重选在对应虚拟小区上，否则 UE 选择该实体小区上，如图 5-24 所示。

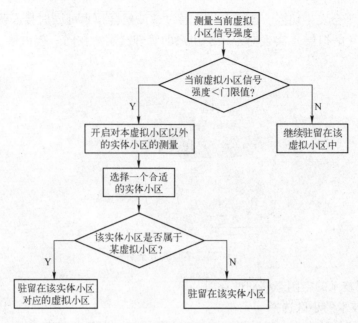

图 5-24　虚拟层技术的小区重选流程

3）虚拟层技术的寻呼消息发送

依照前面所述，UE 将选择或者重选到虚拟小区，而不是虚拟小区内的实体小区。因此，仅将虚拟小区包括在 TA（Tacking Area，跟踪区域）中，虚拟小区内的各实体小区将不属于 TA 中；当 UE 驻留在虚拟小区时，核心网侧将保存 UE 所在虚拟小区所在的 TA，寻呼信息将被下发给虚拟小区以减少核心网的寻呼消息负荷。并且由于用户移动造成的 TAU（Tacking Area Update，跟踪区域更新）过程频率大大降低。

（2）虚拟层技术的连接态移动性管理

1）测量配置

测量对象：虚拟小区和实体小区都对 UE 进行测量配置。其中，虚拟小区负责虚拟小区（包括虚拟小区和虚拟小区内的实体小区）的测量配置；实体小区负责本虚拟小区以外的实体小区的配置，且每个实体小区依据自身位置配置对应的测量实体小区集合。

测量上报：引入测量事件 EVENT C1（虚拟小区测量值＜门限值），用于开启对本虚拟小区以外的实体小区的测量。为了节约 UDN 网络中终端的耗电量，一般情况下，UE 在虚拟小区内不对本虚拟小区以外的实体小区进行测量，仅在虚拟小区信号质量小于门限值的情况下才启动对周边实体小区的测量。

2）虚拟层技术的实体小区改变

如图 5-25 所示，虚拟小区和实体小区分别进行测量配置，UE 接收到该配置后将移动过程中符合实体小区改变条件的测量结果上报给虚拟小区。收到测量报告后，虚拟小区依据算法进行判决，并协同源与目标实体小区完成小区改变准备工作。虚拟小区发送实体小区改变命令以提高消息发送的成功概率，UE 成功接收后执行实体小区改变。虚拟小区、源和目标实体小区协同完成小区改变后续步骤。

3）虚拟层技术的切换

虚拟小区和实体小区分别进行测量配置，UE 接收到该配置后测量发现虚拟小区测量结

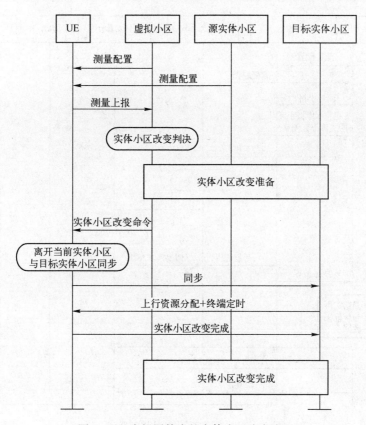

图 5-25　虚拟层技术的实体小区改变流程

果小于门限，将 EVENT C1 上报给虚拟小区。虚拟小区确认后发送开启本虚拟小区以外的实体小区测量的命令。UE 将满足切换条件的测量结果上报，源实体小区判决后向目标实体小区发送切换请求。目标实体小区完成接纳控制后回复切换请求 ACK 消息给源实体小区，接着此条消息被封装成切换命令由虚拟小区发送给 UE。UE 完成后续的切换流程。需要注意的是，若目标实体小区属于某虚拟小区，则 UE 同时切换到该虚拟小区，如图 5-26 所示。

2. 混合分层回传技术

在本书 3.2.2 节中针对 5G 接入网的演进方向之一——无线 MESH 进行了具体阐述，无线 MESH 网络就是要构建快速、高效的基站间无线传输网络，着力满足数据传输速率和流量密度需求，实现易部署、易维护、用户体验轻快、一致的轻型 5G 网络。本节中首先针对回传链路结构及技术选择进行详细描述，进而分析了一种面向 UDN 的有线、无线混合的分层回传技术，该技术可以实现 UDN 的微基站即插即用，也可以作为无线 MESH 的实现方式之一。

（1）回传演进及基本结构

无线网络中，所有形式的无线接入技术都需要一条链路将基站的传输业务数据在保证一定 QoS 条件下传送到控制节点上，进而进入运营商的核心网中，这里的传输链路就称为回传链路。5G 网络中 UDN 除了需要解决接入侧的干扰管理、移动性管理问题之外，回传架构的分析和设计至关重要。

从无线网络发展的角度，在过去的 20 年中，接入链路由 1G/2G 网络的语音业务到 3G/4G 的数据业务，数据速率得到了巨大的提升，与此同时，接入链路的数据提升对回传容量

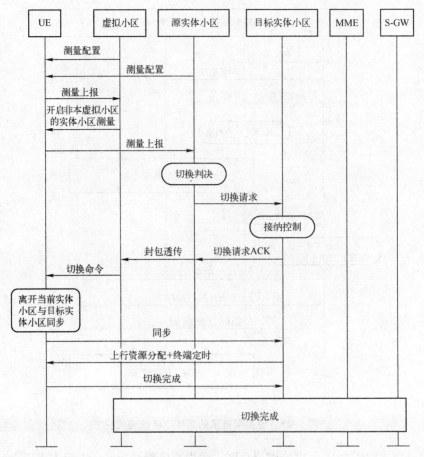

图 5-26　虚拟层技术的切换流程

的要求也发生了明显变化，接入网回传容量发生了指数增长[23,24]。因为回传链路的容量和复杂度都直接影响网络建设和运营成本，尤其是 UDN 中微基站布网对回传链路的要求会更高，所以国内外通信运营商都十分重视回传链路的研究与优化。

图 5-27 指出了无线网络宏基站典型的回传结构，其中包括无线网络回传架构中的三个主要组成部分，分别为基站、集线器/汇聚节点和核心网节点，来实现无线接入到核心网间的汇聚、交换和路由功能，各组成部分之间由接口相连，回传容量主要由各接口容量限定。

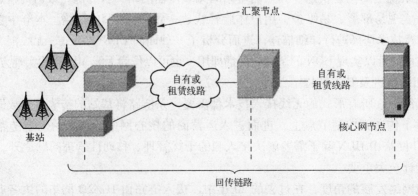

图 5-27　典型无线网络回传结构

　　3GPP 的定义中假设微基站除了尺寸、输出功率以及额外的功能集成以外，与宏基站没有结构上的不同，即微基站/HeNB 也是采用相同的逻辑接口（S1&X2 或者 Iub/Iuh），图 5-28 给出了 3GPP TS 36. 300 Release10 定义的网络结构。

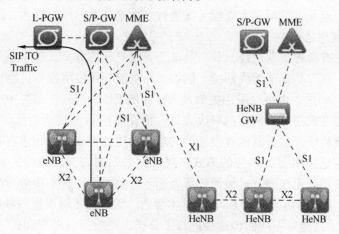

图 5-28　3GPP LTE 基本回传结构（Release 10）

　　在 LTE HeNB 网络结构设计中，包括了有聚合作用的网关（HeNB GW），在对其他类型微基站的标准化定义中暂时没有相关内容，对于未来的网络设计，比如在接入层面提出了虚拟层技术，引入一个支持微基站的聚合网关是一个可行的方向。这个聚合网关能够提供用户、控制和管理层面的功能，降低核心单元的信令开销，从而降低微基站的运营难度，其结构可以参考 3GPP 中已经对 HeNB 设计的网关结构。考虑到运营商既有的宏基站部署，对微基站部署的一个直接选择就是将微基站回传连接到宏基站上，即将宏基站作为微基站汇聚节点，当微基站间具备聚合站点的时候可以连接到宏基站。

　　（2）回传的拓扑结构

　　对于未来回传网络的拓扑结构也有多种选择，如图 5-29 所示，假设微基站间有集线器/汇聚节点，PTP（Point‐to‐point，单点对单点）形式中集线器与微基站之间的拓扑结构可包括 PTP 树形、环形和网格形，另外还包括 PTMP（Point‐to‐multi‐point，单点对多点）的拓扑结构。

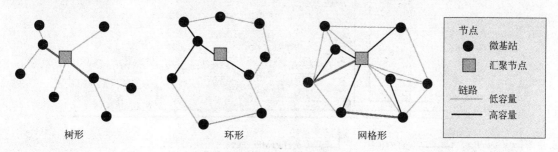

图 5-29　典型的微基站回传网络拓扑

　　PTP 的树形结构中，微基站与集线器之间通过一跳或多跳链路连接，其中树干支路因为要传输各树枝汇聚的信息，所以容量要求较高，同时树干容量需求根据支路数目的变化而变化；环形结构使得每一条链路得到充分利用，但是也使远端基站需要经历更多跳链路；网格形结构中点与点间都建立链路，会有更多的冗余链路，但同时路由选择更多，能够更灵活地进行资源分配；PTMP 拓扑结构更类似于接入侧的技术，集线器将容量动态分配给不同的微基站，可以根据不同时刻的业务变化改变回传链路的容量分配，可以提高频谱利用率，在这种拓扑中，汇聚节点处可以配置大规模天线进行多个微基站的回传接入，能够提升容量。

（3）回传的实现途径

回传链路通常有两种实现途径，其一是基于有线光纤的方案，这是一种提供高容量、低时延的传输方法；其二是基于无线回传，例如采用微波等频段将回传链路设计成无线传输链路，可以基于 PTP 形式，也可以采用类似接入链路的 PTMP 形式。考虑中国国情，宏基站部署在大部分地区通常采用有线回传的解决方式；但是在国际上其他地区，尤其在欧洲地区，因为光纤资源需要租赁，加上其他建设维护的难度，建设有线光纤回传有时候并不划算，所以对于宏基站也广泛采用无线回传的形式。对于微基站而言，因为站址资源及传输资源紧张，到底采用有线还是无线的方式做回传部署是各有利弊需要进一步分析的。尤其是针对未来的 5G 网络，即插即用如果成为 UDN 的基本要求，无线回传将提供一种有效的组网手段。

3GPP 的讨论中已经对不同回传途径进行了分类，主要分成理想回传（光纤）和非理想回传（部分有线回传类型及无线回传），如表 5-3 所示。

不同运营商将会根据自身网络架构及传输设备条件来设计微基站的具体部署结构，包括部署拓扑以及采用有线还是无线方式来支撑回传链路。以下基于两种回传实现途径分别讨论。

将微基站与宏基站/聚合节点间用有线的方式连接就构成了有线回传结构，不同有线技术应用的概括如图 5-30 所示，可以包括 PTP 和 PTMP 两种拓扑形式，其中有线回传的 PTMP 架构可以基于光纤 PON（Passive Optical Network，无源光纤网络），比如 GPON（Gigabit-Capable PON）、EPON（Ethernet PON）、WDM（Wavelength Division Multiplexing，波分复用）PON 等。从覆盖角度，有线回传将在室内、室外沿地面或在地下/墙体内进行铺设线路，所以有线回传的制约条件首先应考虑站址建筑物的既有结构和工程难度带来的成本增加，在未来 UDN 的大量站址需求基础上，单纯建设有线回传网络的难度明显增大。

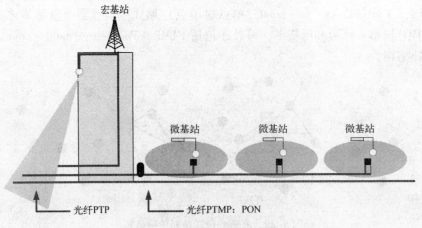

图 5-30   有线回传结构举例

与有线回传相比，无线回传的灵活性更具优势，图 5-31 给出了无线回传的结构举例。从覆盖角度，无线回传网络部署中无线回传的信道条件有较大影响，例如 LOS 信道的信道容量较高，但同时要求互传的两点间距较小而没有遮挡物，这就无形中提升了回传部署的成本，所以 NLOS 信道也在回传部署的考虑范围内。当微基站与宏基站/聚合节点之间没有直接点对点链路时可采用多跳的树形或环形拓扑。

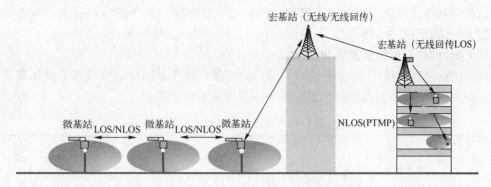

图 5-31　无线回传结构举例

在技术分析之外，两种实现方式的布网成本是运营商做出组网选择的重要依据，根据表 5-13 给出的 CAPEX 和 OPEX 的组成构件，文献［25］对不同回传实现形式的成本进行了详细的建模和计算，根据欧洲组网各元素的价位估计，未来 20 年周期的回传投资结果如图 5-32 所示。

表 5-13　回传成本组成构件

CAPEX	设备费（包括购买和安装），基础建设费用
OPEX	能源消耗，频谱/光纤租赁费用，维护费用等

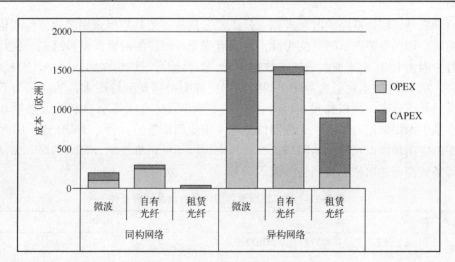

图 5-32　未来 20 年回传成本预测

从图中可以明显看出，未来微基站部署/异构组网时回传成本将显著提升。同时，如果考虑光纤回传场景，租赁光纤的方式通常是成本较低且组网较快的方式（此处指欧洲的情况，国内情况不同），如果运营商不具备租赁光纤的条件，对于宏基站部署无线回传从成本上来看是一个优选。然而，对于微基站部署/异构组网，微波无线回传的成本随着微基站数目的提升显著增加，所以对于 UDN 而言，无线回传的成本将是一个重要问题。当然，以上计算是针对无线回传采用微波频段进行设备成本计算的，若在 5G 网络中高频段具备成熟产业链，成本也会随之明显下降。所以，在成本控制基础上选择合适的回传技术及架构对运营商而言至关重要。另外，虽然欧洲的回传成本计算中结论是租赁/自有光纤成本较低，但是计算过程中只涉及价位，如果加入对物业协商的难度考虑（对于国内运营商，这部分工作难度较大），情况就不一样了。

（4）5G 网络对回传的需求和挑战

5G 网络对接入侧的传输速率提出了很高的要求，随之对回传的挑战首先就体现在容量方面。表 5-14 以 LTE 为基础给出了各网络组成所需的容量要求。

表 5-14   回传链路容量需求[26]

构 成 元 素	需 求
S1 用户面数据容量	根据不同网络的用户速率要求
S1 控制面数据容量	假设可以忽略
X2 用户面 & 控制面数据量	4%
运维数据	假设可以忽略
传输协议开销	10%
Internet 协议安全性（IPSec）	14%

从以上结果可以看出，单条链路回传容量需要比接入侧峰值速率要求高 20% 以上，考虑 5G 接入速率要求以及表 5-3 给出的不同回传类型的容量范围，无论是对无线回传还是有线光纤回传都是具有挑战性的。另外，如果考虑回传采用树状拓扑形式，树干支路的容量要求则更高。

在容量之外，回传链路的时延指标也是需要考量的，尤其是当采用多跳回传架构时，时延将影响用户切换性能。从时延的角度，因为有线光纤回传的时延在微秒级别，优势较为明显。同时，因为 UDN 带来的大量运维数据传输，其传输可靠性也对回传链路性能提出要求。

另外，从 UDN 的组网形式考虑，即插即用应成为一项基础性要求，然而因为假设广泛的光纤资源并不现实，所以如果单纯考虑有线光纤的回传方式将明显制约大量微基站的部署。那么基于即插即用的考虑，无线回传是有一定应用前景的。表 5-15 给出了 UDN 考虑的几种典型的应用场景以及相应的回传条件，其中可以预见密集住宅、密集街区、大型集会以及地铁等场景都可能出现无线回传的需求。

表 5-15   超密集组网典型场景特点及回传条件

应用场景	特 点	回 传 条 件
办公室	站址资源丰富，传输资源充足，用户静止或慢速移动	有线回传基础较好
密集住宅	用户静止或慢速移动	站址获取难、传输资源不能保证，存在无线回传需求，有线/无线回传并存
密集街区	需考虑用户移动性	室外布站，存在无线回传需求，有线/无线回传并存
校园	用户密集，站址资源丰富，传输资源充足	有线回传基础较好
大型集会	用户密集，用户静止或慢速移动	站址难获取，传输资源不能保证，存在无线回传需求，有线/无线回传并存
体育场	站址资源丰富，传输资源充足	有线回传基础较好
地铁	用户密集，用户移动性高	存在无线回传需求

在无线回传设计角度，5G 网络也提出了很多的可能性，比如回传链路与接入链路可能同频部署，也可能异频部署（当接入链路能够采用高频传输时，同频部署的可能性增大）。异频部署时如何做频谱选择，采用许可频段或采用非许可频段；同频部署时同频干扰如何处理等。所以，在未来 5G 网络的接入技术研究同时，需要对回传链路做相应的联合设计与分析。

（5）潜在技术手段

基于以上分析，UDN 部署对站址要求较高，其中主要体现在传输资源的要求上，若沿用宏基站有线回传的部署结构，UDN 网络部署需要具备大量的光纤资源，这在运营商部分部署地区是无法达到的。同时，微基站的即插即用应要求使得易于灵活部署的无线回传成为解决传输资源受限的有效途径。结合两种回传条件，可以设计一种有线、无线混合的分层回传架构，如图 5-33 所示。

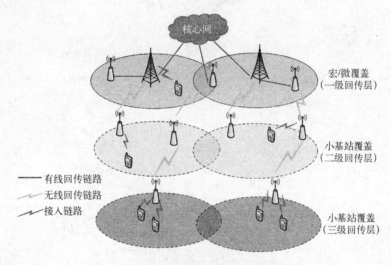

图 5-33　混合分层回传架构图

混合分层回传主要应用于有线传输资源受限的密集住宅、密集街区、大型集会等 UDN 典型应用场景。该架构中将不同基站分层标示，宏基站以及其他享有有线回传资源的微基站属于一级回传层，二级回传层的微基站以一跳形式与一级回传层基站相连接，三级及以下回传层的微基站与上一级回传层以一跳形式连接，以两跳/多跳形式与一级回传层基站相连接。在实际网络部署时，微基站只需要与上一级回传层基站建立回传链路连接，能够做到即插即用。

这种混合分层回传的好处在于可以分阶段地部署微基站，例如第一阶段利用有线光纤资源做回传链路部署微基站，即一级回传层微基站；当流量需求增大，即有密集微基站部署需求的时候可以部署二级回传层微基站，通过无线回传的方式与一级回传层相连，做到即插即用；当微基站密度还需要增大时，还可以部署三级回传层微基站与二级回传层微基站即插即用相连。

从该架构的实现角度进行分析，对于一级回传层基站与现有宏基站部署类似；对于二级回传层微基站，情况就会相对复杂，如图 5-34 所示，假设只存在一级回传层和二级回传层，且两层基站的接入链路同频部署（即链路 3 与链路 4 同频部署），那么回传链路 1 与链路 3 可能同频部署也可能异频部署。当采用异频部署时，一级回传层基站同时对本层终端用户和二级回传层微基站进行接入，用于支持无线回传的微基站与宏基站需要具备不同频点的两套射频收发装置；当采用同频部署时，二级回传层微基站可参考 Release 10 中继结构将接入链路与回传链路通过时分的形式进行传输。如果链路 3 与链路 4 不同频部署，即用户可采用载波聚合技术提升频谱效率时，将会使得整个系统的频谱利用情况更加复杂。具体的频谱部署与未来运营商所具备的频段以及对之前网络的重耕密切相关。对于三级回传层微基站的接入方式，因为涉及的回传链路以及接入链路更多，布网可能性也随之增加，但考虑尽量降低运营商网络部署难度，应考虑遵循这样的规律：多跳回传之间采用相同频段，多层基站接入链路可参考宏基站与微基站的接入链路频段可不相同，微基站之间接入链路频段相同。

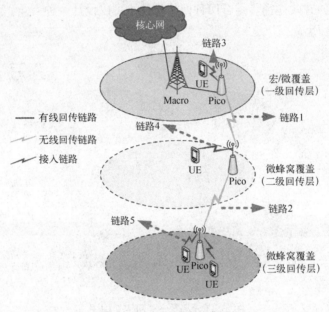

图 5-34　各层链路示意图

在混合分层回传架构中考虑无线回传链路的容量和时延要求，可以进一步完成对移动性管理、负载均衡和业务分流等方面的技术研究。比如在移动性增强方面，为尽量降低用户切换的时延，可以进行如下设计。

参考图 5-35，当终端用户在两级回传层的基站间切换时，通过层间的 X2 接口，即图中 UE1 从 Pico2 切换至 Pico1，通过 Pico1 与 Pico2 之间的 X2 接口；当终端用户在相同回传层内基站间切换时，若在一级回传层内通过 S1 接口，若在二级及以下回传层内，通过 X2 接口。此时可以通过上一级基站转发，即如图中 UE2 从 Pico2 切换至 Pico3，通过 Pico2 和 Pico3 分别到 Pico1 的 X2 接口进行转发，需要进一步评估两跳时延是否能够满足切换要求。也可以新建同层的 X2 接口，但这将对网络架构设计有更高的要求，比如若实现即插即用，需具备类似 3GPP 对 D2D（Device－to－

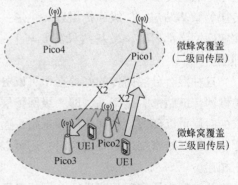

图 5-35　移动性增强示意图

Device，设备到设备）通信定义的微基站发现过程。

另外，考虑有线回传与无线回传的链路容量和时延都有所不同，在负载均衡以及业务分流上都需要做相应的技术革新来匹配未来的业务需求。在负载均衡方面，可以将高负载用户接入到一级回传层基站，将低负载用户接入到二级及以下回传层基站。在业务分流方面，可以将终端用户双连接至一级回传层和二级及以下回传层，此时时延敏感业务在一级回传层基站发送，非时延敏感业务在其他回传层基站发送。

针对各层回传资源的分配，可以采用预定义的方式，这样的处理使得后期基站维护相对简单；也可以采用自适应的资源调节的方式，这样会更匹配即插即用的部署需求。

5.2.4　UDN 移动性管理

超密集的小区部署下，小区覆盖面积的进一步缩小为移动性管理带来了巨大的挑战，因此移动性管理是 UDN 在无线网络高层（例如 MAC 层以上）研究的重要内容之一。本节首先对 UDN 中移动性管理面临的挑战进行了分析，并回顾了 4G 系统中对异构网络移动性管理的增强，接着给出了 5G 超密集网络的移动性管理关键技术的潜在方向。

1. 移动性管理面临的挑战

UDN 场景下，移动性管理的挑战具体表现在以下几个方面。

（1）信令开销巨大

UDN 中，用户的移动会导致切换频繁发生，若采用传统的切换方式支持用户移动将为网络带来巨大的信令开销负荷。以 LTE 系统为例，这种信令开销包括了空口信令消息、X2 接口信令消息、S1 接口信令消息以及核心网实体之间的信令消息，这为现有系统特别是核心网带来了巨大的信令负担。

由于任意两个微基站之间不一定能够保证存在 X2 接口，因此切换流程大多基于 S1 接口。对于一次基于 S1 接口的切换流程，至少需要 S1 – AP 信令如下：

- HO Required
- HO Request
- HO Request Ack
- HO Command
- Handover Notify
- UE Context Release Command
- UE Context Release Complete

而对于一次基于 X2 接口的切换，仍旧需要以下 S1 – AP 信令：

- Path Switch Request
- Path Switch Request ACK

此外，密集部署还会带来一些非移动性相关的信令的大幅增长，例如寻呼消息、警告消息等等。寻呼消息与 TA 列表大小的设置，如果 TA 列表内包含的小区数目维持不变，则会导致 TAU 过程更加频繁；若 TA 列表内包含更多的小区，那么将会造成列表内的小区的寻呼消息信令显著增加。

（2）移动性性能变差

随着小区密度增加，微基站小区间干扰强度显著增大，导致无线链路失败和切换失败率发生的概率显著提升，并且由于小区覆盖面积变小以及形状不规则，导致乒乓（ping－pong）切换发生概率显著提升，后续章节给出相关的仿真评估结果。此外，3GPP TR 36.842也给出了相关的仿真结果，并且考虑了宏微异频部署的情况[27]。如图5-36所示，图中四条曲线分别对应四个仿真场景：

1）Macro only：系统内仅部署宏基站小区。

2）Intra 10 cells：每个宏基站小区内部署 1 个微基站小区簇，簇内包括 10 个与宏基站小区同频的微基站小区。

3）Inter 10 cells：每个宏基站小区内部署 1 个微基站小区簇，簇内包括 10 个与宏基站小区异频的微基站小区。

4）Inter 20 cells：每个宏基站小区内部署 2 个微基站小区簇，簇内包括 10 个与宏基站小区异频的微基站小区。

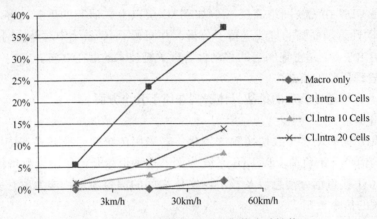

图 5-36　四个仿真场景下的切换失败性能

如图所示，由于宏基站小区和微基站小区之间干扰较低，宏基站小区与微基站小区异频部署（Inter 10 cells 和 Inter 20 cells）的切换失败率要远远低于宏基站小区与微基站小区同频部署（Intra 10 cells）。但是相对于仅部署宏基站小区（Macro only）的情况，宏基站小区与微基站小区异频部署（Inter 10 cells 和 Inter 20 cells）的切换失败率仍较高。这是由于微基站小区之间的干扰使得微->宏以及微->微之间的切换失败率较高。

总而言之，在微基站小区超密集部署下，对于宏基站小区与微基站小区同频或者异频的情况下，由于终端移动造成的切换性能都进一步恶化。

（3）用户体验下降

为了减小 ping－pong 切换，切换门限往往配置得较高，使得用户在切换时信道质量已经非常差，用户在移动中的服务质量变化巨大；此外切换过程中发生数据中断（失步、切换或者重连接），对实时性要求高的业务产生影响。

（4）终端耗电量增加

为了驻留或切换到最好的小区，终端需要进行大量的实时测量与处理上报，此过程显著增加了终端的耗电量。

2. 4G 系统中的移动性管理增强

（1）3GPP Release 12 双连接

3GPP 在 Release 12 中提出了一种宏基站与微基站双连接的方式，RRC 连接一直由宏基站进行维护, 仅在宏基站改变才进行切换, 通过这种方式能够显著降低核心网节点间的信令交互, 然而由于移动过程中仍需频繁进行辅小区的改变/添加/删除, 依然需要大量信令交互, 特别是 RRC 重配置信令。3GPP TR 36.839 中指出, 由于同时维持与宏基站和微基站的连接, 相对于单连接需要额外多消耗 20% 的 RRC 重配置信令[28], 并且短暂接入使得负载增益有限。并且网络中存在相当数量的 Release 8 ~ Release 11 UE 无法使用双连接。

(2) 3GPP Release 12 异构网移动性增强工作项目

在 2014 年 9 月结束的 3GPP Release 12 中的移动性能提升工作项目中, 对 Release 11 的移动性管理技术做了以下几点增强[29]:

1) 目标小区相关的 TTT (Time To Trigger, 触发时间)

基站侧依据终端切换的目标小区 (宏基站/微基站) 配置不同的 TTT 长度, 通过这种方式能够有效地平衡切换失败率与 Short ToS (Short Time of Stay, 短停留时间) 指标, 达到提升移动性能指标的目的, 其中 Short ToS 定义为 UE 在某小区的停留时间小于预先设置的最小停留时间 (1s), 体现了 ping - pong 效应的强度。

2) 终端的接入信息上报

终端在从空闲态变为连接态时, 可向基站上报接入信息 (包括 Cell ID 和 ToS 等), 且可最大支持 16 个小区的接入信息。基站依据终端上报的接入信息以及基站侧记录的切换信息等, 评估终端移动状态, 进而通过调制参数或进行相应的切换决策来提升切换性能。

3) 引入计时器 T312

LTE 原有 RLF (Radio Link Failure, 无线链路失败) 的判决方式为终端处于失步状态 (wideband CQI < Qout) 长达 T310 时间, 这种方式使得终端在切换过程中发生失步后, 仍要等待较长时间 (T310 的常规设置为 1s) 才能判定发生 RLF 并进行重连接, 这对如 VoIP 等时延要求严格的实时业务影响较大。Release 12 中, 引入了计时器 T312, 在 TTT 到时 (触发测量报告) 且 T310 开始计时的情况下, 开启 T312 计时器 (常规设置为 160ms), T312 或者 T310 到时均认为发生 RLF。通过这种方式, 能够显著缩短切换过程中的业务中断时间, 达到提升用户体验的目的。

3. 5G 移动性管理关键技术方向

虽然 4G 中对异构网络的移动性性能提升展开了研究, 并已取得一定的结果与进展, 然而这些提升工作在解决未来 UDN 部署中的移动性仍然有限。这里, 我们认为 5G 对于 UDN 场景下的移动性管理关键技术主要集中在以下方向。

(1) 进一步优化现有移动性管理技术

通过分析超密集微基站部署场景下现有移动性管理技术的不足, 有针对性地开展优化与改进工作, 达到移动性性能的目标, 是解决 UDN 场景下移动性管理问题的最直接方法, 且这种解决方式会涉及大量的标准化的相关工作。如下 "切换准备提前" 为一种可能的方案。

通过实际仿真结果可以发现, 目前绝大多数的切换失败发生在 State2, 即 HO CMD (Handover Command, 切换请求) 由于源基站的信道质量太差而无法正确送达。下面提供了一种将切换准备提前的方案, 能够提升 HO CMD 的发送正确率[30]。

基站为终端配置两个测量事件, 两个测量事件的门限相同, 但是 TTT 一短一长, 长 TTT 与现有 TTT 长度相同, 即图 5-37 中的 TTT1 (短) 和 TTT2 (长)。在基站收到 TTT1 事件的测量结果上报后, 就开始与目标基站开始进行切换准备过程, 完成该过程后 HO CMD 存储在源基站侧暂不发送，当 TTT2 事件的测量结果上报后，基站立即发送 HO CMD 给终端，此时终端开始切换执行过程。如果基站在相应的时刻没有 TTT2 时间的测量结果上报，则源基站发送信令通知目标基站释放预留的资源。这种方式端侧不需任何改动。将这种方案进一步改进，即在基站收到 TTT1 事件的测量结果上报后，就开始与目标基站开始进行切换准备过程，并在切换准备过程完成后立即发送 HO CMD 给终端。终端收到 HO CMD 后不立即开始切换执行过程，而是在触发了 TTT2 事件的测量结果上报后才开始进行切换执行过程。若终端未成功触发 TTT2 事件，则终端侧释放 HO CMD，源基站侧发送信令通知目标基站释放预留的资源。这种方案相对于前一种能够进一步提升 HO CMD 的发送成功率，然而需要对终端侧进行一定改动。

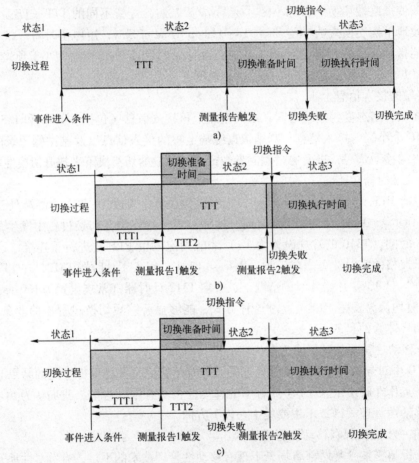

图 5-37   切换提前方案时序示意图

a）现有切换流程时序   b）切换提前方案 1 的切换流程时序   c）切换提前方案 2 的切换流程时序

切换准备提前的方案使得 HO CMD 可以较早发送，提高了传输成功率而又不会因为 TTT 缩短导致的 Short ToS 概率提升。

（2）从网络架构上寻求突破

现有分布式的网络架构导致微基站在超密集部署下，难以集中式进行全局的移动性管理，且切换带来的巨大核心网信令负荷无法避免。突破现有网络架构的约束寻求解决方案，是一种从根本上入手解决超密集网络下的移动性问题的方式。然而，由于网络架构发生改变，5G 网络将无法重用现有的移动性管理机制，架构改变的同时，现有移动性机制与流程的设计也将同时进行。以下介绍了一种受到广泛讨论的移动性锚点方案。

由于双连接方案的应用需要宏微异频部署以及存在宏覆盖的条件，因此不能适用于微基站小区部署场景#1 和场景#3[27]，此外 Release 12 以下的终端也无法使用双连接。因此，一种被称为移动性锚点的方案被提出，并且其可适用于微基站小区部署的所有场景以及无双连接功能的终端[31]。

移动性锚点方案的网络架构如图 5-38 所示，本方案中将引入一个名为移动性锚点的逻辑实体。对于存在宏覆盖的场景，移动性锚点可以被部署于宏基站；对于无宏覆盖的场景，移动性锚点可以作为一个新的物理实体。移动控制器具体可以包括如下功能：

- 终结 S1 接口的控制平面和用户平面。
- 负责本地控制范围内的终端的位置管理、切换管理等。

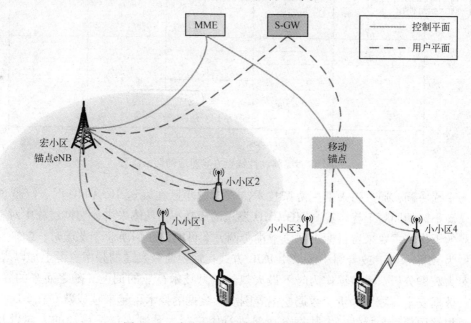

图 5-38 移动性锚点方案的网络架构图

图 5-39 给出了源微基站小区与目标微基站小区之间不存在 X2 接口的情况下，移动性锚点方案下的切换流程。可以发现，移动性锚点可以接收和处理切换过程中的相关信令，因此有效减轻了 MME（Mobility Management Entity，移动管理实体）上的信令负担。

需要注意的是，在图 5-39 中，源小区和目标小区连接到同一个移动性锚点。对于源小区和目标小区属于不同移动性锚点的情况，还需要进行移动性锚点的重定向以及 S - GW 的下行路径转换。目标移动性锚点可以由 MME 决定，或者由源移动性锚点决定，需要进一步设计相应流程。为了进一步优化，移动性锚点之间可以引入接口，用户传输 UE 上下文、缓存数据以及其他切换过程中的信息，以进一步减轻 MME 的信令开销以及切换时延。

（3）结合其他技术

随着未来 5G 各项技术，乃至数据分析、互联网等技术的研究不断展开，越来越多的技术可以被引入进来，与现有移动性技术方案相结合，进一步提升超密集网络下的移动性性能。

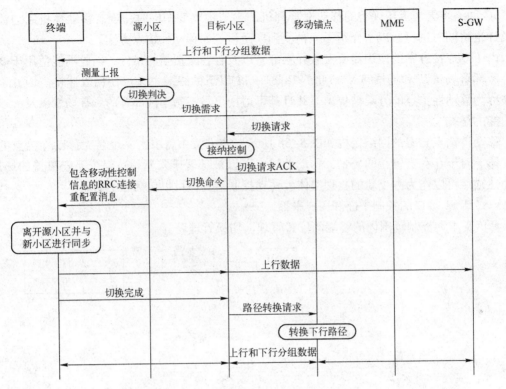

图 5-39 移动性锚点方案对应的切换流程

- 干扰协调：通过引入干扰协调技术方案，源小区在发送 HO CMD 时，降低邻小区对源小区的同频干扰，提高 HO CMD 发送的成功率。具体来讲，切换过程中对 HO CMD 的干扰将主要来自目标小区，干扰协调方案可能为在切换命令发送时，配置目标小区为 ABS 子帧，或者邻小区采用 ICIC 方式在切换命令发送的频率资源上加以规避。
- 大数据分析：大数据作为时下最火热的信息技术行业的词汇，随之而来的数据仓库、数据安全、数据分析、数据挖掘等围绕大数据的技术也越来越成熟。在 UDN 架构下，根据用户行为特性、大数据分析等进行用户行为预判，包括移动的方向以及目的小区、业务情况等，预先为用户配置资源等。通过这种方式可以进一步减小时延，达到提升用户体验的效果。

5.2.5 UDN 性能分析

1. 超密集组网覆盖与容量评估

以下针对超密集组网典型场景（如：办公室、密集住宅区）和组网形态进行仿真与性能评估，重点关注网络覆盖与系统容量。

为研究超密集组网容量与覆盖性能，仿真采用 3GPP HetNet Configure 4b 仿真模型，重点关注微基站密集部署时网络容量和覆盖的变化情况。仿真结果如图 5-40 所示。

在微基站密度较小时，随着微基站部署的增加系统容量呈现较快的增长趋势，当网络中微基站密集部署时，由于微基站间干扰情况变得严重，系统容量较缓慢地增长直至趋近饱和。

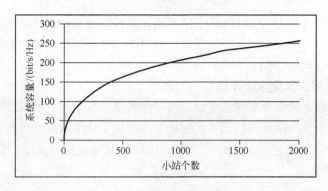

图 5-40　超密集组网容量趋势图

2. 办公室系统容量性能评估

办公室场景为超密集组网，主要研究场景中流量挑战最大的场景为研究在办公室场景下进行 UDN 的系统性能，针对办公室中部署不同数量的室内吸顶微基站[22]，仿真结果如图 5-41 所示。

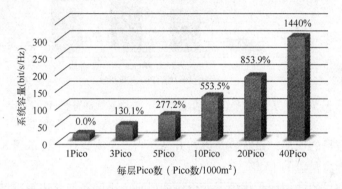

图 5-41　系统容量（每办公楼）与微基站部署数目的关系

随着微基站的密集部署，系统容量逐渐升高，在每层部署 40 个微基站时，系统容量可提升至单微基站部署的 14 倍。

随着微基站的密集部署，小区间干扰更加严重，小区平均频谱效率逐渐降低；由于更密集的微基站覆盖，小区边缘频谱效率逐渐升高，但相对增益小于系统容量增益，符合对干扰情况的分析（见图 5-42）。

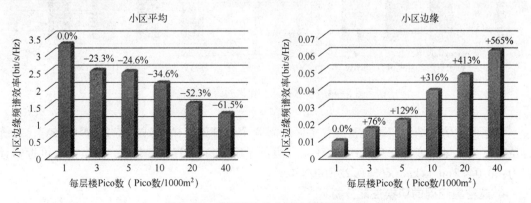

图 5-42　小区平均和小区边缘频谱效率

　　根据上述仿真结果，每层部署 40 个微基站，微基站支持 20 MHz 带宽，系统容量换算为流量密度为 1.014 Tbit/s/km^2。假设系统支持 100 MHz 带宽，流量密度可近似计算为：1.014 Tbit/s/km^2 × 5 = 5.07 Tbit/s/km^2。

3. 密集住宅区系统容量性能评估

　　密集住宅区场景为超密集组网主要研究场景中流量挑战较大的场景之一。由于住宅环境的特殊性，室内较难进行微基站的部署，因此性能评估关注微基站部署在室外密集住宅的周围区域，且与居民楼有一定安全距离[28]。针对不同微基站数目与系统容量性能进行仿真评估，结果如图 5-43 所示。

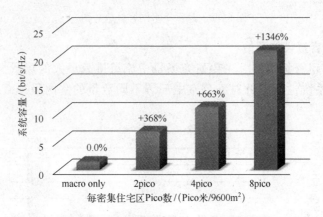

图 5-43　系统容量（每密集住宅区）与微基站部署数目的关系

　　随着微基站数目的增加，系统容量逐渐升高，当每个密集住宅区部署 8 个微基站时，系统容量达到仅宏蜂窝覆盖的 13 倍。

　　随着微基站数目的增加，干扰情况变得更加严重，小区平均和边缘频谱效率均呈现先递增后递减的趋势（见图 5-44）。

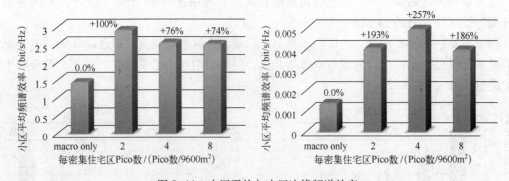

图 5-44　小区平均与小区边缘频谱效率

　　根据上述仿真结果，每个密集住宅区部署 8 个微基站，微基站支持 20 MHz 带宽，系统容量换算为流量密度为 0.044 Tbit/s/km^2。假设系统支持 100 MHz 带宽，流量密度可近似计算为：0.044 Tbit/s/km^2 × 5 = 0.22 Tbit/s/km^2。

4. 超密集组网的切换性能分析

　　为了评估 UDN 场景下，微基站部署密度对移动性性能的影响，对不同微基站小区站间距下的切换性能进行了仿真评估。微基站小区和宏基站小区采用同频部署，频率为 2.0 GHz。具体部署场景如图 5-45 所示，仿真区域内共包括两层 19 个三扇区小区，且每扇区内随机生成 1 个热点区域，每个热点区域内由 4 或 9 个微基站提供服务。其中，当热点区域内部署 4 个微基站小区时，微基站小区之间的站间距固定为 40 m；当热点区域内 9 个微基站时，微基站小区之间的站间距固定为 20 m。

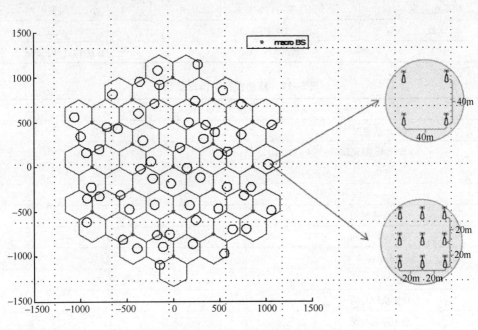

图 5-45　UDN 移动性评估场景示意图

UE 的初始位置和移动方式同 3GPP TR 36.839 中的 wrap-around 模型[28]，即 UE 的初始位置在整个仿真区域均匀分布，沿一随机方向匀速直线运动，当离开仿真区域时以 wrap-around 的方式从仿真区域边界的另一位置再次进入仿真区域。

宏微、宏宏以及微微间切换为同频切换，触发事件采用 EVENT A3，仿真流程与 3GPP TR 36.839 中 Large Area 场景下的移动性评估流程与方法保持一致。本仿真的具体系统仿真参数以及移动性相关仿真参数参见表 5-16 和表 5-17。

表 5-16　系统仿真参数

	宏基站小区	微基站小区
载波频率/带宽	2.0 GHz/10 MHz	2.0 GHz/10 MHz
基站发射功率	46 dBm	30 dBm
路损模型	TR 36.814 Macro-cell model 1 L = 128.1 + 37.6log10 (R [km])	TR 36.814 Pico cell model 1 L = 140.7 + 36.7log10 (R [km])
信道模型	ITU 信道	
穿透损耗	20 dB	20 dB
小区负载	100%	100%
基站天线增益	15 dB	5 dB

（续）

	宏基站小区	微基站小区
终端天线增益	0 dBi	0 dBi
阴影标准偏差	8 dB	10 dB
阴影相关距离	25 m	25 m
阴影相关性	小区之间为 0.5／扇区之间为 1	小区之间为 0.5
天线	3D 定向天线	全向天线
天线配置	基站 1Tx，UE 2Rx	基站 1Tx，UE 2Rx

表 5-17　移动性相关仿真参数

参　　数	值
UE 运动速度	30 km/h
EVENT A3 触发量	RSRP
TTT	160 ms
A3 - offset	2 dB
层 1 采样时间	10 ms
层 1 平滑时间	200 ms
层 3 平滑参数 K	1
切换准备时延	50 ms
切换执行时间	40 ms
最小停留时间	1 s
Q_{out}	- 8 dB
Q_{in}	- 6 dB
T310	1 s
N310	1
N311	1

如图 5-46 所示，随着微基站小区密度的增加，总的切换尝试次数显著增加，增长接近 25%，频繁的切换导致核心网信令负荷的增加，其中由于微基站的部署，微→微切换发生次数增加显著。

如图 5-47 所示，随着微基站小区密度的增加，微→宏、微→微切换失败率以及切换失败发生的次数增加显著，而宏→宏、宏→微切换失败率变化不大，仅有一定程度的增加。总的切换失败率提高 29.7%。

由图 5-48 可以得到，随着微基站小区部署密度的增加，Short ToS 的发生次数和概率均有所增长，其中发生次数上升达 53%。

综上，我们可以得到如下结论：随着微基站的密集部署，微基站受到周围同频微基站的干扰增加，宽带 CQI 下降，导致微→微以及微→宏的切换失败率升高。与此同时，Short ToS 发生的次数和概率也随之增加。此外，切换发生频率增加带来的巨大信令负荷也不容忽视。

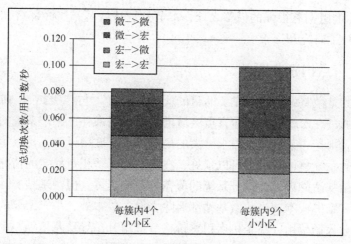

图 5-46　总切换尝试次数/UE/s

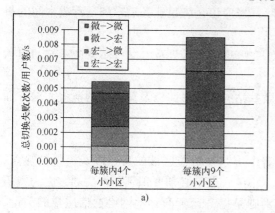

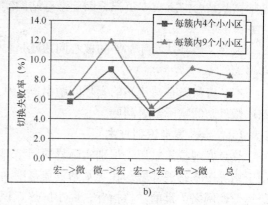

图 5-47　切换失败性能结果

a) 总切换失败次数/UE/s　b) 总切换失败率

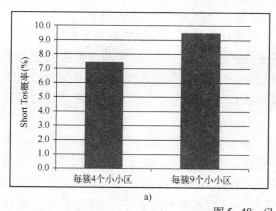

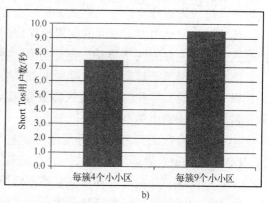

图 5-48　Short ToS 性能

a) Short Tos 概率　b) Short Tos 用户数/秒

5.3　网络解决方案

在异构组网方面，除了以上阐述的具体技术点以外，组网相关的其他解决方案也非常重要，这对未来 5G 的组网有很强的借鉴之处，本节分别从微基站实际部署、网络管理以及商业模式等方面进行了研究和探索。

5.3.1　热点、盲点识别和覆盖

异构网络尤其是微基站部署最主要的目的就是"补盲"与"吸热"。前者是当宏基站覆盖出现盲点时，通过在宏基站的覆盖盲点区域增加微基站来补充整个系统的覆盖盲区，以保证连续覆盖；后者则是在某些流量需求巨大的局部热点区域增设微基站以达到对宏基站流量的分流作用，提升系统整体容量。可以预见，在宏基站部署相对稳定的情况下，如果解决好干扰问题，增加微基站的数目会提升系统的覆盖与系统容量。但微基站实际部署时，另一个重要问题是建设和维护成本。当前微基站部署除去设备成本外，一个重要的成本支出就是站址选择费用。物业入场费用，高企机房租赁价格节节攀升，导致每增加一个微基站会加重费用的支出，因此从运营商角度看，微基站虽然可以带来覆盖与系统容量的提升，但无限制地增加微基站会加重成本负担，因此微基站的实际部署应该是满足业务需求和运营成本间的折中方案。

因此，微基站实际部署的核心问题就是：①在哪里部署最划算？②部署后微基站的覆盖有多大？

本节将从微基站建站的实际问题出发，从微基站的选址思路以及微基站的覆盖需求方面阐述微基站的实际部署问题。

1. 热点、盲点识别技术

热点发现技术是用于识别实际异构网络部署中宏基站覆盖区域的盲点以及流量的热点，用于指导微基站的部署。在宏基站覆盖范围内，小区盲点是必须要识别并解决的，因为覆盖是运营商网络关键的考核指标；而小区热点识别则是提升运营商移动网络通信质量的关键，由于网络容量有限，现实场景中某区域高密度的用户在网使用（该类场景是存在而且常见的，如写字楼、酒店、商场等）将极大占用网络的资源，使得网络服务质量下降。因此通过对热点地区进行分流，可以降低宏基站的容量负荷，提升无线网络使用体验。

传统同构网络中，运营商的网规网优部门也会统计基站覆盖区域的流量、忙闲等信息，但是这种统计主要为网络维护、网络分析、网络优化而进行，以一个宏基站覆盖范围为单位。而在异构网络尤其是微基站部署中，要明确在一个宏基站覆盖范围中哪些区域是热点需要建微基站分流，哪些区域是盲区需要建微基站补盲。因此，在已经部署的宏基站覆盖区域，需要细分识别出热点与盲区。

小区覆盖盲区需要通过下行场地测试进行，主要通过 DT（Drive Test，路测）与 CQT（Call Quality Test，通话质量测试）的方式遍历可能的盲点区域，通过测试数据寻找宏基站信号不可达区域，从而确定补盲微基站需要覆盖的区域。DT/CQT 测试是无线网络优化的重要手段，有助于性能指标的持续改进，也是宏基站小区盲点识别的最有效方式。但传统测试方法操作专业度高、测试设备成本高、车辆与设备很难遍历所有可能的覆盖盲区，效率较低。目前下行场地测试寻找盲点具有更高的需求：开发成本更低、培训操作简易、测试专业性降低以及测试设备和方法更适用，以降低测试的设备成本与测试人力成本，让场地测试更适用应用场景，也更贴近实际测试人员的使用习惯。已经有相关设备厂商开发出手持式测试工具，网优人员只要携带一部测试手机，即可完成各种无线数据的采集，将路测变成可以随

时随地进行的工作，而且操作简便，即使是非专业人员，简单示范后也可以成为网优工作的"义务测试工程师"。测试数据与传统模式的一致，可以使用相关软件进行专业分析。

热点区域，顾名思义是指小区覆盖区域内，某局部区域呼叫量与业务量密度较其他区域高，即可能该区域终端数量更多或者终端数量不多但业务量需求集中。传统上，运营商并未真正遇到容量的瓶颈，其考核指标更着重强调小区的覆盖，满足任何区域均有信号的要求；但随着高速数据、移动互联产业的蓬勃发展，电信运营商可以用来吸引用户的除了覆盖指标以外，也应该同时重视数据服务质量的指标，即用户的数据传输、上网体验等是否更佳。因此，电信运营商有必要调整其工作目标，进行网络优化、网络规划的时候，将考核指标由更注重覆盖完全调整到覆盖结合市场需求与用户数据体验，这就需要电信运营商在满足覆盖的前提下，针对用户的无线数据体验需求而进行网优与网规。

进行这样的网规网优的前提就是准确地识别小区热点区域。如果小区热点区域识别不准确，并根据不准确的识别结果建设微基站，有可能导致微基站吸收流量的能力有所浪费，同时真正的热点区域的流量吸收问题却并未解决，造成运营商需要继续投入建设更多的微基站，投入产出比严重降低。经典的热点识别方法有"流量地图"法，通过对一个大区域中每个宏基站中流量的统计，识别出大区域中的流量热点情况，但该方法识别精度为小区级别，对小区内部更细分区域的流量高低判断无法实现。

因此宏基站覆盖区域内部准确的识别热点区域可以通过技术手段结合常识判断。技术识别方面，以 LTE 系统为例，其在系统侧可以通过定位参考信号粗略地识别终端 UE 的大概位置，对热点区域有初步判断；常识判断方面，由于热点区域通常是可以通过常识进行判断，如写字楼、学校、商场以及火车站机场等人流密集区域，因此在系统侧粗略识别热点区域的基础上结合常识判断，可以较准确地定位热点区域。

识别技术层面，可参考如下方法（以 LTE 系统为例）：

第一，将宏基站覆盖区域预分成 n 个区域（如图 5-49，$n=7$），划分方法主要依据角度（方向）与距离两个维度进行划分，即分别将距离与角度细分，得到一系列细分的区域，并将之编号。区域分得过粗（如就分成两个区域），定位准确度高，但意义不大；区域分得过细，定位准确度将大幅下降，可参考性差。因此，将宏基站区域合适地进行划分，是技术层面识别热点的先决条件。

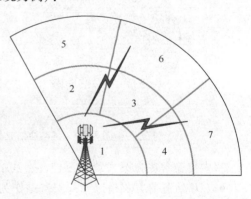

图 5-49 宏基站覆盖区域细分举例

第二，LTE 宏基站通过定位参考信号对每一个 UE 进行粗略定位，并通过对每一个 UE 的接收信号的强弱粗略判断其与宏基站间的距离，通过终端辅助上报相关信息如 AOA（Angle-of-Arrival，信号到达角度）结合 TA（Time Advanced，时间提前量）的方式或 TDOA（Time Difference of Arrival，到达时间差）的方式，获得 UE 在角度以及距离方面的相关信息。LTE 系统可以综合上述信息，对 UE 位置进行判断，并将每一个 UE 划分到一个细分区域中。

第三，LTE 宏基站侧需要对所有 UE 的相关通信信息进行统计，包括判断所得 UE 所在区域，每个 UE 在每个区域的无线数据使用量，并每隔一段时间更新 UE 的位置信息（因为 UE 在区域中可能会移动，从一个细分区域移动到另一个细分区域中）。

最后，根据 LTE 宏基站侧统计信息，反馈相关结果，判断每个细分区域的热点情况。

需要说明的是，技术层面的热点区域识别并不是完全精确的，因为实际无线信号传播过程中存在多径、非视距等原因，导致在基站侧接收到的可能属于某区域的信号实际上来自另一各区域；另一方面，我们假定宏基站内的传播环境具备长时统计的稳定性，因此，如果我们判断存在一个热点区域，那么这个热点区域应该是存在的，并且具体所在区域也不会偏离规划区域太远。因此在技术层面对细分区域进行热点判断之后，技术人员可以对每个区域进行实地考察，通过常识判断，对热点区域划分判断结果进行修正，得出宏基站覆盖范围内准确的热点区域，为站址选择提供依据。

2. 微基站部署的站址选择与频谱规划

根据宏基站覆盖范围内所测得和识别的覆盖盲点与流量热点，需要建设相应的微基站以满足覆盖和流量的需求。微基站在成本、站址要求、环境适应性上，均比宏基站更适合进行盲点补充覆盖和热点流量吸收。

一般来说，室内场景，如写字楼、学校图书馆、商场等是覆盖盲点与流量热点的主要潜在场景。室内环境由于墙体等的阻隔，很容易出现信号盲区；同时，从近几年运营商的统计数据看，如图 5-50 所示，虽然室内覆盖面积只占移动通信覆盖区域总面积的 20%左右，却产生了所有覆盖区域业务量的 70%。因此室内场景是异构组网中微基站要解决的最重要场景。

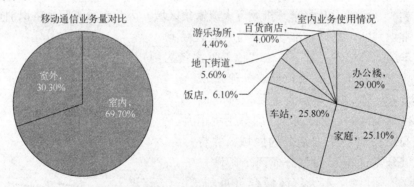

图 5-50　移动通信业务量对比以及室内业务量分布

室内覆盖解决方案大致有三种，宏基站室外覆盖、室内分布系统和微基站覆盖。

- 宏基站覆盖方式是以室外宏基站作为室内覆盖系统的信号源。适用于低话务量和较小面积的室内覆盖盲区，在市郊等偏远地区使用较多。直放站也属于此类，在室外站存在富余容量的情况下，通过直放站将室外信号引入室内的覆盖盲区。
- 室内分布系统是用于改善建筑物内移动通信环境的一种方案，是通过各种室内天线将移动通信基站信号均匀地分布到室内的每个角落，从而保证室内区域理想的信号覆盖。
- 微基站覆盖是指通过在建筑附近或内部增加微基站，使得信号在建筑物内得以覆盖，并可吸收更多热点数据流量。

宏基站覆盖方式中，如果通过增加宏基站来解决室内覆盖，则要面对机房、传输资源、站址资源等挑战，如果通过增加附近宏基站的功率来解决室内覆盖，牵一发而动全身，将影响网优网规的整体工作，同时对宏基站无线指标尤其是掉话率的影响比较明显，因此宏基站是解决室内覆盖与流量问题的消极选项。室内分布系统的建设，可以较为全面有效地改善建筑物内的通话质量，提高移动电话接通率，开辟出高质量的室内移动通信区域，但室内分布系统建设成本高，所需硬件条件苛刻，而且回收成本难度高，仅有部分建筑，如写字楼、商场等有建设室内分布的价值。通常情况下，微基站覆盖与宏基站覆盖方式相比是更好的室内系统解决方案。微基站不需要机房等基础设施，而且设备体积较小、站址选择更多、建设灵活，同时通话质量比宏基站覆盖方式要高出许多，对宏基站无线指标的影响甚小，并且具有增加网络容量的效果。

微基站覆盖满足室内覆盖和容量需求方面，其站址选择除了依据识别出的覆盖盲区和热点流量外，也受建筑物结构的影响，并不能随意选择。对于大型写字楼等，如何将信号最大限度、最均匀地分布到室内每一个地方，是网络优化所要考虑的关键。在 5G 网络建设初期，因微基站设备的需求量尚未有爆发式增长的动力，设备价格相对较高；待网络建设中后期，微基站设备会有较强需求，设备价格也会因规模经济而下降。因此，对于室内覆盖与容量问题的解决，需要综合权衡移动网络和运营商的多方面因素才能定夺，相对而言，在网络中后期微基站覆盖方式是更灵活，成本更低，更有效的覆盖方式。

微基站建设的另一个重要问题就是频谱规划。在宏基站覆盖范围内，同频部署或异频部署对无线数据业务的影响是不同的。以 LTE 系统为例，从建网时间前后的角度考虑，建网初期，用户逐渐从无到有，尚未达到饱和，运营商频谱资源相对丰富，宏基站、微基站可以采用异频部署，不会出现干扰问题；但当用户逐渐趋于饱和时，频谱资源相对有限，异频部署微基站，相当于拿出一部分频率资源专门为某一部分用户服务，对频谱资源是巨大的浪费，就需要进行同频部署。该场景下，如果微基站定位于补盲站点，同频干扰影响会比较小，因为宏基站本身覆盖就不足，在盲区并不存在同频干扰问题；如果微基站定位于热点流量吸收，与宏基站覆盖存在重叠区域，同频干扰会很严重，应该首先识别热点区域，对当前以及未来可能会成为热点的区域均应有所规划，然后通过一些成熟的技术，如 ABS 结合 CRE 技术解决同频干扰问题。因此微基站建设的频谱规划，需要长远考虑如何兼顾初期的异频部署到后期的同频部署，以及如何有效解决未来同频干扰问题。

3. 微基站定位功能

LTE 宏基站系统侧有粗略的定位功能，而微基站是否应具备定位功能及一定精准度，还要明确微基站是否有定位的需求。

目前微基站定位功能的需求，主要有两方面，技术层面和业务层面。

技术层面上，可能 LTE 或者未来 5G 的接入网相关高级技术会对定位精度有比较高的要求。但由于微基站覆盖范围有限，功能目的明确，一些高级技术可能不会在微基站中使用。目前尚未有特别明确的相关高级技术技术要求在微基站中实现并要求微基站具备精准的定位功能。

业务层面，定位精度可以适当放宽，仅需粗略定位即可。由于目前移动互联网业务的蓬勃发展，有很多 LBS（Local Based Service，基于本地的服务）业务应用，如车辆的车载导航、移动目标跟踪、本地交互式游戏、地理信息处理、交通报告以及娱乐信息等。根据相关数据 2014 年全球基于 LBS 业务应用进行的精准广告投放业务有约 127 亿美元的市场。目前，特别是室内，LBS 及广告投放多以用户登录某个网络应用为准，因此微基站的定位功能在业务层面具备较大的需求。

由此可以看到，微基站定位功能的需求应该主要集中于业务层面，即仅需做到粗略的定位功能，既可以满足业务层面的需求，同时定位功能的实现相对简单，投入性价比高。最粗略的定位功能实现就是基于微基站覆盖范围内的定位，即当移动终端切换到微基站后，即可定位该移动终端处在微基站覆盖的区域；进一步更加精准的定位功能，可以根据移动终端在微基站内进行通信的 SINR 统计信息进行进一步定位，区分移动终端距离基站的远近，如 SINR 较高的 UE 即可定位在微基站附近，如 SINR 较低的 UE 可定位在微基站覆盖范围的边缘区域。

5.3.2　物理小区标识管理

PCI（Physical Cell Identifier，物理小区标识），LTE 中终端以此区分不同小区的无线信号。LTE 系统提供 504 个 PCI，网管配置时，为小区配置 0～503 之间的一个号码。

LTE 小区搜索流程中通过检索 PSS（共有 3 种可能性）、SSS（共有 168 种可能性），二者相结合来确定具体的小区 ID。LTE 各种重选、切换的系统消息中，邻区的信息均是以频点 + PCI 的格式下发、上报，现实组网不可避免地要对小区的 PCI 进行复用，因此在同频组网的情况下，可能造成由于复用距离过小产生 PCI 冲突，导致终端无法区分不同小区，影响正确同步和解码。

常见的冲突主要有以下两种。

（1）PCI 冲突

在同频的情况下，假如两个相邻的小区分配相同的 PCI，这种情况下会导致重叠区域中至多只有一个小区会被 UE 检测到，而初始小区搜索时只能同步到其中一个小区，而该小区不一定是最合适的，称这种情况为 PCI 冲突，如图 5-51 所示。一旦出现 PCI 冲突，在最糟的状况下，UE 将可能无法接入这两个干扰小区中的任何一个；即便在最好的状况下，UE 虽然能够接入其中一个小区，但也将受到非常大的干扰。

（2）PCI 混淆

一个小区的两个相邻小区具有相同的 PCI，这种情况下如果 UE 请求切换到 ID 为该 PCI 的小区，eNB 不知道哪个为目标小区。称这种情况为 PCI 混淆，如图 5-52 所示。由于 UE

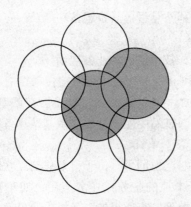
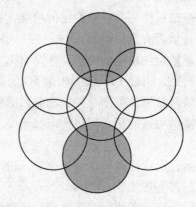

图 5-51　PCI 冲突示意图　　　　　　　　图 5-52　PCI 混淆示意图

使用 PCI 来识别小区和关联测量报告,因此 PCI 混淆将导致以下两种结果:在最好的状况下,eNB 知道这两个相邻小区,那么它将先要求 UE 上报小区的 CGI(Cell Global Identity,小区全局标识),再触发切换;而在最糟的状况下,eNB 只知道其中一个邻小区,那么它有可能向错误的小区进行切换,从而造成大量的切换失败和掉话。

在实际网络部署中应尽可能避免 PCI 冲突和 PCI 混淆的发生。因此 PCI 规划中应避免以下三类冲突:

(1) PCI 模 3 冲突

相邻小区 PCI 模 3 值相同。在多天线(例如两天线或八天线)情况下,会造成下行小区参考信号的相互干扰,影响信道评估,可能导致 SINR、CQI、下行速率的下降,以及接入性能、保持性能和切换性能的下降;也会导致两个小区间 PSS 的干扰。

(2) PCI 模 6 冲突

相邻小区 PCI 模 6 值相同。在单天线和多天线情况下都会造成下行小区参考信号的相互干扰,影响信道评估,可能导致 SINR、CQI、下行速率的下降,以及接入性能、保持性能和切换性能的下降。

(3) PCI 模 30 冲突

相邻小区 PCI 模 30 值相同。上行 DMRS 和 SRS 参考信号对于 PUSCH 信道估计和解调非常重要,它们由 30 组基本的 ZC(Zadoff – Chu)序列构成,即有 30 组不同的序列组合,所以如果 PCI 模 30 值相同,那么会造成上行 DMRS 和 SRS 的相互干扰,影响上行性能。

同时,针对不同的应用和部署场景,需要遵循以下原则:

- 鉴于宏基站、室分异频组网,LTE 宏基站、室分小区 PCI 独立规划(相比宏基站,室分小区 PCI 规划相对简单)。
- 任何小区与同频邻区的 PCI 不重复,小区相邻两个同频的邻区 PCI 不重复。
- 对应 3G 一个 RNC(Radio Network Controller,无线网络控制器)范围内 4G 同频小区 PCI 唯一。
- 宏基站同频组网情况下,尽量避免模 3 干扰,最相近的 3 个小区 PCI 不共模。
- 室分同频组网情况下,单天馈覆盖相邻小区尽量避免模 6 干扰,双天馈小区尽量避免模 3 干扰。

5.3.3　切换参数优化

作为 LTE Release 12 中最重要的部署场景,微基站小区能够有效解决热点区域的数据流量井喷式增长,提供盲点地区覆盖和室内覆盖。宏微同频部署和宏微异频部署分别对应 3GPP TR 36.872 中的场景#1 和场景#2[8]。在微基站小区部署初期,可能会采用宏微异频部署,部署后期,随着网络容量需求的提升以及频谱资源的紧张,将采用宏微同频部署。然而,宏微同频的微基站小区部署,会对系统的移动性管理带来更大的挑战。本节将针对宏微同频部署下的移动性问题以及潜在的解决方案加以讨论。

1. 扩大微基站小区的吸热范围

图 5-53 给出了不同宏覆盖强度下的微基站覆盖范围。其中所有小区采用相同的偏移量(bias)值时,由图可以看出位于宏基站小区中心的微基站覆盖范围较小;随着宏基站小区

信号减弱，微基站的覆盖范围逐渐增加。在实际网络中，对于针对目标为吸热的微基站，希望有更多的用户接入，然而部署于宏基站小区中心处的微基站小区往往达不到令人满意的效果。

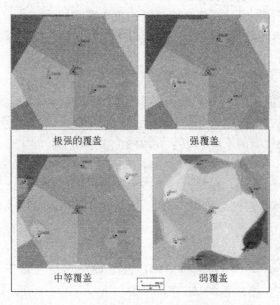

图 5-53   不同宏覆盖强度下的微基站覆盖范围

传统的切换过程中，为了给微基站小区增大覆盖范围，一种常用的方法是为微基站小区配置较大的偏移量，使得终端更加容易接入微基站小区，即 CRE。然而，这种方法在实际系统中使用存在一定难度，因为宏基站需要依据微基站的位置情况配置不同的偏移量，并且对于临时部署的微基站，难以及时进行配置。

终端在系统中会对当前所在小区以及邻小区不断进行测量，并将测量结果上报给基站作为基站判决是否进行切换的依据。切换过程中常用的两个测量上报事件为 EVENT A3 和 EVENT A4，具体上报准则如下：

- EVENT A3：$Mn + Ofn + Ocn - Hys > Mp + Ofp + Ocp + Off$
- ENENT A4：$Mn + Ofn + Ocn - Hys > Thresh$

其中，Mn 和 Mp 分别表示邻小区和当前小区的测量结果；Ofn 和 Ofp 表示邻小区和当前小区的频率相关的补偿；Ocn 和 Ocp 表示邻小区和当前小区的小区相关的补偿；Off 是事件 A3 的补偿；$Thresh$ 是事件 A4 的门限。

分析两个上报事件，EVENT A4 更加适用于小区中心的情况，更容易将终端拉入微基站。而小区边缘情况由于宏基站信号强度弱，同样采用 EVENT A4 的话可能会损失吸热效果，更适合采用 EVENT A3。因此，这里提出两种扩展宏基站小区中心部署的微基站吸热范围的方案，见下面的方案 2 和方案 3，CRE 对应的方案为方案 1。

三种扩大宏基站小区中心位置微基站小区吸热范围的方案如下（见表 5-18）：

方案 1：采用 A3 或者 A4，对于不同位置的微基站，配置不同的 Ocn，例如中心微基站可以配置较大的偏移量。

方案 2：终端位于小区中心时采用 A4，小区边缘时采用 A3，所有目标小区配置相同的

Ocn 或者不做配置。

方案 3：同时配置 A3 和 A4，所有目标小区配置相同的 *Ocn* 或者不做配置，哪个事件先触发上报，基站就依据哪个事件做切换判决。

表 5-18 三种扩大宏基站小区中心位置微基站小区吸热范围对比

	优 点	缺 点
方案 1	仅配置一个测量事件，终端的测量处理简单	宏基站需要依据微基站的位置情况配置不同的偏移量。部分微基站可能是由于某种需要而临时部署，并未事先规划，宏基站及时为这些微基站配置适合的偏移量的难度比较大
方案 2	仅配置一个测量事件，终端的测量处理简单	终端的位置在边缘和中心变换时，需要重新配置测量事件。宏基站需要知道终端的位置，准确性以及时效性不好保证
方案 3	宏基站不必针对微基站的位置或者终端的位置采取特别的配置	需要同时配置两个测量事件，终端测量处理负荷会有增加

通过上述分析，方案 3 是最容易实现的方案。下面对方案 3 的工作原理加以详细解释，如图 5-54 所示，宏基站为系统内终端配置了两个切换事件 A3 和 A4。当终端运动到小区边缘处的微基站#1 附近时，EVENT A3 先触发上报，而当终端运动到小区中心处的微基站#2 附近时，EVENT A4 先触发上报。宏基站基于先上报的事件执行切换准备等流程。

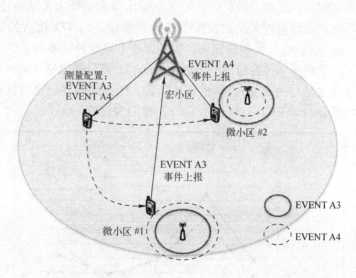

图 5-54 方案 3 的示意图

2. 提升宏微间切换性能

异构网络中的切换性能有提升的空间，在 5.2.5 节中已给出了在密集部署微基站时的仿真性能。下面首先通过一组仿真，来评估微基站部署于宏基站小区中心与边缘处的切换性能。微基站小区和宏基站小区采用同频部署，频率为 2.0 GHz。仿真区域内共包括两层 19 个三扇区小区，且每扇区内存在 1 个热点区域，每个热点区域内由 4 个微基站提供服务，同一簇内的微基站小区之间的站间距固定为 40 m。其中对于微基站小区部署于宏基站小区边缘与中心的配置如下：

- 小区边缘：热点区域中心位于所属扇区的夹角平分线方向，距离宏基站 0.5 倍小区半径。

- 小区中心：热点区域中心位于夹角平分线方向，距离宏基站0.3倍小区半径。

具体仿真场景如图5-55所示。

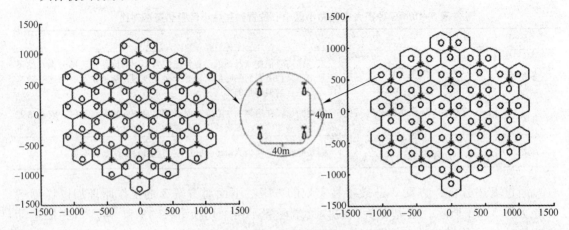

图5-55　仿真场景示意图

仿真结果如图5-56所示。由仿真结果观察，可以发现微基站处于小区中心时，微基站处宏基站的信号强度较高，宏微、微宏切换失败率相比微基站处宏基站信号强度较低时高，宏宏切换失败率不变。在切换相关的测量配置中，测量报告的TTT配置的长短可以调整切换失败率和乒乓（ping-pong）发生的概率。为了解决上述这种同频部署时且微基站部署于小区中心的情况下，宏微间切换性能进一步恶化的问题，可以提出这样的解决方法：依据微基站部署位置（宏基站信号的强度），调整切换参数，使得切换性能至可接受的切换失败率门限以下，以牺牲部分的Short ToS（ping-pong）性能为代价。

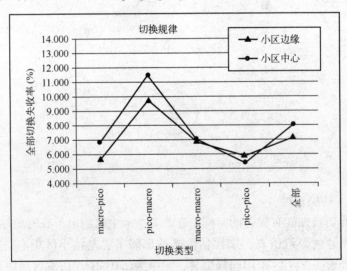

图5-56　仿真场景示意图

(1) 微->宏切换性能提升

微基站小区在部署初期，依据其距离宏基站的远近，测量或者预估宏基站信号强度，静态设定TTT。当距离宏基站近或者宏基站信号强度高时，设置较短的TTT，以降低切换失败率。进一步，若微基站配置了侦听器的功能，微基站借助侦听器侦听周边宏基站功率，若宏基站的功率强度与当前配置的 TTT 不匹配，则进一步动态调整 TTT，例如依据宏基站信号的强度，对 TTT 乘以相应系数。

（2）宏 –> 微切换性能提升

对于支持 Release 12 的宏基站以及终端，宏基站可以依据微基站小区的部署位置，配置小区相关的 TTT，例如为距离宏基站小区近的微基站配置更短的 TTT。终端接收到宏基站发送的测量上报配置，依据配置的方式，为不同小区选取不同的 TTT 值。

对于不支持 Release 12 的宏基站与终端，宏基站无法为其邻区内的小区配置不同的 TTT。在这种情况下，为了提升宏 –> 微切换的性能，将问题转化为终端判断终端距离宏基站的位置，当宏基站通过上行的方式测量到终端距离宏基站距离较近，则下发测量报告配置，配置较短的 TTT，反之若终端距离宏基站距离较远，则配置较长的 TTT。

5.3.4　商业模式

通信技术发展至今，从有线发展到无线，使得人与人之间的沟通联系变得更方便、快捷。但通信产业绝不仅仅是技术的发展，技术的革新、商业模式的创新相辅相成。从贝尔发明有线电话技术到开展有线电话、电报业务的商业模式，从程控数字交换机的发明使电话局电话容量大幅提升到有能力开展个人电话服务的商业模式，从移动通信技术的不断改进成熟到当今移动通信业务蓬勃发展，商业模式日益创新，可以说商业模式的源动力来自于技术的创新，同时商业模式的创新也可促使技术进一步革新。

在移动通信系统的技术发展进程中，微基站技术在 3G 时代就已经孕育而生，主要为解决宏基站覆盖盲点以及室内覆盖不足等问题，应用场景比较狭窄。进入 4G 时代以及后续 5G 时代，微基站会继续对高速膨胀的移动数据流量有效吸收，成为移动网络的重要组成部分。微基站技术的出现，符合技术发展趋势，曾被寄予厚望，认为是有可能给运营商带来收入与运营模式新增长点的一项关键技术。

1. 微基站现有商业模式的弊端

对基础通信运营来说，微基站技术目前的角色依然是对宏基站的有效补充，即对宏基站建网过程中出现的盲点区域或者流量热点区域，有针对性地布设微基站，以补充宏基站的服务。

传统宏基站在商业运营的计费方面，主要是吸收用户使用宏基站网络并计算语音业务与数据业务的流量，按流量准确计费；在服务质量方面，尽量保证网络全覆盖，以及网络容量、网络传输速度等达到用户满意，由此才能吸引用户，否则用户会流失进而导致运营商收入下降。由此可见，微基站主要的补盲与热点吸收功能正是运营商提升其服务质量的关键所在。从商业模式的角度看，微基站的布设、运营、业务范围以及营收模式等方面与传统宏基站的运营内容没有本质上的区别。

据统计，目前全球有超过 75 个运营商已经建设了大概 17000 个微基站[33]，但这远远没有达到人们的预期。其中一个重要问题是设备费用高居不下，投入产出比较低。当前世界各国运营商采购的移动通信系统主设备依然还是以宏基站为主，是因为：

- 宏基站覆盖面积大，只需要较少的站址资源即可覆盖大片区域，省去大量站址获取成本。

- 覆盖区域广意味着单个宏基站可以服务用户数多，成本相对降低。
- 设备商量产宏基站设备，使得设备造价进一步降低。

而对微基站来讲，首先不是建网初期主要完成网络覆盖任务的设备，同时不是所有运营商都存在大量覆盖盲区以及容量受限区域，所以微基站设备需求量与宏基站主设备需求量相去甚远，设备无法大量出货就会导致产品价格居高不下；其次微基站覆盖面积小，每建一个站就需要付出站址资源的成本，站点获取成本相对较高。

另一方面，微基站设备的主要作用是轻量级的网络盲区覆盖以及热点流量吸收，对后者而言，存在一个技术上的主要竞争替代技术，即 WIFI。WIFI 主要有以下特点：

- 造价低廉：超大规模量产。
- 方便安装：基于有线以太网提供回传。
- 免费使用：非授权频段工作。
- 广泛存在：绝大多数电子终端设备必备模块。
- 高速体验：信号强度高，通信距离近，使得数据传输速率与有线网可比。

以上特点使得任何人、任何单位都可以通过以太网结合普通路由器提供免费 WIFI 接入，目前城市市区里很多区域都有免费 WIFI 覆盖，因此，非免费的微基站接入也很难与 WIFI 竞争。

以 HeNB 设备为例，家庭基站设备是为了解决家庭室内场景覆盖不足的问题而产生的。对某些家庭室内场景，受限于建筑结构与布局，宏基站有时难以对覆盖区域内的所有室内完全覆盖，当这种情况发生时，运营商会被用户投诉进而遭到用户退网等极端情况。单独为某些室内覆盖盲区建设宏基站，站址难寻，成本高，因此 HeNB 成为解决问题的方法之一。但 HeNB 设备的安装费用较高，据统计，运营商为用户安装 HeNB 的成本在每个 1000 元人民币左右，用户通常难以接受，一般宁愿选择转网也不会自行购买安装 HeNB 设备，因此其高昂的安装费用通常不会由用户承担；另一方面，在室内安装 HeNB 设备解决了室内信号覆盖问题，但在网络流量的使用方面，多数用户仍有可能继续使用免费 WIFI，而不会因此大量使用价格相对昂贵的无线蜂窝网络，室内信号覆盖很可能仅满足了用户能够接收到无线呼叫的需求。因此，运营商可能花费了较大投入满足家庭用户的室内覆盖需求，却没有因此获得相应的流量增长和收入增长，投入产出比非常低，因此 HeNB 方式组网近年来并没有如预期蓬勃发展起来。

由上可知，如果按照传统商业模式运营微基站，运营商投入高昂的微基站设备成本却无法获得相应的流量增长与收入增长，微基站设备投出产出比过低，通信运营商难以大量布设微基站设备。反过来，这种情况也导致微基站设备无法大规模量产，导致设备成本居高不下。因此，微基站技术要想发展，最核心的问题在于微基站设备建设的成本，如果能够大大降低该成本，使用户的转网成本高于其微基站建设成本，或者建设成本降低到不会给运营商带来过高的成本压力，那么微基站技术的优势将更加突出，可以预期其将广泛布设。同样，这也将产生良性循环，微基站成本也将会由于大规模量产而进一步降低。

2. 微基站技术与业务需求

现阶段移动互联网产业蓬勃发展，新业务、新市场，产生了更多新的通信应用需求，商用市场进一步细分，尤其是高质量语音与视频以及娱乐需求，人们都希望从有线中解脱出来，投入到宽带无线的怀抱中。包括无线高速数据传输、实时游戏、会议互动、实时视频通话、实时远程医疗、实时远程购物等。

微基站技术最终也是为商业应用服务的。微基站技术发展最大的竞争对手是早已经广泛商用的 WIFI 技术。WIFI 技术成功的最重要的两点就是"安装便宜，使用免费"。由于超大规模量产，WIFI 设备的造价非常低，普通 WIFI 设备造价低到 100 元以内，绝大多数用户都能承受并愿意购买；非授权频段工作，结合已有有线网，WIFI 可免费使用。而微基站设备在这两方面与 WIFI 技术相比存在竞争劣势，但微基站技术也有其独有特点：

- 覆盖更广：可在更广泛的覆盖区域内包括室外环境实现大流量业务应用，如视频监控、在线电影、大文件传输以及云文件操作等。
- 位置服务：室内定位、室内导航及相关服务。
- 电信级服务：数据通信的安全性，通信服务保证等级高于 WIFI。

因此，微基站技术并不具备取代 WIFI 的竞争优势，但面对细分的高速无线数据通信市场，微基站技术应重点解决室外热点分流以及室内宏基站覆盖盲区的语音等应用需求。

3. 创新商业模式

由于宏基站的功能已经被运营商发掘殆尽，但如部分覆盖盲区以及热点容量不足等问题却必须通过微基站技术来解决；同时在蓬勃发展的移动互联网产业部分细分市场也增加了微基站技术的应用需求。但是，微基站的现状是设备成本居高不下、市场竞争 WIFI 的技术成熟、商业模式无突破以及无营收增长点，这导致微基站技术目前对运营商来讲更多的是不忍放弃但又无法广泛布设的技术。

以传统宏基站运营的商业模式运营微基站技术，5.3.4 节已经详细阐述了其建设及运营循环死结，即"成本高增收低→建设少非量产→成本无法降低增收依然有限"。想要发展微基站技术，需要从该死循环中寻找突破口，最终达到产业的良性循环发展。电信运营商创新微基站建设与运营的商业模式是突破该死循环的一个重要方式。提升运营商布设微基站的动力，商业模式创新的本质上要解决两方面问题，即降低运营商的建设成本，同时相应提升运营商的收入，做到"节流、开源"。具体地，一方面运营商可以实现微基站购买与建设成本的降低，即是否可以低成本或者零成本建设微基站；另一方面就是业务增值，即发掘新业务，增加无线宽带数据市场规模，提供新的业务营收增长点。

上述商业模式创新，需要通信运营商打破其长久以来一直使用的运营思维，即运营商独自完成全部的通信网络建设投资，同时独自完全运营该通信网络，并获得所有的运营收入。这种高前期投入以获取未来稳定的高营收模式，在移动互联网新业务种类新业务模式层出不穷的今天，风险越来越高，甚至存在前期高投入后，未来商业市场结构发生变化导致未来营收不确定性增加甚至未来收入低于投入的可能。因此，新的商业模式要求更灵活有效缩减的前期投入，同时紧密结合快速变化的市场需求将未来不确定性降到最低，这种模式最成功的例子就是连锁加盟的模式。下面就以微基站"连锁加盟经营"模式为例讨论微基站技术商业模式创新的可能。

"连锁加盟经营"模式是由电信运营商引入其他合作伙伴独立或者共同运营微基站设备，利用合作伙伴的资源优势与商业开发优势，电信运营商实现降低成本建设微基站的同时，扩展业务空间实现业务增值。本质上，"连锁加盟经营"模式将解决以往通信运营商在微基站运营方面的两个弊端：成本居高不下，业务空间受限。可以分为两个阶段：

（1）第一阶段：节省成本，引入盟友

电信运营商建设微基站的成本，主要包括 CAPAX 与 OPEX。投资成本主要包括站址获取成本、主机设备成本、配套材料成本、工程安装成本等。运维成本主要包括站址租赁成本、回传链路成本、设备耗电成本以及故障维护成本。下面是国内某运营商建设微基站成本分布概况，由图 5-57 可以看出，基站建设成本中，运维成本占据总成本的大部分。而运维成本中的占比最大的就是站址租赁成本，在光纤资源丰富的地区，甚至占到了 55%。如果未来建设微基站运维成本会降低，但设备成本也会降低，因此微基站建设成本构成可类比上述成本构成。

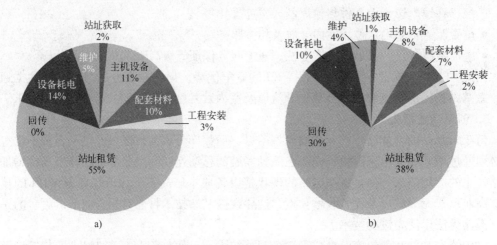

图 5-57　国内某运营商基站建设与十年运营成本分布图
a）回传资源丰富地区　b）回传资源匮乏地区

由此看来，站址成本占据了微基站建设成本的约一半比例。如果引入连锁加盟伙伴，能解决站址获取开销，将极大地降低了基站建设成本。因此，可考虑引入拥有或者容易低价获取站址资源的合作伙伴，如小区大楼物业、商场管理者、游园景区管理者等。这样合作，可以大大降低微基站建设成本，将极大地缓解通信运营商的成本压力，可更快速地布设微基站网络，尤其是未来的 5G 网络中，如果引入超密集网络，节省的网络建设成本将极为可观。当然，引入连锁加盟伙伴，连锁加盟伙伴可以选择辅助经营或者独立经营所辖微基站网络，那么电信运营商需要制定协议将未来微基站的部分营收与合作伙伴分成，才能吸引合作伙伴加盟并参与业务运营。

（2）第二阶段，紧密结合市场需求，实现业务增值

引入连锁加盟伙伴阶段，除考虑引入拥有或者容易低价获取站址资源的合作伙伴外，还可进一步考虑引入精通业务运营的合作伙伴，能紧密结合市场需求，实现业务增值。如果单纯建设微基站而未有运营模式的改变，微基站更多只是作为宏基站的补充，如盲点覆盖与热点分流，提升用户的服务质量和服务体验，但却未必能带来业务收入的大幅增长。对电信运营商来讲，花费巨大成本建设的微基站，必须要能带来更多的业务收入才值得，因此，需要考虑如何实现未来的业务增值，拓展运营商的营收空间。未来是移动互联网的时代，新业务、新模式的不断涌现会成为常态，而电信运营商在电信运营领域具有完全的优势，但在移动互联应用方面，尤其是应对行业快速变化，并不擅长。而微基站正是未来宽带移动互联的主战场，新的网络形式、网络质量以及网络环境也会催生新业务、新模式的涌现。因此，电

信运营商有必要引入在移动互联网领域有需求、有经验、有用户的合作伙伴，共同经营微基站网络，拓展移动互联业务的业务空间，实现业务增收。

　　由此可见，如"连锁加盟运营微基站"等创新运营模式或许能克服电信运营商传统运营模式的弊端，成为未来微基站大规模建设的选择。（商业模式的源动力来自于技术的创新，商业模式的创新也可促使技术进一步革新以满足其需求。）微基站技术的出现，符合技术发展趋势，电信运营商可引入创新的运营模式与商业模式，直接参与运营当前高速发展的数据业务，进一步实现电信运营商营收的多元化。

参考文献

[1]　CMCC. RP - 100383, Enhanced ICIC for non - CA based deployments of heterogeneous networks for LTE[Z]. 3GPP RAN#47, 2010.

[2]　袁弋非 . LTE/LTE - Advanced 关键技术与系统性能[M]. 北京：人民邮电出版社, 2013.

[3]　Huawei, HiSilicon. R1 - 112894, Performance Evaluation of Cell Range Extension[Z]. 3GPP RAN1#66b, 2011.

[4]　CMCC. RP - 111369, Revised eICIC WID core[Z]. 3GPP RAN #53, 2011.

[5]　CMCC. RP - 121002, Status Report to TSG[Z]. 3GPP RAN #57, 2012.

[6]　3GPP. TR 36. 819, Coordinated multi - point operation for LTE physical layer aspects(Release 11)[R], 2013.

[7]　3GPP. TR 36. 874, Coordinated multi - point operation for LTE with non - ideal backhaul (Release 12)[R], 2013.

[8]　3GPP. TR 36. 872, Small cell enhancements for E - UTRA and E - UTRAN - physical layer aspects(Release 12)[R], 2013.

[9]　3GPP. TR 36. 932, Scenarios and requirements for mall cell enhancements for E - UTRA and E - UTRAN(Release 12), 2013.

[10]　NTT DOCOMO. RP - 111378, Enhanced performance requirement for LTE UE[Z]. 3GPP RAN#53, 2011.

[11]　Renesas Mobile Europe Ltd. RP - 120382, New WI：Improved Minimum Performance Requirements for E - UTRA：Interference Rejection[Z]. 3GPP RAN#55, 2012.

[12]　3GPP. TR 36. 829, Technical Report on Enhanced performance requirement for LTE User Equipment (UE)(Release 11)[R], 2012.

[13]　China Telecom. RP - 142223, New WI on performance requirements of MMSE - IRC receiver for LTE BS[Z]. 3GPP RAN#66, 2014.

[14]　China Telecom. RP - 141836, On Performance Requirements of MMSE - IRC Receiver for LTE BS[Z]. 3GPP RAN#66, 2014.

[15]　3GPP. TR 36. 814, Technical Report on Further advancements for E - UTRA physical layer aspects(Release 9)[R], 2010.

[16]　MediaTek. RP - 130404, Study on Network Assisted Interference Cancellation and Suppres-

sion for LTE[Z]. 3GPP RAN#59, 2013.

[17] MediaTek. RP－140519, New WI proposal：Network－Assisted Interference Cancellation and Suppression for LTE[Z]. 3GPP RAN #63, 2014.

[18] 3GPP. TR 36. 866, Study on Network－Assisted Interference Cancellation and Suppression (NAIC) for LTE(Release 12)[R], 2014.

[19] MediaTek. RP－141866, Status Report for WI：Network－Assisted Interference Cancellation and Suppression[Z]. 3GPP RAN #66, 2014.

[20] Huawei. RP－140430, Motivation for new work item on performance requirements of interference cancellation and suppression receiver for SU－MIMO[Z]. 3GPP RAN #63, 2014.

[21] Huawei. RP－140520, New work item on performance requirements of interference cancellation and suppression receiver for SU－MIMO[Z]. 3GPP RAN #63, 2014.

[22] IMT－2020(5G)推进组. 5G 愿景与需求白皮书[EB/OL], 2014. http://www. imt－2020. org. cn/zh/documents/listByQuery?currentPage＝1&content＝.

[23] ABI Research. Wireless Backhaul：Bandwidth Explosion and Emerging Alternatives[R], 2005.

[24] Infonetics Research. Mobile Backhaul Equipment, Installed Base and Services Market Outlook[R], 2006.

[25] M Mahloo, P Monti, et al. Cost Modeling of Backhaul for Mobile Networks[A]. IEEE International Conference on Communications'14, 2014:397－402.

[26] NGMN Alliance. Small Cell Backhaul Requirements[EB/OL],2012. http://www. ngmn. org/ publications/technical. html.

[27] 3GPP. TR 36. 842, Study on Small Cell Enhancements for E－UTRA and E－UTRAN－Higher layer aspects(Release 12)[R], 2013.

[28] 3GPP. TR 36. 839, Small cell enhancements for E－UTRA and E－UTRAN－Physical layer aspects(Release 11)[R], 2012.

[29] 3GPP. RP－140359, RAN2 agreed CRs on Core part：Hetnet Mobility Enhancements for LTE[Z]. 3GPP RAN #63, 2014.

[30] ZTE. R2－130957, HO Performance Improvement in Hetnet[Z]. 3GPP RAN2 #81b, 2014.

[31] China Telecom, Huawei. R3－150016, Consideration on mobility anchor solution[Z]. 3GPP RAN3#87, 2015.

[32] http://www. smallcellforum. org/press－releases/small－cells－pass－ten－million－barrier/.

第6章 先进的频谱利用

6.1 概述

频谱是移动通信中十分宝贵的资源，ITU 有专门部门（国际电联无线电通信部门，即 ITU - R）在全球范围内对国际无线电频谱资源进行管理。在全球范围内包含多种类型的移动通信频谱（如高低频段、授权与非授权频谱、对称与非对称频谱、连续与非连续频谱等），当前国际上 2G/3G/4G 移动通信系统普遍采用 6 GHz 以下中低频段，一方面因为中低频段比高频段可以传输更远的距离，另一方面中低频段射频器件具有更低的成本和更高的成熟度。然而，随着通信系统的不断发展和逐步部署，可用于移动通信的中低频频谱（6 GHz 以下）的资源已经非常稀缺。为了满足不断发展的移动业务需求和不断增长的用户数据速率需求，一方面需要探索增强中低频频谱利用效率的有效途径，另一方面还需开拓更高频段（6 GHz 以上）的频谱资源。

高频通信技术是在蜂窝接入网络中使用高频频段进行通信的技术。目前高频段具有较为丰富的空闲频谱资源，有效利用高频段进行通信是实现 5G 需求的重要手段，因此有必要在 5G 中研究无线接入、无线回传、D2D 通信以及车载通信等场景下的高频通信技术。

当前高频通信在军用通信、WLAN 等领域已经获得应用，但是在蜂窝通信领域尚处于初期研究阶段，国内公司如华为、中兴、大唐，国外公司如三星、DOCOMO 和爱立信等都正在加紧高频通信技术研究和原型机开发测试工作，并验证了当前半导体技术对于将高频通信应用到未来 5G 系统的可行性。

6.2 无线频谱分配现状

随着移动通信技术的飞速发展，数据业务流量呈爆发式增长，人们对无线频谱的需求逐渐增加（见表 6-1）。根据预测，2020 年移动数据业务量将达到 2013 年数据流量的几十甚至上百倍，并且未来移动数据业务量还将持续增长。为了满足上述需求，需要先进的技术提高频谱利用率，如：大规模天线、超密集组网等技术；同时也需要更多的无线频谱。然而，无线频谱是宝贵的不可再生资源，因此，为未来 5G 系统合理划分频谱资源具有十分重要的意义。

表 6-1 2020 年频谱需求总量

国　　家	澳大利亚	俄 罗 斯	中　　国	印　　度	英　　国
2020 年频谱缺口 /MHz	1081	1065	1490 ~ 1810	1179	775 ~ 1080（低） 2230 ~ 2770（高）

依据 ITU - R WP5D[1] 对 2020 年 IMT 频谱需求的预测可以看出，全球 2020 年频谱需求平均总量为 1340 ~ 1960 MHz，中国 2020 年频谱需求的总量为：1490 ~ 1810 MHz[2]。

一般来说，业界将无线频谱划分为 6 GHz 以下的中低频段和 6 GHz 以上的高频段。下面两个小节将介绍上述两段频谱的分配现状。

6.2.1 中低频段分配现状

目前在全球范围内的 IMT 系统所使用的频段均在 6 GHz 以下。由于 ITU 在进行频谱规划时只是将某一段频率划分给 IMT 系统，各个国家会根据本国的无线电管理部门进行具体的划分，因此，每个国家在具体的频段划分上存在区别。本小节主要针对我国的分配现状进行介绍。

我国 IMT 系统现有运营商的划分频段使用情况如图 6-1 所示。

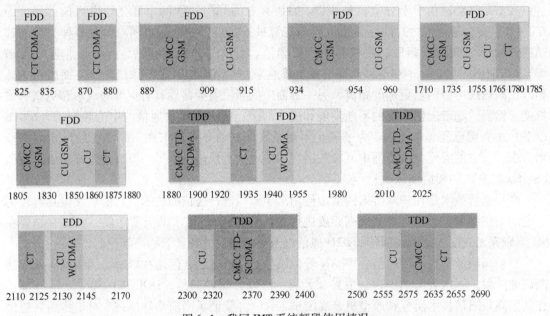

图 6-1 我国 IMT 系统频段使用情况

由上图可以看出，当前我国已规划 IMT 频率总计 687 MHz，其中，已规划 TDD 频率总计 345 MHz，FDD 频率总计 342 MHz，TDD 与 FDD 频率数量基本相当，687 MHz 频谱中共计 477 MHz 频谱已经分配给移动运营商提供 2G/3G/LTE 服务。根据表 6-1 的频谱预测结果，即使将现有 687 MHz 的频谱全部划分给运营商，到 2020 年，中国还将有约 800 MHz 的频谱缺口。

为了满足 5G 系统的频谱需求，首先考虑将 6 GHz 以下的空闲频段分配给 IMT 系统。ITU 通过 WRC（World Radiocommunication Conferences，世界无线通信大会）规划 IMT 频段，由图 6-2 可以看出，WRC 分别在 1992 年将 1885 ~ 2025 MHz 和 2110 ~ 2200 MHz 频段，在 2000 年将 806 ~ 960 MHz、1710 ~ 1880 MHz 以及 2500 ~ 2690 MHz 频段划分给 IMT 系统，在 2007 年将 450 ~ 470 MHz、698 ~ 862 MHz、2300 ~ 2400 MHz 频段划分给 IMT 系统。

WRC 将在 2015 年为主要的移动业务做出附加频谱划分，并确定 IMT 系统的附加频段及相关规则条款，以促进地面移动宽带应用的发展。主要的研究内容包括：充分考虑 IMT 系统的技术演进及未来部署方式；研究到 2020 年的频谱需求情况，对潜在的候选频段和相邻频段内已划分业务进行共用和兼容性研究，以及基于频谱需求结果，充分考虑保护现有业务、频段统一等方面的必要性，研究可能的候选频段。

其中，面向 WRC 2015 年大会（WRC – 15），目前在研究的频段包括 606 ~ 698 MHz、1427 ~ 1710 MHz、1695 ~ 1710 MHz、2025 ~ 2110 MHz、2200 ~ 2290 MHz、2700 ~ 2900 MHz、2900 ~ 3100 MHz、3100 ~ 3300 MHz、3300 ~ 3400 MHz、2600 ~ 4200 MHz、4400 ~ 4500 MHz、4500 ~ 4800 MHz、4800 ~ 4900 MHz、5350 ~ 5470 MHz、5850 ~ 6700 MHz。WRC – 15 将根据各个国家的需求，从上述频段中选出最终的附加候选频段。

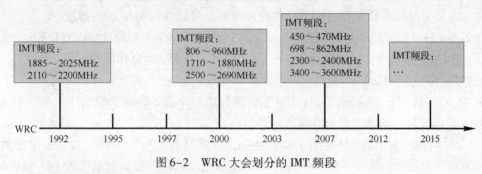

图 6-2　WRC 大会划分的 IMT 频段

6.2.2　高频段分配现状

传统 6 GHz 以下的 IMT 频谱具有较好的传播特性，但是由于该频段频谱资源稀少并且带宽相对较窄，因此需要探索 6 GHz 以上的高频频谱。6 GHz 以上频段，如毫米波（mm-Wave），目前一般都用于点对点的大功率系统，如卫星系统、微波系统等。由于高频段与低频段的传播特性存在差别，如何克服高频传播特性差的缺点，并且有效利用高频段带宽大、波长短等优势是今后所要研究的重要方向。

高频频段选取包括以下原则：

- 频段的业务类型。6 GHz 以上频段的主要业务类型包括：固定业务、移动业务、无线定位、固定卫星业务等，所选择的候选频段必须支持移动业务类型。
- 电磁兼容。确保所使用的高频段与其他系统的电磁兼容，避免系统间存在干扰共存问题。
- 频谱的连续性。5G 系统要求在高频段有较宽连续频谱（如 ≥500 MHz）。
- 频谱的有效性。考虑所选择频段的传播特性，以及器件的工业制造水平等因素，选择合适的频谱，以确保通信系统具有较好的可实现性。

通过对中国现有频段进行分析，6 ~ 100 GHz 频段的业务总结如下：

（1）6 ~ 8.75 GHz

6 ~ 8.75 GHz 频段分配的主要业务是固定业务（FS）和移动业务（MS），除此之外还分配给卫星固定业务（FSS）、空间研究业务（SRS）、气象卫星业务（MetSat）、地球勘测卫星业务（EESS）、无线定位业务（RLS）。

（2）8.75 ~ 10 GHz

8.75 ~ 10 GHz 没有分配给移动业务。主要将该频段分配给了无线定位业务，此频段内还有无线电导航（RNS）、航空无线电导航（ARNS）、水上无线电导航（MRNS）、地球勘测卫星业务、空间研究业务。

（3）10 ~ 15 GHz

10 ~ 15 GHz 中大部分频段划分给固定和移动等业务，可以用于 IMT 系统，但此频段内还有无线定位、地球探测卫星、空间研究、卫星固定业务、广播和无线电导航等业务。

（4）17.1～23.6 GHz

在17.1～18.6 GHz 频段内，主要业务为固定业务、移动业务和卫星固定业务，以及卫星气象业务等。

在18.8～21.2 GHz 频段内，主要业务为固定业务、移动业务、卫星固定业务、卫星移动业务，以及卫星标准频率和时间信号等次要业务，可以作为 IMT 候选频段。

在22.5～23.6 GHz 频段内，主要业务为固定业务、移动业务、卫星地球探测业务、空间研究业务、卫星广播、射电天文、卫星间业务及无线电定位业务等，可以作为 IMT 候选频段。

（5）24.65～50 GHz

在24.45～27 GHz 频段内，在中国计划将该频段划分给短距离车载雷达业务，未来可能作为 IMT 候选频段，但是需要对共存问题进行研究。

27～29.5 GHz 频段已经分配给了移动业务，并且具有连续的大带宽特点。主要共存的业务为卫星固定业务，需要考虑 IMT 系统与卫星系统的共存问题，可以作为 IMT 候选频段。

40.5～42.3 GHz/48.4～50.2 GHz 频段划分给了端到端无线固定业务，该频段采用轻授权（light licensed）的管理方式。42.3～47 GHz / 47.2～48.4 GHz 频段划分给了移动业务，该频段采用非授权（unlicensed）的管理方式。

（6）50.4～100 GHz

50.4～52.6 GHz 与27～29.5 GHz 相似，可以作为未来 IMT 候选频段进行研究。目前，中国准备将频段59～64 GHz 分配给短距离设备通信，如果将该频段划分给 IMT，那么将面临干扰管理问题。

频段71～76 GHz/81～86 GHz，又称 E - Band，主要用于固定以及卫星固定业务，从全球来看，大多用于微波固定接入系统和 IMT 系统的无线回传，采用轻授权的管理方式。

频段92～94 GHz/94.1～95 GHz 主要划分给固定业务和无线定位业务，在中国还没有使用，可以用于 IMT 系统。

根据高频段选取原则，以及上述高频段业务类型的描述6～100 GHz 频段内可作为 IMT 潜在候选频段，进行研究的主要频段为：5925～7145 MHz、10～10.6 GHz、12.75～13.25 GHz、14.3～15 GHz、18.8～21.2 GHz、22.5～23.6 GHz、24.45～27 GHz、27～29.5 GHz、43.5～47 GHz、50.4～52.6 GHz、59.3～64 GHz、71～76 GHz、81～86 GHz、92～94 GHz，如表6-2 所示。

表6-2　6～100 GHz 潜在 IMT 频段

序　号	范　　围	序　号	范　　围
1	5925～7145 MHz（6 GHz）	8	27～29.5 GHz（28 GHz）
2	10～10.6 GHz	9	43.5～47 GHz（45 GHz）
3	12.75～13.25 GHz	10	50.4～52.6 GHz
4	14.3～15 GHz（15 GHz）	11	59.3～64 GHz
5	18.8～21.2 GHz	12	71～76 GHz（73 GHz）
6	22.5～23.6 GHz	13	81～86 GHz
7	24.45～27 GHz	14	92～94 GHz

6.3　增强的中低频谱利用

作为移动通信系统的优质资源，新的中低频谱已经非常稀缺。因此，在有限的中低频谱条件下，如何探索有效的途径，以进一步提高频谱利用效率，是近来业界的研究重点之一。以下介绍两种重要的增强中低频谱利用方案：LAA（Licensed Assisted Access，授权辅助接入）和 LSA（Licensed Shared Access，授权共享接入）。

6.3.1　授权辅助接入

3GPP 在 RAN 第 65 次全会上开始 LAA 项目的研究工作[3]。研究工作旨在评估在非授权频段上运营 LTE 系统的性能以及对该频段上的其他系统造成的影响，研究工作集中在定义针对载波聚合方案的相关评估方法以及可能场景，给出相应的政策需求以及非授权频段上部署的设计目标、定义和评估物理层方法等。

1．政策需求

LAA 技术所关注的非授权频段主要集中在 5 GHz，相比于比较拥挤的 2.4 GHz 非授权频段，该频段相对比较空闲。图 6-3 给出了各国在 5 GHz 非授权频段上的使用情况以及存在互调干扰的频段。如图所示，5 GHz 共分三个频带，这里分别用频带 A、频带 B 和频带 C 表示，三个频带合计共 555 MHz 的频率资源可使用。

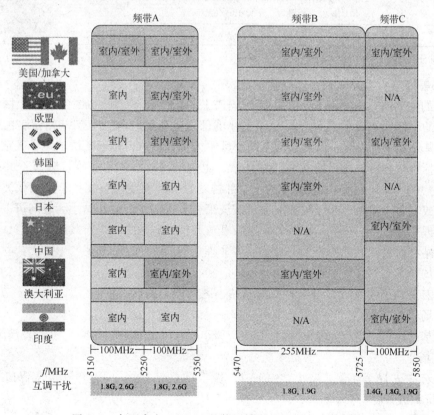

图 6-3　各国家在 5 GHz 上的使用情况以及互调干扰频段

在我国，5 GHz 非授权频段主要被指定用于以下技术：

- 无线接入系统。
- 智能交通特殊无线通信系统。
- 微功率无线发射设备。
- 无线数据通信系统。
- 点对点/点对多点通信系统。

需要注意的是，对于我国，频带 B（5470～5725 Hz）尚未开放使用。我国在 5 GHz 非授权频段上的具体政策需求如表 6-3 所示。

表6-3　中国在 5 GHz 非授权频段的政策要求

频　　段	5150～5250 MHz	5250～5350 MHz	5725～5850 MHz
允许使用的场景	室内		室内和室外
EIRP	≤200 mW		≤2 W 和 ≤33 dBm
功率谱密度	≤10 dBm/MHz（EIRP，有效全向辐射功率）		≤3 dBm/MHz 和 ≤19 dBm/MHz（EIRP）
杂散辐射	30～1000 MHz：-36 dBm/100 kHz 48.5～72.5 MHz，76～118 MHz，167～223 MHz，470～798 MHz：-54 dBm/100 kHz 2400～2483.5 MHz：-40 dBm/1 MHz 5150～5350 MHz：-33 dBm/100 kHz 5470～5850 MHz：-40 dBm/1 MHz 1～40 GHz 的其他频段：-30 dBm/1 MHz		30～1000 MHz：≤-36 dBm/100 kHz 2400～2483.5 MHz：≤-40 dBm/1 MHz 3400～3530 MHz：≤-40 dBm/1 MHz 5725～5850 MHz：≤-33 dBm/100 kHz 1～40 GHz 的其他频段：-30 dBm/1 MHz
政策	面向公共共享		各运营商间共享

注：有部分政策需求没有被列入表中。

2. 部署场景

LAA 的主要研究内容是工作在非授权频谱上的一个或多个低功率微基站小区，并与授权频谱上的小区间实现载波聚合。LAA 关注的部署场景，既包括有宏基站覆盖的场景，也包括无宏基站覆盖的场景；既包括微基站小区室内部署场景，也包括微基站小区室外部署场景；既包括授权载波与非授权载波共站场景，也包括授权载波与非授权载波不共站（存在理想回传）的场景。图 6-4 是 LAA 的 4 个部署场景，其中授权载波和非授权载波的数量可以为单个或者多个。由于非授权载波通过载波聚合方式工作，微基站小区之间可以为理想回传或者非理想回传。当微基站小区的非授权载波和授权载波之间进行载波聚合时，宏基站小区和微基站小区之间的回传可以为理想或者非理想的。

（1）场景 1

授权宏基站小区（F1）与非授权微基站小区（F3）聚合。

（2）场景 2

无宏基站覆盖，授权微基站小区（F2）和非授权微基站小区（F3）进行载波聚合。

（3）场景 3

授权宏基站小区与微基站小区（F1），授权微基站小区（F1）与非授权微基站小区（F3）进行载波聚合。

（4）场景 4

授权宏基站小区（F1），授权微基站小区（F2）和非授权微基站小区（F3）。

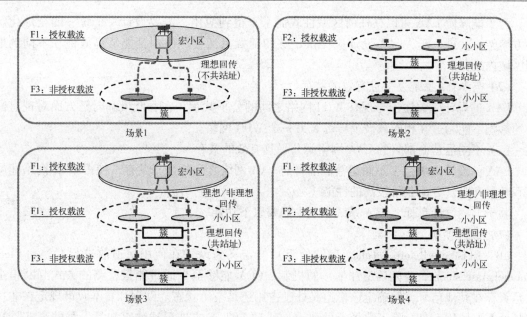

图 6-4　LAA 部署场景

- 授权微基站小区（F2）和非授权微基站小区（F3）进行载波聚合。
- 如果宏基站小区和微基站小区间有理想回传链路，宏基站小区（F1）、授权微基站小区（F2）和非授权微基站小区（F3）之间可以进行载波聚合。
- 如果宏基站小区和微基站小区间没有理想回传链路、支持双连接，宏基站小区与微基站小区间可以进行双连接。

3. 设计目标与功能

LAA 解决方案考虑两种情况[4]。如图 6-5 所示，第一种方案中，LTE 授权频段作为主载波接收和发送上下行信息，非授权频段作为辅载波用作下行通信，这种方案为 LAA 解决方案中的最基础方案。在第二种方案中，LTE 授权频段作为主载波接收和发送上下行信息，非授权频段作为辅载波用于上下行通信。

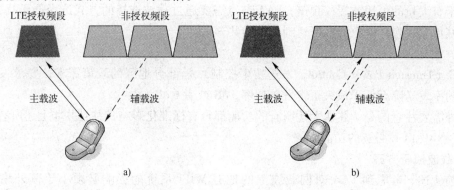

图 6-5　LAA 解决方案
a）方案一　b）方案二

LAA 系统的设计目标如下：

（1）设计能够适用于任何区域性政策需求的统一全球化解决方案架构

为了能够使 LAA 可以在任何区域性政需求下得到应用，需要设计一个统一的全球化解决方案架构。进一步，LAA 设计应提供足够的配置灵活性，以保证能够高效地在不同的地理区域内运营。

（2）与 WIFI 系统公平且有效的共存

LAA 的设计应关注于与现有 WIFI 网络之间的公平共存，在吞吐量和时延方面对现有网络的影响不能超过在相同载波上再部署另一个 WIFI 网络。

（3）不同运营商部署的 LAA 网络间公平且有效的共存

LAA 的设计应关注于不同运营商部署的 LAA 网络之间的公平共存，使得 LAA 网络能够在吞吐量和时延方面获得较高的性能。

基于上述设计目标，LAA 系统中至少需要以下功能。

（1）载波侦听

LBT（Listen – Before – Talk，载波侦听）被定义为设备在使用信道前进行 CCA（Clear Channel Assessment，空闲信道评估）的机制。CCA 能够至少通过能量检测的方式判断信道上是否存在其他信号，并确定该信道是处于占用还是空闲状态。欧洲和日本政策规定在非授权频段需要使用 LBT。除了政策上的要求，通过 LBT 方式进行载波感知是一种共享非授权频谱的手段，因此 LBT 被认为是在统一的全球化解决方案架构下实现非授权频段上公平、友好运营的重要方法。

（2）非连续传输

在非授权频段上，无法一直保证信道的可用性。此外，例如欧洲和日本等地区，在非授权频段上禁止连续发送，并且为非授权频段设置了一次突发传输的最大时间限制。因此，有最大传输时间限制的非连续传输是 LAA 的一个必要功能。

（3）动态频率选择

DFS（Dynamic Frequency Selection，动态频率选择）是部分频段上的政策需求，例如检测来自雷达系统的干扰，并通过在一个较长的时间尺度上选择不同载波的方式来避免与该系统使用相同的信道资源。

（4）载波选择

由于有大量的可用非授权频谱，LAA 节点需要通过载波选择的方式选择低干扰的载波，从而与其他非授权频谱上的部署达到较好的共存。

（5）发送功率控制

TPC（Transmit Power Control，发送功率控制）是部分地区的政策需求，要求发送设备能够将功率发送降至低于最大正常发送功率 3 dB 或者 6 dB。

另外需要注意的是，并非上述所有的功能都具有标准化影响，并且并非上述所有功能都是 LAA eNB 和 UE 必选的功能。

4. 载波侦听方案

如前所述，考虑到 LAA 对同载波上的现有 WIFI 系统的影响必须小于额外增加一套 WIFI 系统，LAA 应引入载波侦听技术。每个设备在发送数据之前应进行 CCA 机制，如果设备发现信道处于繁忙的状态，则无法在该信道发送信息。只有当信道处于空闲状态，才可以使用。ETSI 将非授权频段上的载波侦听方法分为基于帧和基于负载两种类型[5]。对于这两种检测类型，通常需要基于能量检测的 CCA，且持续时间不能低于 20 μs。下面对这两种传统载波侦听方法分别加以介绍[6]。

（1）FBE（Frame Based Equipment）

FBE 的周期固定，CCA 检测时间周期性出现，每个周期只有一次 CCA 检测机会。若 CCA 检测信道空闲，则发送信息，且发送时间占用固定的帧长；若 CCA 检测信道处于被占用的状态，则不发送信息，继续在下个检测周期内检测信道情况直至信道空闲态方可传输。图 6-6 为 FBE 的示意图。

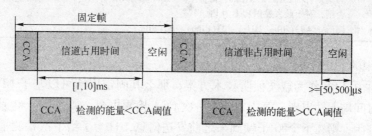

图 6-6 FBE 示意图

（2）LBE（Load Based Equipment）

LBE 的周期是不固定的，且 CCA 检测时间非周期性出现，因此 CCA 检测机会较多。若 CCA 检测信道空闲，则发送信息；若 CCA 检测信道处于被占用的状态，则开启扩展 CCA。扩展 CCA 执行开始将从 $1 \sim q$ 中随机选取 N 值，在接下来的检测中，若检测到信道空闲，则执行 $N = N - 1$，当 N 值减为 0 时，则可以开始发送数据。图 6-7 为 LBE 的示意图，其中图 6-7a 的 q 值为 4，图 6-7b 的 q 值为 32。最大信道占用时间与 q 的取值有关，具体详见表 6-4 FBE 与 LBE 的参数配置。

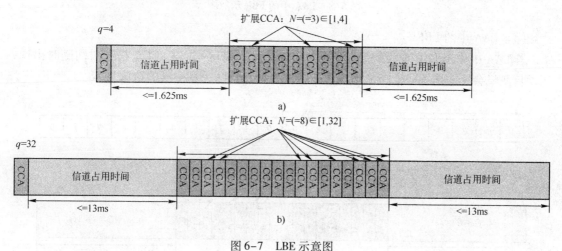

图 6-7 LBE 示意图

表 6-4 FBE 与 LBE 参数配置

参　　数	FBE	LBE
CCA	能量探测不少于 20 μs	
扩展 CCA 时间	不适用	随机因子的持续时间 N 乘以 CCA 的观察时间 N 每次应该在 $1 \cdots q$ 随机取值，$q = 4 \cdots 32$
信道占用时间	$[1, 10]$ ms	$<= (13/32) \times q$ ms

（续）

参　　数	FBE	LBE
空闲周期	>= 信道占用时间的 5%	扩展 CCA 时间
短控制信号传输时间	在周期为 50 ms 的观测期中最大占空比为 5%	
CCA 能量探测阈值	假设接收天线增益为 $G=0$ dBi； 如果发射机 EIRP = 23 dBm，阈值 <= −73 dBm/ MHz 否则，对于最大发射功率为 P_H， 阈值 = −73（dBm/ MHz）+ 23（dBm）− P_H（dBm）	

（3）LAA 中的 FBE

若 LAA 中采用 FBE 作为载波侦听技术方案，那么其固定周期可以基于 LTE 10ms 的无线帧。CCA 检测时间周期性出现，每周期只有一次 CCA 检测机会，如在每个 #0 号子帧出现。若 CCA 检测信道空闲，则在下个 #0 子帧到来之前发送信息，且为了给下次检测准备条件，需在本次发送结尾预留空闲信道；若 CAA 检测信道处于被占用的状态，则不发送信息，继续在下个 #0 子帧检测信道情况直至信道空闲态方可传输。图 6-8 为 LAA 中采用 FBE 的示意图。

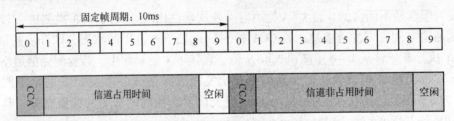

图 6-8　LAA 中的 FBE 示意图

（4）LAA 中的 LBE

若 LAA 中采用 LBE 作为载波侦听技术方案，其周期不固定，CCA 检测时间随时出现，CCA 检测机会比 LBE 多。图 6-9 为 LAA 中 LBE 的示意图，其中 q 的取值为 16。

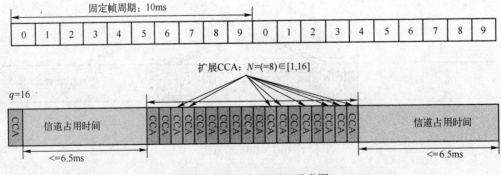

图 6-9　LTE 中的 LBE 示意图

下面对 LAA 中的 FBE 和 LBE 的优缺点进行分析和总结：

LAA 中采用 FBE 的优点包括适合采用固定帧结构的 LTE 系统，实现复杂度低，标准复杂度低；缺点主要为 CCA 检测的位置固定，因此接入信道的可能性有限。

LAA 中采用 LBE 的优点包括适用于突发业务的通信，接入信道的可能性更大；缺点则包括实现复杂度高以及标准复杂度高。

　　3GPP 在后续工作中，需结合两种载波侦听方式的优缺点，进一步进行性能评估，才能确定最优的方案。

5. 共存评估

（1）共存评估场景与方法

对于共存评估的场景包括室内场景及室外场景。

评估场景中的室内场景在 3GPP 微基站小区部署场景 3（参考 3GPP TR 36.872）的基础上增加了非授权频段，评估场景中的室外场景在微基站小区部署场景 2a（参考 3GPP TR 36.872）的基础上增加了非授权频段。在室外场景中，微基站小区和宏基站小区的授权载波是不同的，并且接入宏基站小区的 UE 的性能无须评估。非授权频段上可以考虑多个载波。具体评估场景如图 6-10 所示。

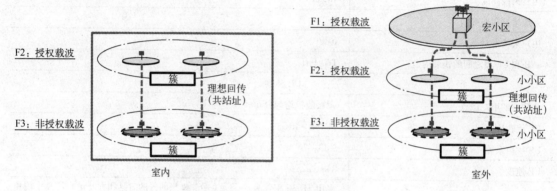

图 6-10　LAA 共存评估场景

　　从仿真方法的角度可分为两个类型，即 WIFI 与 LAA 的共存评估以及 LAA 与 LAA 的共存评估。其中，对于 WIFI 与 LAA 共存评估，需遵从如下的仿真方法：

步骤 1：对某指定评估场景中两个 WIFI 网络共存的性能指标做评估和记录。

步骤 2：将由其中一个 WIFI 运营商提供的 WIFI 网络用一个 LAA 网络代替。对这个 WIFI 和 LAA 共存网络的性能指标做评估和记录。

对于步骤 2 中没有被 LAA 替换的 WIFI 网络，通过对比其在步骤 1 和步骤 2 中的性能来评估 LAA 和 WIFI 在非授权频带上的共存性能。

另外，对于 LAA 与 LAA 共存评估，需遵从如下的仿真方法：

对某指定评估场景中两个 LAA 运营商之间的共存性能指标做评估和记录。将这两个 LAA 运营商的性能指标比用，以评估在未授权频段上两个 LAA 运营商的共存性能。

（2）共存评估参数

表 6-5 及表 6-6 分别为 3GPP 目前已经确定的针对室内和室外场景的 LAA 共存评估中需要用到的系统参数。

表 6-5　室内场景仿真参数

基 站 参 数		
	授权小区	非授权小区
总的基站发射功率	24 dBm	18 dBm，可选 24 dBm

（续）

基 站 参 数		
总的用户发射功率	23 dBm	23 dBm
路径损耗	eNB 到 eNB，eNB 到 UE：ITU InH［参考 TR36.814 中的表 B.1.2.1 – 1］ UE 到 UE：3GPP TR 36.843（D2D） （在 eNB 和用户之间的三维距离被应用）	
穿透	0 dB	
阴影	ITU InH［参考 TR36.814 中的表 A.2.1.1.5 – 1］	
天线阵列	2D 全向天线，不排除定向天线	
天线高度	6 m	
用户天线高度	1.5 m	
天线增益和连接损耗	5 dBi	
用户天线增益	0 dBi	
eNB 和 UE 和之间的快衰信道	ITU InH	
UE 参 数		
各网络的用户撒点	每层随机均匀分布	
UE 接收机	MMSE – IRC	
UE 噪声系数	9 dB	
UE 速度	3 km/h	
回传假设	采用 TR 36.932 表 6–.1 – 1 中非理想回传的时延和吞吐量，仿真中使用的时延值为 ｛2 ms，10 ms，50 ms｝	

表 6-6　室外场景仿真参数

基 站 参 数			
	宏基站小区	授权微基站小区	非授权微基站小区
载波频率	2.0 GHz	3.5 GHz	5.0 GHz
基站总发送功率	46 dBm	30 dBm	18 dBm，可选 24 dBm
用户总发送功率	23 dBm	23 dBm	23 dBm
路径损耗	ITU UMa［参考 TR36.814 中的表 B.1.2.1 – 1］	ITU UMi［参考 TR36.814 中的表 B.1.2.1 – 4］	eNB 到 eNB，eNB 到 UE：ITU Umi［参考 TR36.814 中的表 B.1.2.1 – 4］ UE 到 UE：3GPP TR 36.843（D2D）
穿透损耗	室外 UE：0 dB 室内 UE：20 dB + 0.5 din（din：每个链路独立在 [0, min (25, d)] 范围内均匀随机取值）	室外 UE：0 dB 室内 UE：23 dB + 0.5 din（din：每个链路独立在 [0, min (25, UE 到 eNB 距离)] 范围内均匀随机取值）	室外 UE：0 dB 室内 UE：27 dB + 0.5 din（din：每个链路独立在 [0, min (25, UE 到 eNB 距离)] 范围内均匀随机取值）
阴影衰落	ITU UMa［TR36.819 中的表 A.1 – 1］	ITU UMi［参考 TR36.814 中的表 B.1.2.1 – 1］	ITU UMi［参考 TR36.814 中的表 B.1.2.1 – 1］
天线阵列	3D，参考 TR36.819	2D 全向天线，不排除定向天线	2D 全向天线，不排除定向天线

（续）

基 站 参 数			
天线高度	25 m	m10 m	m10 m
UE 天线高度	1.5 m	1.5 m	1.5 m
天线增益和连接损失	17 dBi	5 dBi	5 dBi
用户天线增益	0 dBi	0 dBi	0 dBi
eNB 和 UE 之间的快衰信道	ITU UMa［参考 TR36.819 中的表 A.1-1］	TU Umi	ITU Umi
UE 参 数			
簇内微基站小区撒点半径	50 m		
簇内 UE 撒点半径	70 m		
UE 接收机	MMSE-IRC		
UE 噪声系数	9 dB		
UE 速度	3 km/h		
回传假设	宏基站和微基站之间没有理想回传		

表 6-7 给出了 WIFI 系统的仿真假设。

表 6-7　WIFI 系统仿真参数

参　　数		数　　值
MCS		802.11ac MCS（调制编码方式）表，不包括 256 QAM 可选：包括 256QAM（LAA 应相同）
天线配置		DL2Tx2Rx，交叉极化，可选：DL 1Tx2Rx UL 1Tx2Rx，（LAA 应相同） 基准：开环
信道编码		BBC 可选：LDPC
帧聚合		A-MPDU
最大 PPDU 持续时间		基准:：<4 ms（与 LTE 时间异步）
MAC	协作	DCF 如果 VoIP 使用者包含在内的话，使用 EDCA
	SIFS, DIFS	SIFS, DIFS
	检测	能量检测 & 前导码检测
	RTS/CTS	可选
CCA-CS		-82 dBm 和前导码解码 （注意：前导码占据系统 20 MHz 带宽码率 1/2 并且使用 BPSK 调制）
CCA-ED		-62 dBm
ACK 模型		是

注：OFDM 符号长度为 4 ms。

6. 总结

本节关注于一种在非授权频段上运行 LTE 系统的 LAA 技术，介绍了其在 3GPP 的主要研究内容以及进展，包括相应的政策需求以及非授权频段上部署的设计目标、定义和评估物理层方法等，还对关键技术之一载波侦听方案进行了分析。由于截止本书截稿之时，在3GPP 关于 LAA 的标准研究工作仍在进行中，很多关键技术方案的技术研究工作尚未完全展开与确定，使得本章节内容有限，仅以说明。

6.3.2　授权共享接入

运营商获得频谱的方式包括频谱协同、并购、拍卖、频谱存取。其中频谱存取的方式被称为 LSA，即当频谱资源无法清理，通过 LSA 的方式可以将闲置的频谱资源进行共享。简言之，频谱存取是一个框架协议，允许运营商们按照事先的约定，共享某个运营商的频谱资源。共享可以是静态的，如在固定区域或时段进行共享；也可以是动态共享，如按照拥有频谱的运营商的动态授权，分地域和时段共享。总之，频谱存取是基于频段、地域或时段的频谱资源共享。频谱存取的前提是制定行之有效的频谱存取协议，确保所有利益方的业务质量。

如图 6-11 所示为典型的 LSA 系统架构。

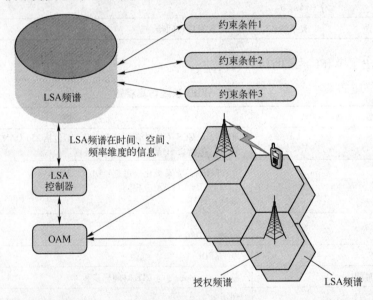

图 6-11　LSA 系统架构

LSA 系统设计原则包括：简化设计、快速高效的部署，以及能够适用于多种无线传输技术。以下对 LSA 的频谱管理流程做一介绍。

LSA 的频谱管理主要由控制监管节点完成，文献[7]给出了一种 LSA 频谱管理的工作流程，可以描述为如下步骤（见图 6-12）：

步骤 1：终端测量相关参数，并向基站上报测量结果。

步骤 2：基站根据终端上报的测量结果，统计站内的频谱需求和参数，触发频谱需求更新并向 OAM（操作维护管理节点）上报频谱需求和参数。

步骤 3：OAM 统计并预测运营商频谱需求和参数，触发频谱需求更新并向共享监管节点上报频谱需求及相关参数、频谱占用情况更新消息、频谱占用结束消息。

步骤 4：SRM 根据运营商 OAM 上报的消息，执行各运营商间频谱分配方案并决策。完成决策后，向各运营商 OAM 分别发送频谱分配的授权分配消息或频谱分配的收回消息。

步骤 5：各运营商 OAM 向 SRM 反馈频谱分配确认消息，并根据收到的频谱分配消息进行基站间频谱管理和协调，将频谱分配结果通知给各基站。

步骤 6：基站向 OAM 反馈频谱分配确认信息，并执行频谱分配结果，配置频谱资源。

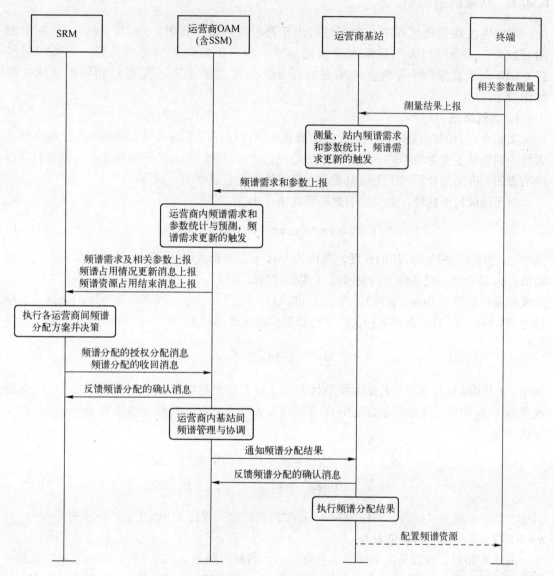

图 6-12　LSA 频谱管理流程

当 LSA 管理面向多运营商时，频谱管理所需要的基本信息包括：频段价格，使用政策等信息；运营商归属、射频能力、地理位置、发送功率等无线相关信息；带宽需求、负载情况、业务等级等业务相关信息。根据上述信息，以满足所管理的区域小区间总干扰最小化为目标为多运营商分配频率。一般会根据覆盖范围来区分运营商站点类别，覆盖区域相距较远的运营商基站分配同频的频谱资源；邻近覆盖和同覆盖区域的运营商基站分配异频的频谱资源。

6.4　高频频谱利用

6.4.1　高频信道模型

无线电波在传播过程中，除了经历由于路径传播以及折射、散射、反射、衍射引起的衰减外，还会经历大气及雨水带来的衰减。相对于低频点的信道传播，无线信号经过 6 GHz 以上高频段的传输会经历更加显著的大气衰减（简称气衰）和雨水衰减（简称雨衰）。

1. 大气衰减

文献 [8] 给出了各个频点的无线电波在地面传播环境下的大气衰减模型。无线电波在大气中的衰减主要由于干燥空气和水汽所造成。文献 [8] 采用了累加氧气和水汽各自谐振线的方法，准确地计算出了无线电波在大气气体中的衰减率。

对于地面传播路径，由大气引起的衰减值 A_G 计算如下：

$$A_G = \gamma r_0 = (\gamma_0 + \gamma_w) r_0 = 0.1820 f N''(f) r_0 \tag{6-1}$$

其中，r_0 为传播路径所经历的长度，单位为 km；γ 为特征大气衰减值，该衰减值由两个部分组成：γ_0 是干燥空气条件下的衰减率（或称"特征衰减"，仅指氧气条件下，由于大气压力造成的氮和非谐振 Debye 衰减），单位为 dB/km，γ_w 是在一定水汽密度条件下的衰减率，单位为 dB/km；$N''(f)$ 是该频率相关的复合折射率的假设部分：

$$N''(f) = \sum_i S_i F_i + N''_D(f) \tag{6-2}$$

其中，S_i 是第 i 线的强度；F_i 是曲线形状因子（对于高于 118.75 GHz 的 f 频率而言，只应将高于 60 GHz 的氧气线包括在总结中）；$N''_D(f)$ 是大气压力造成的氮气吸收和 Debye 频谱的干燥连续带。

$$S_i = a_1 \times 10^{-7} P\theta^3 \exp[a_2(1-\theta)] \text{氧气衰减}$$
$$= b_1 \times 10^{-1} E\theta^{3.5} \exp[b_2(1-\theta)] \text{水汽衰减} \tag{6-3}$$

其中，P 为干燥空气压力，单位为 hPa；E 为水汽压力，单位为 hPa（总大气压力 $P = p + e$）；$\theta = 300/T$，T 是温度，单位为 K。

对水平路径，或者是微小倾斜的接近于地面的倾斜路径，文献 [8] 给出了大气衰减与频点的关系。图 6-13 取自文献 [8]，可以看出，在 0~100 GHz 范围内，大气衰减有两个峰值，第一个出现在 23 GHz，衰减约为 0.2 dB/km；另一个出现在 60 GHz，衰减约为 13 dB/km。

2. 雨水衰减

无线电波在降雨的天气条件下传播时，除了会历经大气衰落，还会历经降雨带来的衰减。由于该衰减与降雨强度有着密切的关系，文献 [9] 对不同降雨量强度下无线电波的衰减情况进行了分析。

雨水衰减 A_R（dB）可以通过下式进行计算：

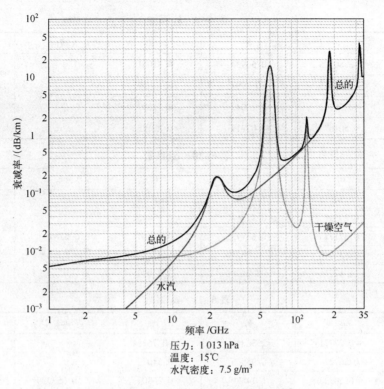

图 6-13　典型条件下的气体特征衰减[8]

$$A_R = \gamma_R r_0 \tag{6-4}$$

其中，r_0 为传播路径所经历的长度，单位为 km；γ_R 为特征大气衰减值，可以由下式给出：

$$\gamma_R = kR^\alpha \tag{6-5}$$

其中，R 是降雨量，单位是 mm/h；系数 k 和 a 的值由下列等式确定：

$$\log_{10}k = \sum_{j=1}^{4} a_j \exp\left[- \left(\frac{\log_{10}f - b_j}{c_j} \right)^2 \right] + m_k \log_{10}f + c_k \tag{6-6}$$

$$\alpha = \sum_{j=1}^{5} a_j \exp\left[- \left(\frac{\log_{10}f - b_j}{c_j} \right)^2 \right] + m_\alpha \log_{10}f + c_\alpha \tag{6-7}$$

其中，f 为频率（GHz）；k 和 α 为系数。

　　水平极化的系数 k_H 的常数值在表 6-8 中给出，而垂直极化的系数 k_V 的常数值在表 6-9 中给出。表 6-10 给出了水平极化的系数 α_H 的常数值，表 6-11 给出了垂直极化的系数 α_V 的常数值。

表 6-8　k_H 系数

j	a_j	b_j	c_j	m_k	c_k
1	− 5. 33980	− 0. 10008	1. 13098		
2	− 0. 35351	1. 26970	0. 45400		
3	− 0. 23789	0. 86036	0. 15354	− 0. 18961	0. 71147
4	− 0. 94158	0. 64552	0. 16817		

表 6-9 k_V 系数

j	a_j	b_j	c_j	m_k	c_k
1	− 3.80595	0.56934	0.81061		
2	− 3.44965	− 0.22911	0.51059		
3	− 0.39902	0.73042	0.11899	− 0.16398	0.63297
4	0.50167	1.07319	0.27195		

表 6-10 α_H 系数

j	a_j	b_j	c_j	m_α	c_α
1	− 0.14318	1.82442	− 0.55187		
2	0.29591	0.77564	0.19822		
3	0.32177	0.63773	0.13164	0.67849	− 1.95537
4	− 5.37610	− 0.96230	1.47828		
5	16.1721	− 3.29980	3.43990		

表 6-11 α_V 系数

j	a_j	b_j	c_j	m_α	c_α
1	− 0.07771	2.33840	− 0.76284		
2	0.56727	0.95545	0.54039		
3	− 0.20238	1.14520	0.26809	− 0.053739	0.83433
4	− 48.2991	0.791669	0.116226		
5	48.5833	0.791459	0.116479		

文献 [9] 同时给出了雨衰简化计算的方法，即对于线极化和圆极化中所有的路径几何，可以通过表 6-8 ~ 表 6-11 给出的数值，由下面的等式计算出式（6-5）中的系数：

$$k = [k_H + k_V + (k_H - k_V)\cos^2\theta\cos2\tau]/2 \tag{6-8}$$

$$a = [k_H a_H + k_V a_V + (k_H a_H - k_V a_V)\cos^2\theta\cos2\tau]/2k \tag{6-9}$$

此处，θ 是路径斜角；τ 是相对水平位置的极化斜角（对于圆极化，$\tau = 45°$）。读者可以根据图 6-14 ~ 图 6-16 快速查询不同频点的系数[9]。

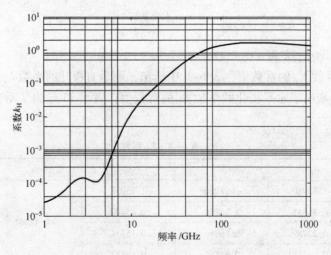

图 6-14   水平极化系数 k_H

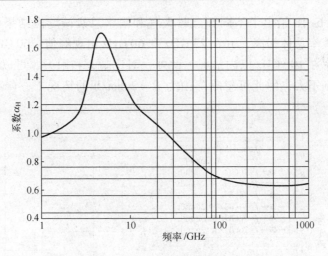

图 6-15　水平极化的系数 α_H

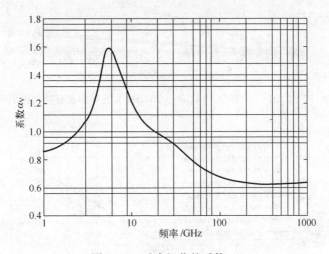

图 6-16　垂直极化的系数 α_V

降雨强度一般采用每小时降雨量来衡量，本章节采用大雨的降雨量，即 2 mm/h，进行雨水衰减的评估。

3. 大气和雨水总衰减

由于气衰和雨衰两种衰减都是典型的衰减因素，且在高频点下都不可忽略，因此本节对上述两种衰减进行了综合考虑。由于雨衰与信号传播的极化方式有关，本节仅针对常用的垂直极化对总衰减进行分析。

大气和雨水的总衰减为：

$$A = A_G + A_R = \gamma r_0 = (\gamma_0 + \gamma_w + kR^\alpha) r_0 \tag{6-10}$$

其中，A_G 和 A_R 分别是大气衰减和雨水衰减。

由于天气状况不同，大气和雨水总衰减将有所不同。下面考察两种天气状况。

- 晴好天气状况：此时降雨量为 $R = 0$ mm/h，空气中仅含有一定的水汽密度（本节取水汽密度为 7.5 g/m^3）。此时，仅需考虑大气衰减。
- 恶劣天气状况（大雨天气）：降雨量达到 $R = 2$ mm/h。此时，需考虑大气和雨水衰减。

　　图 6-17 和图 6-18 给出了不同频点时大气和雨水总衰减。由结果可以看出，随着频率的升高，总衰减率总体提高，并在 23 GHz 和 60 GHz 出现峰值。60 GHz 作为氧气分子的吸收谱线，衰减率在 100 GHz 以内最大。此外，对比晴天和雨天，可以看出，雨天相对于晴天的衰减率差别不大，因此可忽略降雨为 $R = 2\,\text{mm/h}$ 的情况下，降雨对频段衰减率的影响。

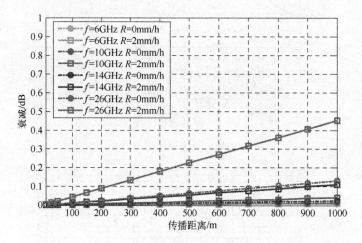

图 6-17　6 GHz、10 GHz、14 GHz、26 GHz 大气和雨水衰减与距离关系

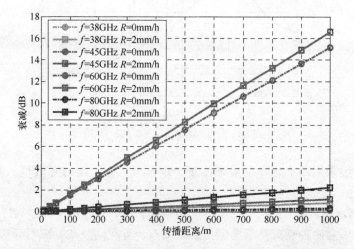

图 6-18　38 GHz、45 GHz、60 GHz、80 GHz 大气和雨水衰减与距离关系

4. 穿透损耗

　　当无线电波穿过建筑物等障碍物后，会造成无线信号强度的额外损耗，该损耗被称为穿透损耗。由于在不同频段上，无线信号的穿透损耗存在很大差异。因此，为了能够了解无线信号在高频段的穿透能力、分析高频段的应用场景，测量无线信号在高频段的穿透损耗变得十分重要。

　　文献［10］中建议在 2～6 GHz 频段，无线信号穿过水泥墙的穿透损耗为 20 dB，文献［8，11－14］中给出了 3 GHz 以下频段与 40 GHz、60 GHz 频段穿透损耗（见表 6-12）。

表 6–12　穿透损耗表

材料	厚度/cm	衰减/dB		
		<3 GHz	40 GHz	60 GHz
干式墙	2.5	5.4	—	6.0
办公室白板	1.9	0.5	—	9.6
透明玻璃	0.3/0.4	6.4	2.5	3.6
丝网玻璃	0.3	7.7	—	10.2
木屑	1.6	—	0.6	—
木材	0.7	5.4	3.5	—
石膏板	1.5	—	2.9	—
砂浆	10	—	160	—
砖墙	10	—	T178	—
混凝土	10	17.7	175	—
植物	10	9	19	—

通过对比可以看出，当信号穿过厚度为 10 cm 的混凝土墙时，3 GHz 以下频段的穿透损耗为 17.7 dB，而 40 GHz 频段的穿透损耗为 175 dB。不难看出无线电波在高频段穿过 10 cm 的混凝土墙体后，信号强度将变得很小，因此，高频段通信不适用于室外到室内或室内到室外的覆盖场景。

除此之外，无线电波在室外穿过植物（如树木）时，同样会对传播造成影响，文献 [13] 中给出了 0 ~ 100 GHz，不同植被深度的情况下，无线信号的穿透损耗。例如，当频段为 60 GHz、植被深度为 10m 时，植被的穿透损耗约为 20 dB。由此可见，在分析高频通信覆盖时，植被的影响是不能被忽略的。

5. 传播模型

无线电波在无线环境传播过程中会历经大尺度衰落，自由空间的信号传播模型可以用下面的式子给出：

$$PL_0(d_0) = 20 \times \lg\left(\frac{4\pi d_0}{\lambda}\right) \tag{6-11}$$

其中，$\lambda(m) = c/f$ 为载波的波长；f（Hz）为中心频点；$c = 3 \times 10^8 \, m/s$ 为光速。可以取参考距离 $d_0 = 1 \, m$，那么无线电波所历经的大尺度衰落可以由下面一般的公式表示：

$$PL = PL_0 + 10 \times \mathrm{PLE} \times \lg\left(\frac{d}{d_0}\right) \tag{6-12}$$

其中，PLE（Path Loss Exponent）表示路径损耗因子，该因子表征无线信号的衰减程度。文献 [10] 给出了城区宏基站的传播模型，当收发器满足视距传输（LOS）条件时 PLE 为 2.2；当收发器满足非视距传输（NLOS）条件，基站高度为 25 m 时，PLE 为 3.9。

6. 信道测量

随着高频通信越来越受到研究者的关注，为了能够掌握高频信道特性，研究高频通信的可行性，分析高频通信的应用场景，国内外已经有很多研究机构开展了针对高频候选频段的信道测量工作[15~18]。下面分别对已有的 28 GHz、38 GHz、73 GHz 的高频信道测量结果进行介绍。

（1）28 GHz 信道测量

28 GHz 频段的测试是在纽约的曼哈顿密集城区进行的，测量参数见表 6-13。

表 6-13　纽约密集城区 28 GHz 频段测量参数

测 试 地 点	纽约曼哈顿密集城区
测试频率	28 GHz
信道带宽	400 MHz
发射功率	30 dBm
发射机天线增益/波瓣宽度	24.5 dBi/10°
接收机天线增益/波瓣宽度	24.5 dBi/10°

图 6-19a 给出了测试环境示意图，其中深色的圆形图标表示发送端的位置，带有标号的白色方形图标表示接收端的位置。根据图 6-19b 测试结果显示，在发射机和接收机满足最佳波束匹配条件下，LOS 链路的路损指数为 1.68，NLOS 链路的路损指数为 4.58。

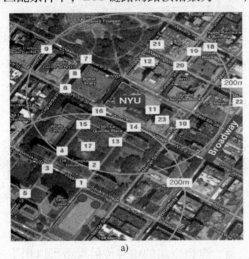
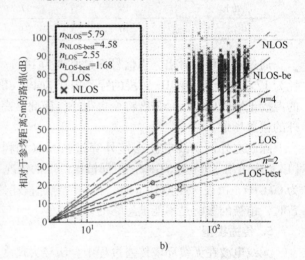

图 6-19　28 GHz 信道测量结果

a）纽约曼哈顿街区测试点　b）路径损耗测量结果

（2）38 GHz 信道测量

38 GHz 频段的测试是在德克萨斯大学奥斯丁分校进行的，测量参数见表 6-14。

表 6-14　德克萨斯大学奥斯丁分校 38 GHz 信道测量参数

测 试 地 点	德克萨斯大学奥斯丁分校
测试频率	38 GHz
信道带宽	750 MHz
发射功率	21 dBm
发射机天线增益/波瓣宽度	25 dBi/7.8°
接收机天线增益/波瓣宽度	25 dBi/7.8°

图 6-20a 给出了测试环境示意图，其中五角星图标表示发送端的位置，圆形图标表示接收端的位置。根据图 6-20b 所示的测试结果显示，在发射机和接收机满足最佳波束匹配条件下，LOS 链路的路损指数为 1.89，NLOS 链路的路损指数为 3.2。此外，当发射机与接收机相距在 200 m 距

离内时，所有通信链路均可以完成通信，即使在 200 m 以外，仍然有链路可以正常通信。

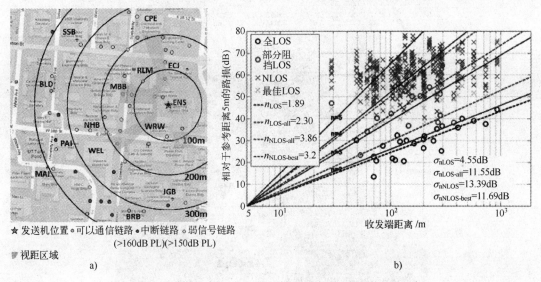

a)　　　　　　　　　　　　　　　b)

图 6-20　38 GHz 信道测量结果

a）德克萨斯大学奥斯丁分校测试点　b）路损和 RMS 延时扩展测试结果

（3）73 GHz 信道测量

73 GHz 频段的测试同样是在纽约的曼哈顿密集城区进行的，测量参数见表 6-15。

表 6-15　纽约密集城区 73 GHz 信道测量参数

测 试 地 点	纽约曼哈顿密集城区
测试频率	73. 5 GHz
信道带宽	400 MHz
发射功率	14. 6 dBm
发射机水平天线增益，半功率波瓣宽度	27 dBi，7°
接收机水平天线增益，半功率波瓣宽度	27 dBi，7°

图 6-21 给出了测试环境示意图，其中五角星图标表示发送端的位置，圆形图标表示接收端的位置。根据图 6-22 测试结果显示，当接收机为移动终端时（接入链路，天线高度 2m），LOS 路径的路损指数为 2. 57，NLOS 路径的路损指数为 4. 29；当接收机为基站时（回传链路，天线高度为 4. 06 m），LOS 路径的路损指数为 2. 58，NLOS 路径的路损指数为 4. 44。

根据目前高频信道测量结果，各个频段接入链路的 PLE 见表 6-16。

表 6-16　高频信道测量 PLE

频　　段	路 损 因 子	
	LOS	NLOS
28 GHz	1. 68	4. 58
38 GHz	1. 89	3. 2
73 GHz	2. 57	4. 29

注：高频信道测量 PLE 与测量场景密切相关，相同频点在不同场景所测量的 PLE 会有区别，6.4.1 节中 NLOS 的 PLE 测量结果是对最佳 NLOS 的统计。

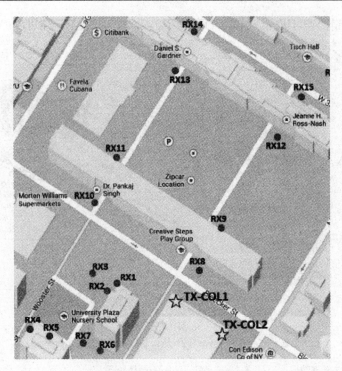

图 6-21　纽约密集城区测试点

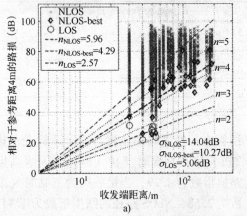

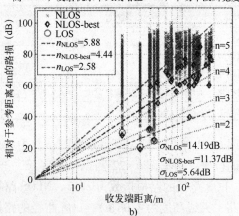

图 6-22　73 GHz 信道测量结果

a）回传链路测量结果　b）接入链路测量结果

6.4.2　高频器件发展

发展毫米波器件一直是高频频谱利用的先导，研制大宽带、低噪声、大功率、高效率、高可靠性、长寿命、多功能的毫米波器件是高频通信技术的关键。

过去几年中，有关毫米波通信频段（例如 60 GHz）的研究已经变得相当重要，很多研究机构都在致力于这一频段通信系统的商业应用。高频传播衰减使其成为一个短距离通信方式，同时频点提升也带来了天线尺寸的减小，因此高频段通信（例如 60 GHz）技术成为国内外研究的热点，也取得了显著的成就。

根据摩尔定律，毫米波是个不可避免的趋势。随着深亚微米和纳米工艺的日趋成熟，设计实现 CMOS 毫米波集成电路已经成为可能。随着 CMOS 尺寸的不断减小，截止频率不断提高，如图 6-23 所示，硅工艺成为了一种可行的替代毫米波的应用。虽然毫米波电路研究并非始于硅基，但是硅是毫米波电路的不二之选。许多以非硅为基础的技术，比如 GaAs MES-FET、PHEMT、InP HEMT、GaAs MHEMT、GaAs HBT、InP HBT 等，虽然其可以提供更高的工作频率，但它们价格昂贵，并且生产量较低，因此集成度有限。此外，这些工艺不像硅（特别是 CMOS）技术发展迅速。行业和政府的投资，以及一个健康和充满活力的数十亿美元的市场，使硅工艺器件拥有稳定的产业规模。

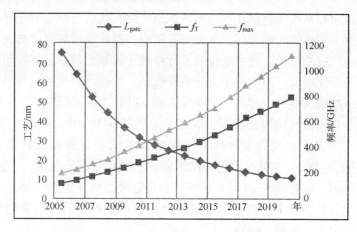

图 6-23 CMOS 截至频率随工艺进步发展趋势

过去业界对硅基毫米波集成电路的研究比较少，人们认为在硅工艺上实现工作在高频段（如 60 GHz）的集成电路是非常困难的。但近年来，这个课题已经引起了非常多的科研院所和公司的兴趣[19-22]。从通信发展史上看，以前大多数商业的研究兴趣集中在 1～10 GHz 频段的手机和手提电脑语音通信和数据应用方面。同时，快速增长的无线数据，如 WiFi，在无线交换机中提供了新的构架，解决了短距离传输问题，尤其是针对视频和个人局域网。随着多媒体业务的增长，以及手持视频设备和快速被应用的高清网络电视和平板电视已经创立了一个健康的技术需求，这促使了高速无线视频传输的发展。如此大量的数据业务需求促使人们对毫米波硅基技术产生很大的兴趣。

毫米波 CMOS 集成电路是在基于 CMOS 射频集成电路（RFIC）的基础上发展起来的。对于 CMOS RFIC 的研究始于 20 世纪 90 年代，在之后的近十年中 CMOS 技术无论是在工艺、无源器件还是电路设计上都取得了巨大的进步。首先，从工艺上来讲，正如摩尔定律预言的那样，CMOS 工艺自 80 年代以来从原先的 3 μm 工艺发展到 0.13 μm，而如今更是缩小到几十纳米（nm）以下的纳米级工艺。另一方面，根据恒电场下的按比例缩小理论，随着 CMOS 工艺尺寸的不断缩小，CMOS 晶体管的特征频率 f_T 和最大振荡频率 f_{max} 将得到进一步提升。在标准 90 nm CMOS 工艺下，f_T 和 f_{max} 已经可以达到 100 GHz 以上。虽然 CMOS 技术与 SiGe 或 InP 技术相比，在晶体管的特征频率以及最大振荡频率上没有优势，因为在相同工艺尺寸条件下，后者可以轻易地获得更高的 f_T 和 f_{max}，但是低成本的 CMOS

技术已经可以应用于毫米波晶体管，这是一个重大的进步。同时，随着 CMOS 技术在工艺和无源器件上的进步，CMOS 电路设计在近十几年来也得到迅猛发展，工作频率几乎以每十年提高一个数量级的速度上升。至今，无论是在哪个工作频段，设计高性能的 LNA（低噪声放大器）、混频器和 VOC（压控振荡器）总是研究重点，LNA 处于接收前端的第一级，其噪声系数在很大程度上决定了整个前端的噪声性能，由于增益和噪声系数是相互矛盾的两个性能指标，因此设计实现兼具高增益、低噪声及低功耗的 CMOS LNA 非常困难。尽管如此，近两年来已经有人在毫米波频段的 CMOS LNA 做了尝试，其性能已经接近甚至超过采用 InP 实现的 LNA。

在现在的集成电路设计中，"高集成度"的含义已经不再局限于单位芯片面积上能够集成多少晶体管，而是一个芯片上能够集成多大的系统，在这个系统里可以包含不同波段、不同功能的模块。应用 CMOS 工艺制作的毫米波集成电路与基带电路有着很好的一致性，为之后的系统集成提供了积极的先决条件。在短短几年中，高集成度和复杂的毫米波系统已被学术界和工业研究实验室所报道。这些全集成芯片由数千射频、数字晶体管和基于多金属层的硅芯片的片上无源器件组成，其中包括所有的接收器、发射器和交换机的模块，如低噪声放大器、混频器、压控振荡器、锁相环、功率放大器以及片上的天线。

毫米波 CMOS 收发前端的研究近年来取得了丰硕的成果。Razavi 首先在 60 GHz 的频率范围内尝试用 CMOS 工艺实现收发前端[21]。随后又尝试将本振集成到接收链路中。文献 [22] 介绍了采用标准 90 nm CMOS 工艺制作的全集成 60 GHz 接收芯片，在工作频率范围内，芯片噪声低于 8.3 dB，增益高于 26 dB，已经比较接近最新研究的 Bi CMOS 工艺的结果，并且在功耗等方面有显著的优势。在射频集成电路设计中，有源器件通常用于驱动或放大电路，而无源器件多用于匹配网络电路。

毫米波前端电路设计的主要挑战以及我国在相应领域的一些发展如下。

（1）LNA

高频 LNA 基本设计方法和低频段上的 LNA 设计并没有太大的不同，需要工作在晶体管的截止频率附近，要充分考虑器件分布参数的影响，并在设计时需要精心考虑这些寄生参数。低噪声放大器作为整个通信电路的前端，其噪声性能制约了整个系统的指标。随着半导体工艺的进步，器件的特征尺寸不断减小，特征频率不断提高，器件的噪声特性和放大特性都有很大程度的提高。在过去五年对毫米波 CMOS 集成电路的研究中，低噪声放大器的特性有了很大的提高，某些性能已经不亚于商用Ⅲ–Ⅴ族芯片。在我国中科院微电子所和中国科技大学、电子科技大学都已研制 V – Band（46 ~ 56 GHz）频段上噪声系数分别为 4.7 dB 和 5.7 dB、增益为 18 dB 和 20 dB 的 90nm 的 CMOS 器件。中科院上海微系统所支持 W – Band（75 ~ 110 GHz）频段上 NF 为 5 dB、增益为 15 dB 的 GaAs 器件。可以看到，在增益及噪声系数方面，现在的 CMOS 集成电路已经与商用芯片的性能相当接近。

（2）混频器

采用 CMOS 技术，在毫米波频段很难获得很大的本振功率输出，必须在一个合理的本振输出功率（通常为 0 dBm）下设计满足要求的变频增益和噪声系数。毫米波频段的器件模型不准确也增加了使用复杂混频结构的难度。浙江大学在 V – Band 上支持带宽 25 GHz 且损耗小于 10 dB 的 90 nm 的 CMOS 器件。东南大学在 W – Band 支持带宽 25 GHz 且损耗小于 14 dB 的 90nm 的 CMOS 器件。

（3）功率放大器

低工作电压和寄生电容（尤其是漏源电容）较大限制了放大器的高频最大输出功率；当前我国电子科技大学支持 Q – Band（36～46 GHz）输出功率 21 dBm、增益 18 dB、90 nm CMOS 器件；清华大学支持 V – Band 输出功率 15 dBm、增益 10.6 dB、65 nm CMOS 器件。

（4）振荡器和分频器

作为通信链路中的重要组成部分，传统的 VCO 一般由 GaAs 或 SiGe 工艺制成。CMOS 工艺的导电衬底和闪烁噪声制约了 CMOS VCO 的相位噪声性能。清华大学可研制 Q – Band 和 V – Band 频段上 PN = – 110.3 dBc/Hz、带宽 10 MHz、65 nm 工艺的 CMOS 器件，电子科技大学可研制 V – Band 频段上 PN = – 95 dBc/Hz、带宽 1 MHz、65 nm 工艺的 CMOS 器件，东南大学支持研发 W – Band 频段上 PN = – 93 dBc/Hz、带宽 10 MHz、130 nm 的 CMOS 器件。

（5）封装和测试

由于毫米波的频率很高，封装所带来的寄生效应（如寄生电容、寄生电感、或者寄生耦合等）对毫米波电路的性能具有极大的影响。

（6）ADC 和 DAC

在 ADC（Analog to Digital Converter，模数转换器）和 DAC（Digital to Analog Converter，数模转换器）方面，以博通公司公开的 60 GHz 套片为例，如图 6-24 所示，该基带芯片含 2.6 GS/s 的 ADC 两个及 DAC 两个，基带芯片售价不高于 50 美元，按上述转换器面积比例折算，平均单个 ADC/DAC 成本不高于 2 美元。由此可见，因为成本、功耗、集成度方面的优势，采用主流 CMOS 工艺，且与 CPU、逻辑、DSP 等片上集成的数据转换器将替代独立数据转换器，成为商用高速系统的主流。

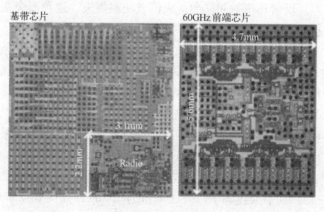

图 6-24　博通芯片

国内众多企业及研究机构在高速数据转换器方面已经突破了基础技术问题，研究成果已经开始应用转化；西安电子科技大学和东南大学已验制出 1 GSps 采样速率、6 bit 采样带宽、0.18 μm 工艺的 COMS ADC 器件，北京时代民芯科技有限公司可以提供 3 GS/s 采样速率、8 bit 采样带宽、0.18 μm 工艺的 ADC COMS 器件。在 DAC COMS 器件方面，中国电子科技集团公司第 24 研究所已研制 1.2 GS/s 采样速率、14 bit 采样带宽、0.18 μm 工艺的 COMS 器件。通过产业政策的合理引导和系统架构的革新，数据转换器将不再对高速通信产业化形成制约。

随着国际上毫米波芯片的研究发展，国内研究机构已开展了毫米波芯片多领域研究，基本覆盖 40～100 GHz 收发信机的关键技术，已基本具备产业化的技术基础。

6.4.3　高频组网性能评估

通过分析高频信道特性和高频器件发展，我们进一步对高频通信的覆盖和网络性能进行初步评估。高频通信覆盖是高频频谱能否应用于移动通信的关键研究问题，同时高频通信的覆盖同样会影响高频通信组网性能。

影响高频同频覆盖的关键因素主要有三个因素：信道传播特性、天线增益和基站发射功率，下面逐一对这三个因素进行分析。

（1）信道传播特性

如前所示，毫米波频段传播特性受到大气衰落和雨衰影响相对 3 GHz 以下频段更加严重。根据 6.4.1 节中对衰落的描述，可以看出除 60 GHz 外，对于大多数毫米波频段（6～100 GHz），大气气体衰减小于 2 dB/km。频段 57～64 GHz 信号传播由于在 60 GHz 氧气吸收电磁能量会导致 15 dB/km 的传播损耗。根据以上数据，除了需要在 60 GHz 特别注意氧气和雨水吸收导致损耗外，我们可以忽略其在整个 6～100 GHz 频段对覆盖造成的影响。

除大气和雨水吸收损耗外，穿透损耗的取值是另一个影响链路覆盖的重要因素。从表 6-12 我们可以看到对于木材和透明玻璃材质，40 GHz 信号的穿透损耗比 3 GHz 以下频段少 2～3 dB，但对于混凝土和植物，高频信号的穿透损耗比低频信号要严重很多，会严重影响毫米波通信系统的覆盖。

在 NLOS 环境下，反射和衍射同样会造成信号功率损失，这种损失在链路预算中主要体现在高频和低频系统链路预算的路损因子不同。

（2）天线增益

由于毫米波波长较短，与空气中尘埃颗粒的尺寸具有可比性，高频信号在空气中传播，缺少绕过空气中尘埃不间断传输的能力，因此会造成信号能量损失从而影响系统覆盖。然而毫米波通信系统也具有一定的优势，因为毫米波波长短，所以半波长天线阵子的尺寸相应变短，因此在 3G 或 LTE 系统相同的天线尺寸下，可以放入比 3G 和 LTE 系统更多的天线阵子数目。

在当前网络中，800 MHz 的 CDMA 天线尺寸为 1500 mm × 260 mm × 100 mm，包含 1 列 ±45° 双极化天线，共 10 个天线阵子，天线增益为 15 dBi，如图 6-25 所示。对于 2.1 GHz 的 LTE 系统，天线尺寸大约为 1400 mm × 320 mm × 80 mm，包含 2 列 ±45° 双极化天线，天线阵子总数为 40，天线增益为 18 dBi，如图 6-26 所示。对比 CDMA 和 LTE 也可以看到，相比 800 MHz 的 CDMA，2.1 GHz 的 LTE 已经在与 CDMA 近似的天线尺寸中放置了更多的天线阵元，由此可以推断未来在高频段通信系统中，如果天线尺寸不变，可以放置更多的天线阵元，带来更高的天线增益。

如果在 40 GHz 的毫米波频段，以现有天线尺寸可以包含 57（$K_c = 57$）列双极化天线，每列天线包含 180（$K_r = 180$）个天线阵子，如图 6-27 所示，这样每列天线增益可以增加到 26 dBi，而额外的天线增益可以用于克服高频段信号传播带来的能量衰减。在毫米波系统，相似的天线增益也同样可以在 UE 端获得。

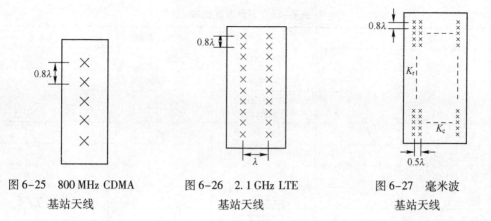

图 6-25　800 MHz CDMA
基站天线

图 6-26　2.1 GHz LTE
基站天线

图 6-27　毫米波
基站天线

（3）发送功率

以现有 RF 集成电路工业水平，毫米波频段的功率放大器的功率效率为 10% ~ 20%，而现有低频段的功率放大器功率效率为 40%。这表示如果发送相同功率，毫米波通信系统基站比传统通信系统基站需要消耗更多功率。

在本节，我们通过链路预算方法来比较下行典型 LTE 系统和毫米波系统的覆盖情况。链路预算采用的自由空间传播模型如下[23]：

$$PL(d) = \overline{PL(d_0)} + 10n\log_{10}\left(\frac{d}{d_0}\right) + X_\sigma \tag{6-13}$$

$$d = d_0\,10^{\frac{PL(d) - \overline{PL(d_0)} - X_\sigma}{10n}} \tag{6-14}$$

式中，X_σ（dB）是按照标准方差 σ（dB）分布的零均值高斯白噪声变量。在满足 90% 的市区覆盖需求和阴影衰落标准差 $\sigma = 8$ dB 条件下，$X_\sigma = 10.25$ dB。路径衰落因子（PLE）用于表示信号随距离指数衰减的程度，其数值大小与所处无线环境密切相关，根据参考目前文献中对 PLE 的描述，在本节的链路预算中，将 NLOS 场景 2.1 GHz 频段下的 PLE 取值为 3.2[23,24]，将 38 GHz 频段下的 PLE 取值为 4.5[15]。参数 d_0 是以天线 1 m 的远场功率为参照的参考距离，参数 d 是发送和接收天线之间的距离，参数 λ 是载波波长。

$$PL(d_0) = 20\log_{10}\left(\frac{4\pi d_0}{\lambda}\right) \tag{6-15}$$

表 6-17 给出 2.1 GHz 的 LTE 系统和 38 GHz 毫米波通信系统的链路预算。利用式（6-14）和式（6-15），链路预算的结果给出 2.1 GHz 的 LTE 和 38 GHz 的毫米波系统覆盖距离分别为 1.8 km 和 52 m。即使考虑其他提升覆盖的方法，包括减少系统带宽、采用波束赋形等方式，例如将高频 38 GHz 的 1 GHz 带宽减少到 500 MHz，并且采用波束赋形获得 17 dB 赋形增益，仍然难以使 38 GHz 的毫米波通信系统获得与 2.1 GHz 的 LTE 系统相同的覆盖。但是根据当前信道测量结果，38 GHz 频段传播损耗在不同环境下信道衰减因子差异较大，未来在一些特定环境下（如直射径 LOS 环境），高频段通信仍然可以很好地工作。

表6-17　下行覆盖比较

参　　数	LTE 系统	毫米波系统	计算关系[①]
载频	2.1 GHz	38 GHz	
系统带宽	20 MHz	1 GHz	
下行带宽	2.16 MHz（12PRB）	1 GHz	
发射功率/dBm	36.79	46	a
发射天线增益/dBi	18	26	b
发射线缆损耗/dB	0.5	0.5	c
EIRP/dBm	54.29	71.5	$d = a + b - c$
噪声谱密度/dBm/Hz	−174	−174	
热噪声/dBm	−100.99	−84.00	e
噪声系数/dB	8	8	f
数据速率	1 Mbit/s	1 Gbit/s	
SINR/dB	1.32	3.56	g
接收机灵敏度/dBm	−101.34	−72.44	$h = e + f + g$
接收天线增益/dBi	0	10	i
线缆损耗/dB	0	0	j
最小接收功率/dBm	−101.34	−82.44	$k = h - i + j$
身体损耗/dB	2	2	l
穿透损耗/dB	0	0	m
阴影衰落/dB	8	8	
覆盖比例/dB	90%	90%	
阴影衰落余量/dB	10.25	10.25	n
干扰链路余量/dB	0	0	o
路径损耗（PL）（dB）	143.37	141.69	$PL = d - k - l - m - n - o$

① 此项中的符号只表示各参数之间的计算关系，不代表物理意义。

6.5　小结

　　随着无线通信的不断发展，频谱作为无线通信中的稀缺资源，其价值越来越受到无线研究、开发和运营者的重视。充分利用现有中低频频谱，并不断开发利用新的高频频谱是实现5G通信系统中超高流量密度、超高连接数的基础和重要手段。

　　本章从无线频谱划分、中低频谱利用、高频频谱利用等方面进行初步探索，介绍了当前和未来可能的频谱利用方式和挑战。由于频谱资源的稀缺性，目前众多通信企业已经充分意识到全频谱利用的重要性，在3GPP Release 13 已经开始研究授权与非授权频谱的结合方案，同时3GPP Release 14 已经确定开始高频信道建模的研究。目前，高频移动通信的发展刚刚起步，还面临克服高频频谱衰减、定义高频空口结构、提高高频器件性能、探索高频组网可行性等诸多技术挑战。未来，随着授权与非授权频段结合、高频与低频频段结合等先进频谱利用技术的不断成熟，频谱利用技术会成为 5G 通信系统中的支柱性技术，并为未来通信发展做出贡献。

参考文献

［1］ ITU – R. M. 2290, Future spectrum requirements estimate for terrestrial IMT［EB/OL］, 2013. http://www. itu. int.

［2］ 中国移动. TC5 – 2014 – 098Q, 中国移动未来频谱资源研究与探讨［Z］. CCSA TC5 第 35 次全会, 2014.

［3］ 3GPP. TR 36. 889, Technical Specification Group Radio Access Network; Study on Licensed – Assisted Access to Unlicensed Spectrum (Release 13)［R］, 2015.

［4］ ZTE. RWS – 140021, Discussion on LTE in Unlicensed Spectrum［Z］, 3GPP workshop on LTE in unlicensed spectrum, 2014.

［5］ 大唐电信. IMT – 2020_3GPP_14274, Listen before talk for LAA_物理层［Z］. IMT – 2020 推进组 3GPP 工作组第 47 次会议, 2014.

［6］ 酷派. IMT – 2020_3GPP_14284, LBT 中 FBE 和 LBE 的比较分析［Z］. IMT – 2020 推进组 3GPP 工作组第 47 次会议, 2014.

［7］ 大唐. TC5 – 2014 – 097Q, 3. 5GHz 频段规划与频谱共享技术［Z］. CCSA TC5 第 35 次全会, 2014.

［8］ ITU – R. P676 – 8, 无线电波在大气气体中的衰减［EB/OL］, 2009. http://www. itu. int.

［9］ ITU – R. P838 – 3, 预测方法中使用的雨天衰减的具体模型［EB/OL］, 2005. http://www. itu. int.

［10］ ITU – R. M. 2135, Guidelines for evaluation of radio interface technologies for IMT – Advanced. December［EB/OL］, 2009. http://www. itu. int.

［11］ C R Anderson, T S Rappaport. In – Building Wideband Partition Loss Measurements at 2. 5 and 60 GHz［A］. IEEE Trans. on Wireless Communnications, 2004;922 – 928.

［12］ K C Allen, et al. Building Penetration Loss Measurements at 900 MHz, 11. 4 GHz, and 28. 8 GHz. NTIA Technical Report. TR – 94 – 306［EB/OL］, 1994. http://www. its. bldrdoc. gov/publications/94 – 306. aspx.

［13］ Z Pi, F Khan. An Introduction to Millimeter – Wave Mobile Broadband Systems［A］. IEEE Communications Magazine, 2011: 101 – 107.

［14］ A Alejos, M G Sanchez, I Cuinas. Measurement and Analysis of Propagation Mechanisms at 40 GHz: Viability of Site Shielding Forced By Obstacles［A］. IEEE Trans. on Vehic. Tech, 2008: 3369 – 3380.

［15］ T S Rappaport, E Ben – Dor, J N Murdock, Yijun Qiao. 38 GHz and 60 GHz angle – dependent propagation for cellular & peer – to – peer wireless communications［A］. IEEE International Conference on Communications (ICC), 2012: 4568 – 4573.

［16］ Y Azar, G N Wong, T S Rappaport, et al. 28 GHz Propagation Measurements for Outdoor Cellular Communications Using Steerable Beam Antennas in New York City［A］. IEEE International Conference on Communications (ICC), 2013: 5143 - 5147.

[17] J N Murdock, E Ben - Dor, Yijun Qiao, J I Tamir, T S Rappaport. A 38 GHz Cellular Outage Study for an Urban Outdoor Campus Environment[A]. IEEE Wireless Communications and Networking Conference (WCNC), 2012: 3085 - 3090.

[18] H Zhao, R Mayzus, T S Rappaport, et al. 28 GHz Millimeter Wave Cellular Communication Measurements for Reflection and Penetration Loss in and around Buildings in New York City [A]. IEEE International Conference on Communications (ICC), 2013: 5163 - 5167.

[19] 彭洋洋, 吴文光, 王肖莹, 等. 单片毫米波 CMOS 集成电路技术发展动态[J]. 微电子学报, 2009(10): 89 - 694.

[20] C Cao, E SEO. Millimeter - wave CMOS voltage controlled oscillators[A]. IEEE Radio and Wireless Symposium, 2007: 185 - 188.

[21] B Razavi. A 60GHz direct - conversion CMOS receiver[A]. IEEE Solid - State Circuits Conference (ISSCC), 2005: 400 - 406.

[22] B Razavi. A millimeter - wave CMOS Heterodyne Receiver with On - chip LO and Divider [A]. IEEE Solid - State Circuits Conference (ISSCC), 2008: 477 - 485.

[23] T S Rappaport. Wireless Communications: Principles and Practice[A]. Prentice Hall, 2002.

[24] METIS. ICT - 317669 - METIS/D5. 1, Intermediate description of the spectrum needs and usage principles[EB/OL], 2013. https://www. metis2020. com.

第7章 灵活的物理接入

7.1 技术基础

物理层技术特别是调制、编码、多址、双工等技术，可以说是无线通信技术中的核心与灵魂，在学术界进行了广泛而深刻的研究。随着移动通信的迅速发展和芯片技术进步带来的处理能力大幅提升，很多以前提出的技术在产业界得以实现，因而近二十年来无线通信应用技术迎来了爆发式的发展。新技术应用带来了频谱效率和用户体验的大幅提升，速率从不足100 kbit/s 发展到了100 Mbit/s 以上。然而，技术飞速发展繁荣的另一方面是，现有通信技术实现了自20 世纪50 年代以来无线通信原理上的大多技术储备，想要寻求突破性的物理层技术变革已非常困难。可这也说明了现有技术在相当广阔的领域内已经达到原理上的极限，更重要的或许不再是突破极限而是更加灵活的应用。由于场景多种多样，很难有一种技术适用于所有场景，因而如何将不同场景下的技术整合起来，采用灵活的物理接入技术将是物理层技术未来主要的发展方向之一。

现有LTE 系统物理层技术中[1]，编码采用Turbo 码，调制采用QAM（Quadrature Amplitude Modulation，正交振幅调制）技术和MIMO 技术，多址技术是OFDMA（Orthogonal Frequency Division Multiple Access，正交频分多址）/SC – FDMA（Single – carrier Frequency – Division Multiple Access，单载波频分多址），双工则是FDD 或TDD 两种方式。

根据信息论[2]中香农有噪信道传输定理，存在被称为信道容量的界，使得一切小于信道容量的速率都能无差错传输，而大于信道容量速率的传输都会出现差错。而信源信道编码分离定理又表明，可以分别进行信源编码和信道编码而不损失信道容量，这使得现有通信技术在物理层传输时都不考虑信源编码，即假设信源编码是理想的，这时信道编码的输入便是独立等概率分布的0、1 比特。波形信道可达速率的证明方法是直接将输入信源调制到传输符号，这种码字按照码书映射直接发送和最大似然接收译码的方式无法应用于工程实践，在工程中往往将这一过程分成调制和编码两个阶段。虽然TCM（Trellis coded modulation，网格编码调制）表明联合编码和调制是有好处的，然而在衰落信道下，其与比特交织方案相比几乎没有增益并且设计极其复杂，因而现有通信技术对编码、交织、调制进行各自独立的优化。

LTE 中编码采用Turbo 码，这和3G 中数据信道主要编码方案一致，而有别于2G GSM 中采用的卷积码。自1993 年Turbo 革命以来，迭代编译码技术取得了长足的发展，大大提升了译码门限，并使之更加接近香农极限，其代表性的编码有Turbo 编码和LDPC（Low Density Parity Check Code，低密度奇偶校验码）编码。LTE 中的Turbo 码是通过交织器将两个卷积码并行级联起来进行编码，如图7-1 所示，由于交织器的存在使得输入比特可以带来更多编码约束长度，这是符合随机编码理念的一种编码方式。然而使得Turbo 码性能优异更加重要的原因在于采用了迭代译码的算法，如图 7-2 所示，通过每个卷积码分量译码器的软输入/软输出译码（如 BCJR，SOVA 算法等），将软输入信息进行译码输出软输出，并经过交织器或反交织器进入另一个卷积码译码器，如此反复，达到接近最大似然的译码效果[3]。

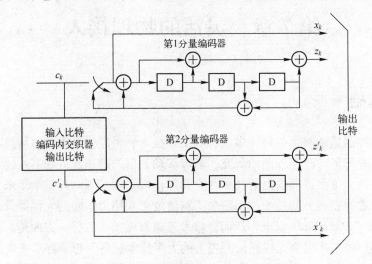

图 7-1　LTE 系统中的 Turbo 码[4]

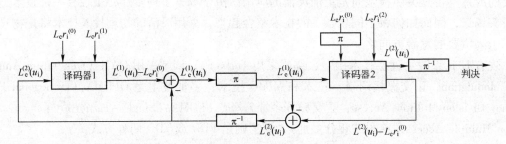

图 7-2　并行 Turbo 码的迭代译码算法[2]

　　LDPC 码是 Turbo 码的一个有力的竞争方案，在 LTE 的 3GPP 标准研究阶段提出过用 LD-PC 码代替 Turbo 的设想。Turbo 码虽然带来了革命性飞跃，可仍然与香农限有着一定的性能差距，如图 7-3 表示的是 LTE 中 Turbo 码在 AWGN（Additive White Gaussian Noise，加性高斯白噪声）信道下不同 MCS 等级的频谱效率和对应解调 SNR 门限，与香农公式计算出的信道容量间的比较。图中圆圈代表链路仿真得到 LTE 系统 AWGN 下、不同 MCS 达到的频谱效率及正确解调所需的 SNR 门限；实线则为香农公式计算的理论值。首先可以看到，随着 MCS 等级的提升，频谱效率是增加的，除了两处的例外，这两处是 QPSK 和 16QAM 的分界点、16QAM 与 64QAM 的分界点。LTE 系统的 MCS 设计时，在两个分界点上传输相同比特数的数据，也即编码码率不同但频谱效率相同。原则上一个优秀的编码在频谱效率相同的情况下解调门限也是一致的，然而可以看到实际方案中有接近 1 dB 的差别，这也间接说明了 Turbo 编码受制于调制方案，和最优编码还有一定的距离。特别是在长码条件（如长度 65536 bit 的编码）下，LDPC 码已经可以和香农限的距离在 0.1 dB 以内，而 Turbo 码则有较大的制约。

　　在 LTE 中，QPSK 调制下的 Turbo 码和香农限的距离在 1 dB 左右，16QAM 时是 2 dB 左右，而 64QAM 时则到了 3 dB 左右，这种差别在无线通信中处于可以接受的水平。有线通信中，特别是骨干网中，有极高的速率要求，其需要看到 10^{-14} 的误比特率，0.5 dB 的提升都会带来很大的经济效益。而无线通信由于信道动态性，误帧率基本在 10% 左右，通过 HARQ、AMC（Adaptive Modulation and Coding，自适应调制编码）、功率控制等手段，使得解调门限不成为无线系统决定性的制约因素。另外，在 LTE 设计时，由于码长普遍较短，LDPC 码相比 Turbo 码没有优势（正如在控制信道中仍然采用卷积码而不是 Turbo 码一样），再加上新的交织器设计使得 Turbo 码并行快速译码成为可能，因而 LTE 采用了 Turbo 编码。然而，在未来更高速率要求下，基于码块分割的 Turbo 码性能会有更大的损失，这时 LDPC 码可能会显现出一定的性能优势，有着一定的优化潜力。

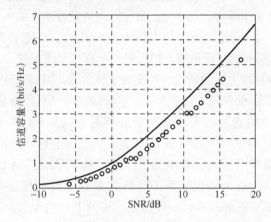

图 7-3　LTE 中不同 MCS 等级的频谱效率和解调门限与高斯信道容量间的比较

　　LTE 的调制采用基于 OFDM 的 QAM 方式，QAM 调制实现起来相对简单，但随着调制等级的提升，其星座图远离高斯分布，在码率较高时和高斯信道容量有一定的距离，如图 7-4 所示。这种差距在低码率时并不明显，而在极高码率时有 1 dB 以上的差距。对于噪声受限的场景，较低码率下的 QAM 调制不会损失信道容量；而在带宽受限场景下的高阶调制，可以通过调制星座图重整形等手段获得增益，然而这会提升解调的复杂度。另外在衰落信道条件下，I 路和 Q 路独立承载信息的方式会损失分集增益，可通过旋转星座图的方式使得调制

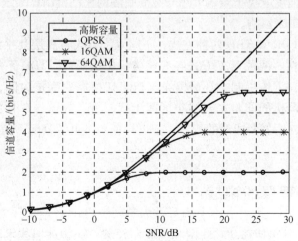

图 7-4　星座图调制下的信道容量

信息同时经历 I 路和 Q 路的衰落，达到获取分集增益的效果，其代价同样是解调复杂度的提升。MIMO 技术可以看作一种广义的调制技术，可以分为 STBC、STTC 和预编码等方式，LTE 中采用的是基于 STBC 和预编码 MIMO 技术，随着天线数目的提升，MU – MIMO 技术也兼顾成为了空分多址的技术手段。

　　LTE 的多址技术是基于 OFDM 下的 OFDMA 方式，OFDM 本身也可以看作是一种调制技术。传统的调制是在时域携带信息，而 OFDM 则是在等效的频域携带信息通过奈奎斯特采样的方式达到最高采样速率。时域和频域是等效的两个变换域，选择在那个域中携带信息的一个关键考虑是时间选择性和频率选择性哪个占主导地位。对于频率选择性主要的情景，在时域携带信息表现为符号间干扰、需要复杂的均衡技术，而在频域携带信息则表现为符号经历衰落、只需要简单的乘除法操作即可。同样地，对于时间选择性主要的场景，在频域携带信息则会有较大的载波间干扰，若不用复杂的均衡技术进行补偿，性能会有较大的下降，这也是 OFDM 技术在高速场景所遇到的一个挑战。LTE 是一个宽带无线系统，在典型应用场景中，散射体丰富、可分辨径的数目较大，频域选择性成为主要矛盾，因而 OFDM 技术有较大的优势。

　　OFDM 调制的时域信号冲激响应是矩形的，因而频域响应是 Sa 函数，存在有较大能量的旁瓣。实际系统中常采用滤波的方法抑制带外辐射，以及 PAPR（Peak to Average Power Ratio，峰值平均功率比）抑制等手段、提升功放工作点。上行系统受制于终端射频能力的限制，采用 OFDM 调制意味着较大的功率回退，因而最终采用了类似 OFDM 的 DFT 扩展单载波调制方式 SC – FDMA，最大限度复用 OFDM 的处理流程和模块结构。对于复用 OFDM 结构的上行系统，由于带外辐射较高，因而需要严格的上行同步来控制频率多用户调度下的用户间干扰。多用户的 OFDM 信号理想同步时，由于干扰信号在采样点的能量正好为零，因而同步时在数字信号处理采样点上看不到用户间干扰；而如果多用户的时间不同步，就有较明显的干扰，需要隔离一定的子载波作为保护间隔。

　　除了带外辐射和上行同步，OFDM 性能对时偏和频偏比较敏感。对于落入 CP（Cyclic Prefix，循环前缀）范围内的时偏，OFDM 抑制能力取决于时偏和多径叠加后是否超过了 CP 的范围。若不超过 CP 范围，OFDM 几乎没有性能损失；若超过 CP 范围，则等效于受到了符号间干扰，带有 CP 的 OFDM 不考虑抑制这种干扰，因而性能受到限制。而系统频偏会直接引入载波间干扰，强度取决于频偏大小与载波间隔的比例，LTE 系统的设计要求典型频偏范围不会对系统性能带来影响。

　　LTE 的双工采用 FDD 和 TDD 两种方式，不同双工方式在高层几乎没有区分，在物理层也保持了较高的一致性。两种双工方式各有优劣，相比而言，TDD 系统的特点包括：受制于上下行时隙的限制，重传机制会比较复杂，双工切换需要保护时间，信号处理结构非连续，并且组网时需要严格的同步来减缓小区间干扰；另一方面，TDD 的优势包括：可以更有效地利用频谱资源，不需要成对的频谱，上下行资源可灵活分配，信道互异性带来实现相关的增强算法等优势。

7.2　5G 系统物理层的挑战

　　5G 的主要应用场景包括移动互联网和物联网领域，在物理层技术的选择上需要考虑支持极大的吞吐量和极高的连接数。面对未来 5G 移动网络大容量业务需求，同时也需要保护已有投资和满足传统终端的接入，以满足对 4G 系统和终端的后向兼容。

在蜂窝移动通信中，频谱效率、频谱资源和站址密度是最重要的组成要素，是通信系统容量能力的关键支点。从频谱效率角度看，4G LTE 系统已经非常接近单链路用户信道容量，进一步提升空间有限；同时，单链路多天线技术的应用受制于终端尺寸限制，也已经接近极限，因而从多用户角度出发提升容量成为频谱效率提升的关键。多用户提升容量的方法主要分为两个方面：基于大规模多天线、利用空间维度的多用户复用以及基于干扰删除、利用信号处理维度的新型多址。

然而总体来讲，如果简单地从 4G 持续演进的角度设计 5G 网络并不能完全满足 5G 的需求。一方面，从频谱效率提升角度，因为受制于兼容性约束，系统可能无法发挥出最大优势来获取更高容量，而且虽然现有技术支持了异构组网，但缺少对密集组网时站址、回传等工程实践和部署成本层面的考虑以及运营维护方面的优化；另一方面，虽然更大数量的载波聚合尽最大可能利用了已有频段，可现有频谱资源毕竟有限，为了获得更多的频谱，需要面向更高频段进行开拓并发展出与其相适应的空口技术。此外，4G 及以前的网络主要以移动用户的语音和数据业务为主，其资源颗粒度划分和调制编码等技术也和业务特点相适应。然而，面对物联网为代表具备多样业务种类的 5G 系统，如包括传感器的窄带高能效、车联网和工业控制领域的低时延高可靠、机器通信的海量免调度等新型业务，现有 4G 空口技术难以满足对服务质量的需求。因而，从进一步提升频谱效率，降低成本，扩展频谱资源和适应灵活多样新业务等角度，都需要新空口技术，部署轻便、投资轻度、维护轻松、体验轻快地满足 5G 应用场景和业务需求。

5G 系统的最大特点是容量需求巨大和业务灵活多样，这一方面要求网络侧变得更加灵活，通过软件定义和功能虚拟化等方式快速适配多变的场景和多样的需求，另一方面也对接入侧提出巨大挑战，包括对大容量下信号处理能力的挑战和对多样性处理灵活度的挑战。高速信号处理能力要求高度集成优化的信号处理模块，而多样性又需要通用可软件定义的单元，对广域业务需求或单一业务需求等不同场景，适当划分与整合各种单元模块十分重要。

5G 系统的整体框图示例如图 7-5 所示，其中包括相分离的控制面和数据面。控制面主要采用软件定义方式，与核心网定义对应的软件控制接口，具有根据业务特点适配帧结构，

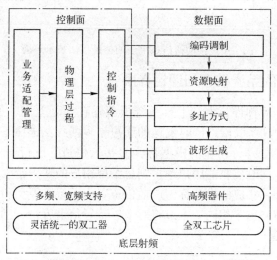

图 7-5　5G 系统物理层整体框图示例

改变处理架构，控制物理层过程和物理层协作，生成控制指令等功能。控制面的物理实体也可以和数据面相分离，既可以适配集中式控制，也可以是分布式控制。而数据面则根据业务特点分成高度集中优化面向高容量的处理单元和面向多业务可软件定义的处理单元，并且可以分别在编码调制、资源映射、多址方式、波形生成等不同等级分别定义。此外，在射频层面对不同场景，需要多频宽频支持、高频器件、灵活统一的双工器、全双工芯片等某个功能或是某些功能的组合。

前面几章从大规模天线、超密集组网和高频段通信等角度对 5G 备选关键技术给出了详细的介绍，本章主要从多址接入、灵活双工、全双工和灵活调制编码等角度，来解决 5G 系统在轻快部署、灵活多样业务等方面的挑战。

7.3 非正交多址技术

在移动通信系统中，多址接入技术是满足多个用户同时进行通信的必要手段。在过去 20 多年间，每一代移动通信系统的出现，都伴随着多址接入技术的革新。多址接入技术的设计既要考虑业务特点、系统带宽、调制编码和干扰管理等层面的影响，也要考虑设备基带能力、射频性能和成本等工程问题的制约。

纵观历史，1G ~ 4G 系统大都采用了正交的多址接入技术，如图 7-6 所示。面向 5G，非正交多址接入技术日益受到产业界的重视。一方面，从单用户信息论的角度，4G LTE 系统的单链路性能已经非常接近点对点信道容量，因而单链路频谱效率的提升空间已十分有限；另一方面，从多用户信息论的角度，非正交多址技术不仅能进一步增强频谱效率，也是逼近多用户信道容量界的有效手段。此外，从系统设计的角度，非正交多址技术还可以增加有限资源下的用户连接数。以下对非正交多址接入的技术原理、方案设计、信号处理流程、性能增益等进行进一步的分析。

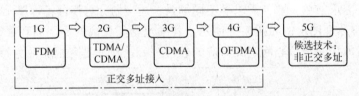

图 7-6　移动通信系统中的多址接入技术革新

7.3.1 非正交多址的系统模型与理论界限

由于通信系统的非对称性，上、下行系统模型存在显著差别。上行通信系统是多点发送、单点接收，单用户功率受限，同时发送的用户越多则总发送功率越高，发送端难以联合处理而接收端可以联合处理，相应的模型称为多接入信道。下行通信是单点发送、多点接收，总发送功率受限，同时接收的用户越多则分给单用户的功率越少，发送端可以联合处理而接收端难以联合处理，相应的模型称为广播信道。由于系统模型和特点不同，上、下行信道的容量和最优传输策略也不相同。本节将对上、下行信道容量分别进行分析[3]。

1. 上行多接入信道

上行高斯多接入信道的模型可以表示为 $y(t) = \sum_{i=1}^{M} x_i(t) + n(t)$。其中，$x_i(t)$ 为信源 U_i

$(i=1,\cdots,M)$ 编码后的发送信号，满足 $E[x_i^2(t)]\leqslant P_i$ 的功率约束，且多用户占用相同的带宽 W；$n(t)$ 为加性高斯白噪声，其双边功率谱密度为 $N_0/2$；$y(t)$ 为接收信号。高斯多接入信道的容量是已知的，表示为[3]：

$$\sum_{i\in U}R_i\leqslant W\log_{10}\left(1+\frac{\sum_{i\in U}P_i}{N_0W}\right) \tag{7-1}$$

其中，$U\subseteq\{1,\cdots,M\}$。

以 2 个用户为例，基于式（7-1）可得到高斯多接入信道的容量，如图 7-7 中的折线所示。除明确上行多接入信道的容量界之外，达到容量的发送和接收策略也十分重要。在发送端，2 个用户在相同的资源上各自发送随机编码后的调制信息，并在空口进行直接叠加。在接收端，为了达到图 7-7 中 A、B 两拐点的容量，可以采用 SIC（Successive Interference Cancellation，串行干扰删除）接收机，即：先将用户 1（或用户 2）的符号当作干扰，译码用户 2（或用户 1）的符号；然后删除用户 2（或用户 1）的符号，再译码用户 1（或用户 2）的符号。然而基于 SIC 的策略不能直接达到线段 AB（不包含 A 点和 B 点）上的容量。若要达到线段 AB 上的容量，可通过在 A 点和 B 点间的正交复用方式来实现，或者在接收端采用多用户联合最大似然译码。

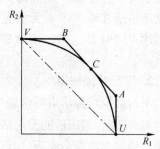

图 7-7　两用户的多接入信道容量界

图 7-7 中的 U 点和 V 点分别代表用户 1 和用户 2 独占所有资源时的信道容量。对于时分多址正交系统，假设 2 个用户在 T 时间内分别占用 T_1、T_2 的时间传输，且在各自传输的时间里满足 $E[x_i^2(t)]\leqslant P_i$ 的功率约束，则信道容量为：

$$(R_1,R_2)=\left(\frac{T_1}{T}W\log_{10}\left(1+\frac{P_1}{N_0W}\right),\frac{T_2}{T}W\log_{10}\left(1+\frac{P_2}{N_0W}\right)\right) \tag{7-2}$$

对于频分多址正交系统，假设 2 个用户各占用的带宽为 W_1、W_2，且 2 个用户在各自频带内的信号功率谱密度与单用户独占带宽 W 时相同，则信道容量为：

$$(R_1,R_2)=\left(W_1\log_{10}\left(1+\frac{P_1}{N_0W}\right),W_2\log_{10}\left(1+\frac{P_2}{N_0W}\right)\right) \tag{7-3}$$

在此约束下，时分和频分多址正交的容量均为图 7-7 中的虚线所示。

进一步，考虑借功率场景下的正交多址系统，即在时分多址时将功率约束放宽为 $\frac{1}{T}\int_0^T E[x_i^2(t)]\leqslant P_i$，则用户 i 在传输时间 T_i 内，功率可提升至 $E[x_i^2(t)]\leqslant P_iT/T_i$，$(\forall t\in T_i)$；类似地，在频分多址中，允许用户 i 在带宽 W_i 内发射全部的功率。这时时分多址和频分多址的容量分别为：

$$(R_1,R_2)=\left(\frac{T_1}{T}W\log_{10}\left(1+\frac{P_1T}{T_1N_0W}\right),\frac{T_2}{T}W\log_{10}\left(1+\frac{P_2T}{T_2N_0W}\right)\right) \tag{7-4}$$

$$(R_1,R_2)=\left(W_1\log_{10}\left(1+\frac{P_1}{N_0W_1}\right),W_2\log_{10}\left(1+\frac{P_2}{N_0W_2}\right)\right) \tag{7-5}$$

可以看到，借功率场景下，时分和频分正交多址的容量均为图 7-7 中的弧线所示[2]。可借功率的正交多址系统可以在 C 点达到多接入信道的和容量。然而，当 2 个用户的功率不

对等时（即存在远近效应），如图7-8所示，虽然可借功率
正交接入的 C 点和容量与多接入信道的 A 点和容量相等，
然而 C 点所对应的 $R_1 \ll R_2$，用户间公平性较差。

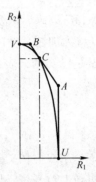

4G LTE 采用正交多址接入，而且考虑实际系统和小区
间干扰等因素，上行不采用借功率方案[4]，因而仅能达到
图7-7 中虚线所表示的信道容量。若在 5G 系统中引入非正
交多址接入，理论上将有显著的频谱效率提升空间。另一
方面，虽然从上行多接入信道的角度，最优的发送策略是
所有用户同时满功率发送。然而，实际的蜂窝通信系统是
个复杂的干扰信道，且干扰不能完全消除，更多用户的同
时发送将给邻小区带来无法完全消除的干扰。因此，对于

图7-8　功率不对等时的两用户
多接入信道容量界

较多用户同时发送时的实际性能，还需考虑系统设计和工程约束，并进行全面的评估与
优化。

2. 下行广播信道

下行高斯广播信道的模型可表示为 $y_i(t) = x(t) + n_i(t)$ $(i = 1, \cdots, M)$。其中，$x(t)$ 为 M
个信源 U_i 联合编码后的发送信号，满足 $E[x^2(t)] \leqslant P$ 的功率约束，带宽为 W；$n_i(t)$ 为第 i
个用户的加性高斯白噪声，其双边功率谱密度为 $N_i/2$；$y_i(t)$ 为第 i 个用户的接收信号。高
斯广播信道中，多用户的信道质量可以排序，不失一般性假设 $N_1 \leqslant \cdots N_j \leqslant \cdots N_i \leqslant \cdots N_M$。因
此，若一个用户 i 可以正确译码自身的信息，则信道质量优于用户 i 的其他任意用户 j 也能
正确译码用户 i 的信息。因此，高斯广播信道是一种退化广播信道，其容量是已知的，可表
示为[2]：

$$R_i \leqslant W\log_{10}\left(1 + \frac{\alpha_i P}{N_i W + \sum_{j=1}^{i-1} \alpha_j P}\right) \tag{7-6}$$

其中，α_i 是分配给用户 i 的功率比例，满足 $\sum_{i=1}^{M} \alpha_i = 1$。

对于一般的退化广播信道，可以采用叠加编码（Superposition Code）达到信道容量。而
对于高斯广播信道，可通过发送端信号的直接叠加和接收端的串行干扰删除接收机，来达到
信道容量，具体地：给任意用户 i 分配一定的功率 $\alpha_i P$；在译码时，将信道质量好于用户 i
的用户 $j(N_j < N_i)$ 信息当作干扰，同时将信道质量差于用户 i 的用户 $k(N_k > N_i)$ 信息译码并
删除。

以 2 个用户为例，考虑不同的功率分配因子，基于
式（7-6）可得到高斯广播信道的容量，如图7-9 中的实线
所示。下行正交多址的容量与上行正交多址的容量类似，
如图7-7 的点画线所示。由于下行多用户的总功率受限，
因此没有借功率的场景。

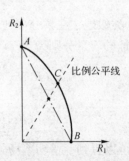

通过容量表达式（7-6）可以看到，首先，如果没有
远近效应，也就是所有用户的噪声方差相同，则下行高斯
广播信道下，非正交多址的容量与正交多址的容量相同。

其次，如果追求和容量最大的准则，则最优的策略是将所

图7-9　两用户的广播信道容量界

有功率分配给信道质量最好的用户，即图 7-9 中的 A 点。因此，在存在远近效应，且考虑多用户公平性的实际场景中，非正交多址的理论容量优于正交多址，且能达到高斯广播容量限。

7.3.2　非正交多址的方案设计

基于上一节的分析，非正交多址技术是逼近上行和下行信道容量界的潜在方法。本节将从功率域、星座域、码域三个维度，对相应非正交多址技术的设计原理、信号处理流程和性能增益进行详细分析。

1. 功率域非正交多址

PNMA（Power – domain Non – orthogonal Multiple Access，功率域非正交多址），是指在发送端将多个用户的信号在功率域进行直接叠加，接收端通过串行干扰删除区分不同用户的信号[4,6,7]。以下行 2 个用户为例，图 7-10 展示了 PNMA 方案的发送端和接收端信号处理流程：

- 基站发送端：小区中心的用户 1 和小区边缘的用户 2 占用相同的时频空资源，二者的信号在功率域进行叠加。其中，用户 1 的信道条件较好，分得较低的功率；用户 2 的信道条件较差，分得较高的功率。
- 用户 1 接收端：考虑到分给用户 1 的功率低于用户 2，若想正确地译码用户 1 的有用信号，必须先解调/译码并重构用户 2 的信号，然后进行删除，进而在较好的 SINR 条件下译码用户 1 的信号。
- 用户 2 接收端：虽然用户 2 的接收信号中，存在传输给用户 1 的信号干扰，但这部分干扰功率低于有用信号/小区间干扰，不会对用户 2 带来明显的性能影响，因此可直接译码得到用户 2 的有用信号。

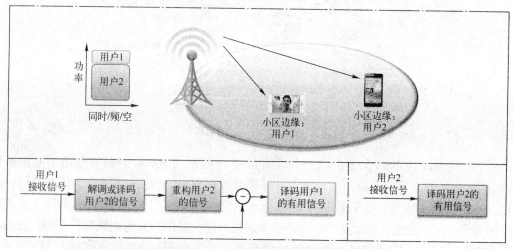

图 7-10　下行 PNMA 的收发端信号处理

上行 PNMA 的收发信号处理与下行基本对称，叠加的多用户信号在基站接收端通过干扰删除进行区分。其中，对于先译码的用户信号，需要将其他共调度的用户信号当成干扰。此外，在系统设计方面，上、下行也有一定的差别。

以下通过链路级仿真验证下行 2 用户 PNMA 方案相对正交多址方案的性能增益，仿真参数如表7-1所示。正交多址中，2个用户通过时分复用，各占一半的资源；PNMA中，功率分配的策略是比例公平地提升近端和远端用户的吞吐量。仿真结果如图7-11所示，可以看到，近端和远端用户间的SNR差值越大，PNMA的和吞吐量增益越大，这符合PNMA需要利用用户间远近效应的理论预期。当SNR差值固定时，随着近端用户SNR的增加，PNMA的性能增益呈现先增大后减小的趋势。这是因为PNMA的增益本质上来源于容量和功率的对数关系，因此在一个用户功率受限，另一个用户带宽受限时，性能增益更为明显。而仿真中，当两用户的SNR都较低时，二者都处于功率受限区域；当两用户的SNR都较高时，二者都处于带宽受限区域。

表7-1　链路级仿真假设

参　　数	取　　值
调制编码方式	基于LTE系统的调制编码
调试编码等级选择	自适应调制编码
SNR配置	近端用户SNR－远端用户SNR=3, 6, 9, 12 dB
信道模型	AWGN
正交调度资源分配	时分复用，近端和远端各占一半的资源

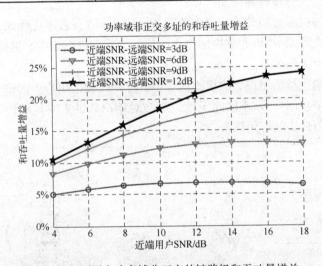

图7-11　两用户功率域非正交的链路级和吞吐量增益

3GPP TR 36.814的图A.2.2-1中[8]，给出了站间距为500 m的典型城市宏基站小区（Urban Macro）场景下，系统级多小区仿真得到的用户SINR分布（不考虑非正交的用户间干扰），如图7-12所示。基于多用户SINR分布曲线，本文仿真了正交多址和PNMA非正交多址的用户吞吐量性能（见图7-13）。正交多址仿真中，采用时分轮询调度，每用户占用的资源数相同。PNMA仿真中，采用分组轮询调度，首先根据SINR将所有用户分成2组，即：低SINR组和高SINR组，2个组内的用户数目相等；通过轮询算法，每次从2个组中各选出1个用户以进行配对，并采用2个用户的PNMA传输。初步仿真表明，相比正交多址，下行PNMA非正交方案可以达到18.9%的小区平均吞吐量增益和28.8%的小区边缘吞吐量增益。

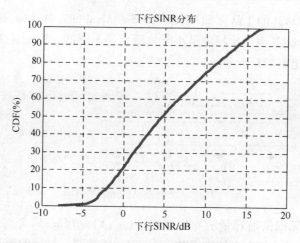

图 7-12　系统级多小区环境下的用户 SINR 分布

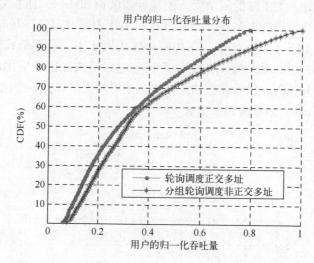

图 7-13　系统级多小区环境下的用户归一化吞吐量分布

2. 星座域非正交多址

对于非正交多址技术方案，功率分配 PNMA 是一种简单有效的办法。在信道容量推导中，要求发送符号为高斯调制，因此不同功率分配下的多个信号直接求和仍然是高斯分布，功率分配 PNMA 是实现容量最优的非正交多址方案。然而，4G LTE 等实际系统一般采用 QAM 调制，在某些功率分配下，多用户信号直接求和后的星座图将远离高斯分布，这会带来容量上的成型增益（Shaping Gain）损失。本节介绍的星座域非正交多址是一种星座图可控的非正交多址增强方案，可以降低信号叠加带来的额外成型增益损失。

对于下行系统，功率域非正交是将多用户信息调制到星座图后进行叠加，而星座域非正交则是基于现有的星座图，给不同的用户分配不同的比特。星座域非正交方案中的发送端星座图是固定可控的，因此除了理论上的成型增益外，发送信号的 EVM（Error Vector Magnitude，误差向量）、PAPR 也与单用户信号保持一致。此外，星座域非正交和功率域非正交的基带处理复杂度是近似的，但基于 4G LTE 系统，后者具有更好的后向兼容性。

星座域非正交方案的核心算法是多用户间的比特分配方式，如对于 16QAM 星座图的 4 个比特，哪些分给近端的用户，哪些分给远端的用户。对于高阶 QAM 调制而言，比特间有不等差错保护。以 16QAM 的 I 路（即 4PAM（Pulse Amplitude Modulation，脉冲振幅调制））为例，如图 7-14 所示，其两个比特的最小欧式距离是不同的，因而其差错抑制能力和对应比特所能承载信息的速率也是不同的。

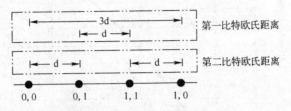

图 7-14　星座不等差错保护示意图

根据链式法则，无损信道容量 $I(b_1 b_2; Y) = I(b_1; Y) + I(b_2; Y|b_1)$，其中 $b_1 b_2$ 为调制比特，Y 为接收星座点，$I(\cdot)$ 为互信息函数。对于 QAM 调制，最优的解调是将 $b_1 b_2$ 和译码作为整体的最大似然估计。为了降低复杂度，通常分离解调和译码，而且 QAM 各个比特是独立解调的，此时的可达容量为 $I(b_1; Y) + I(b_2; Y)$；由于 $I(b_2; Y|b_1) > I(b_2; Y)$，这将带来一定的容量损失。对于 LTE 系统，$b_1 b_2$ 是在相同的编码码字中，基于链式法则无损信道容量的译码是十分复杂的；但如果 $b_1 b_2$ 对应到两个码字时，链式法则的应用就比较容易了，即可以先解调一个比特并译码，然后在已知这个比特的时候再解调另一个比特并译码，也就是 MLC（Multi-Level Code，多级编码）方案[9]。

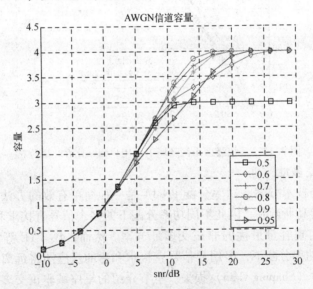

图 7-15　不同能量分配合成星座的信道容量

不同比特在不同能量分配下合成的星座图对应的信道容量如图 7-15 所示。可以看到不同功率分配其合成的星座图形状是不同的，并且从星座图本身信道容量的角度，8：2 分配方式是容量最优的，其他的比例在高信噪比时都会有一定性能损失。特别对于 5：5 的情况，星座图退化成了一个删除信道，只有 9 个而不是 16 个星座点，其容量不超过 3 bit/s/Hz。

考虑下行 2 个用户的非正交方案，每个用户有 1 个码字，则可直接应用链式法则。不失一般性假设远端用户 2 比特的容量满足 $I_1^F > I_2^F$，近端用户 2 比特的容量满足 $I_1^N > I_2^N$。考虑到信息论中，容量与功率的对数关系，可以证明 $I_1^F/I_2^F > I_1^N/I_2^N$，如图 7-16 所示。

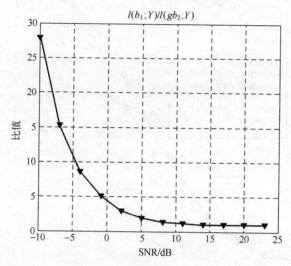

图 7-16　不等差错保护比例关系

假设正交调度下 2 个用户各占一半的资源，则信息容量为：

$$(R^F, R^N) = (0.5 \times (I_1^F + I_2^F), 0.5 \times (I_1^N + I_2^N)) \tag{7-7}$$

若优先将比特容量高的比特分给远端用户，并保证远端用户容量不变时，2 个用户的容量分配可表示为：

$$(\tilde{R}^F, \tilde{R}^N) = \left(0.5 \times \left(1 + \frac{I_2^F}{I_1^F}\right) \times I_1^F, 0.5 \times \left(1 - \frac{I_2^F}{I_1^F}\right) \times I_1^N + I_2^N\right) \tag{7-8}$$

可以看到，$\tilde{R}^F = R^F$ 且 $\tilde{R}^N > R^N$。这表明相比于正交多址，星座域非正交多址在不改变远端用户容量时，能够提升近端用户容量。此方案的比特分配策略是，将比特容量高的比特尽量多地分配给远端用户。通过这种方式，也可在不改变近端用户容量的前提下，提升远端用户容量。

16QAM 星座图下各个比特互信息如图 7-17 所示。可以看到，在直接解调时，第 1 比特比第 2 比特有更大的互信息，同时比特解调干扰消除方式可以达到信道容量，而非消除方式（即直接解调）会有一定的损失。直接的功率域非正交生成星座图是二进制映射，传统 QAM 星座图是格雷映射。根据容量计算的结果图 7-17 可以看到，对于格雷映射的星座图不采用比特干扰消除对性能的损失不大，因而在格雷映射的条件下，可以通过简单的 16QAM 解调即可，并且这种直接解调的方式几乎没有容量上的损失。而对于功率域直接叠加的二进制映射，需要干扰消除的接收机以达到较好的性能。

图 7-18 是星座域方案的容量分析，近、远用户的信噪比相差 3 dB，远端用户占 90% 的能量。数值计算时以功率域分配下远端用户容量为基准，在保证远端用户速率不变的情况下，比较近端用户容量。可以看到格雷映射下的近端用户可以直接解调就能达到信道容量；星座域方案在近、远端用户信噪比差距不大且给远端用户分配较多功率时，在中等信噪比有近 1 dB 增益。由于星座域非正交多址中，无法实现远端用户的透明传输接收，因而终端的接收复杂度会有所上升，实际系统设计时需要综合考虑射频实现、复杂度、性能等因素来确定较优的下行非正交方案。

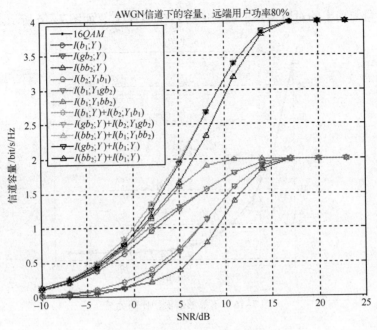

图 7-17　单星座图比特互信息

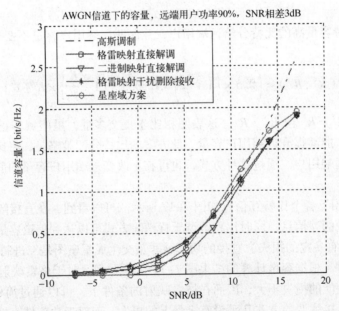

图 7-18　星座域非正交比特互信息

3. 码域非正交多址

码域非正交多址技术是指多个数据层通过码域扩频和非正交叠加后，在相同的时频空资源里发送，这多个数据层可以来自 1 个或多个用户。接收端通过线性解扩频码和干扰删除操作来分离各用户的信息。扩频码字的设计直接影响此方案的性能和接收机复杂度，是十分重要的因素。LDS（Low Density Signature，低密码）是码域扩频非正交技术的一种特殊实现方式[10]，LDS 扩频码字中有一部分的零元素，因此码字具有稀疏性。这种稀疏特性使接收端可以采用较低复杂度的 MPA（Message Passing Algorithm，消息传递算法），并通过多用户联合迭代，实现近似多用户最大似然的译码性能[11]。

　　进一步，若将 LDS 方案中的 QAM 调制器和线性稀疏扩频两个模块结合，进行联合优化，即直接将数据比特映射为复数稀疏向量（即码字），则形成了 SCMA（Sparse Code Multiple Access，稀疏码多址）方案，如图 7-19 所示[4,12,13]。稀疏码多址是一种基于码本的、频谱效率接近最优化的非正交多址接入技术。如图 7-20 所示，SCMA 编码器在预定义的码本集合中为每个数据层（或用户）选择一个码本；基于所选择的码本，信道编码后的数据比特将直接映射到相应的码字中；然后将多个数据层（或用户）的码字进行非正交叠加。

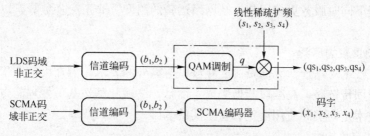

图 7-19　码域非正交多址方案：LDS 与 SCMA

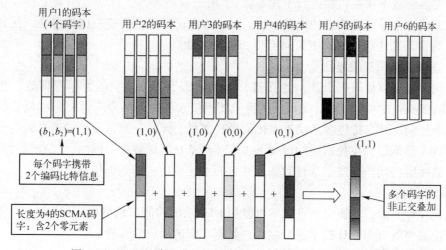

图 7-20　SCMA 非正交叠加示例图（码长为 4，用户数为 6）

　　相比于正交多址方案，SCMA 有以下几方面的性能优势：

　　（1）扩频分集增益，可利用码域扩频对抗信道衰落；

　　（2）当复用层数大于扩频因子（即占用的资源数）时，SCMA 能够达到更高的传输速率和用户连接数；

　　（3）基于码字的稀疏性，在接收端采用低复杂度、性能近似最优的迭代 MPA 检测算法；

　　（4）QAM 调制器和线性稀疏扩频的联合优化可带来额外的多维调制编码增益。

4. 方案小结

　　通信原理中，数字通信系统的调制可以表示为 $A\cos(\omega t+\varphi)$。广义上可将多址看作一种特殊的调制技术，因而有幅度（功率）A、频率（码字）ω、相位（星座）φ 三个潜在的优化方向。功率域非正交多址是利用功率分配，即优化 A，实现多用户的调制多址技术；而星座域非正交多址则基于星座图中 A 和 φ 的联合优化，实现多用户的调制多址技术；码域非正交多址除了在星座图上的优化外，还引入了扩频码字，即联合 A、ω、φ 做进一步的多维优化。可见，三种方案能够以递进的层次统一到一个整体中来。随着优化维度的增加，非正交方案的理论性能会有一定的增强，但同时也意味着复杂度的提升。实际系统中，需要同时考虑不同方案的性能增益、系统复杂度和工程非理想约束，以寻求最优的折中方案。

7.3.3 非正交多址的应用场景与系统设计

1. 应用场景

如前所述，相比于正交多址技术，非正交多址技术能获得频谱效率的提升，且在不增加资源占用的前提下同时服务更多用户。从网络运营的角度，非正交多址具有以下三个方面的潜在优势：

（1）应用场景较为广泛

非正交多址技术对站址、天面资源、频段没有额外的要求，潜在可应用于宏基站与微基站、接入链路与回传链路、高频段与低频段。而且，终端和基站基带处理能力的不断增强将为非正交多址技术走向实际应用奠定日益坚实的基础。

（2）性能具有鲁棒性

非正交多址技术在接收端进行干扰删除/多用户检测，因此仅接收端需要获取相关信道信息，一方面减小了信道信息的反馈开销，另一方面增强了信道信息的准确性，使其在实际系统中（特别是高速移动场景中）具有更加鲁棒的性能。

（3）适用于海量连接场景

非正交多址可以显著提升用户连接数，因此适用于海量连接场景。特别地，基于上行SCMA非正交多址技术，可设计免调度的竞争随机接入机制，从而降低海量小包业务的接入时延和信令开销，并支持更多及动态变化的用户数目。此时，有上行传输需求的每个用户代表1个SCMA数据层，在免调度的情况下，直接向基站发送数据。同时，接收端通过多用户盲检测，判断哪些用户发送了上行数据，并解调出这些用户的数据信息[4]。

2. 系统设计

在系统设计方面，非正交多址技术可复用LTE系统的信道编译码、OFDM、参考信号等设计，并能够与既有MIMO技术进行结合，具有一定的后向兼容性。

基于LTE系统，引入非正交多址技术将带来以下层面的改动：

表7-2 非正交多址技术带来的系统设计影响

	上　行	下　行
多用户配对与调度	利用多用户比例公平，完成不同配对用户数下的用户配对，并实现正交多址与非正交多址之间的自适应切换，其中： ● 配对用户间需具有一定的信道质量差异，即需利用用户间的远近效应 ● 上行SCMA方案可应用于免调度场景	
传输速率分配	基于共调度用户间的干扰情况，调整每个数据层的传输速率	基于各用户所分配的功率、以及共调度用户间的干扰情况，调整每个数据层的传输速率
调制与比特映射	● 功率非正交：复用LTE的调制方式 ● 星座非正交：设计多用户的比特分配方案 ● 码域非正交：设计新的多址调制码本	
发送功率	潜在的功率控制优化	下行整体功率受限，需设计多用户间的功率分配方案

（续）

	上　行	下　行
调度信令	码域非正交：将基站调度的扩频序列或码本通知给终端	• 对于小区中心用户，若要译码并删除小区边缘用户的信号，则需获知小区边缘用户的相关调度信息 • 对于小区中心和边缘用户，都需知道用户间的功率分配比例
基带接收算法	干扰删除或多用户联合检测接收机	

7.4　灵活双工技术

7.4.1　技术原理与应用场景

采用 FDD 模式的移动通信系统必须使用成对的收、发频带，在支持上、下行对称的业务时能充分利用上下行的频谱，如语音业务。然而，在实际系统中，有很多上下行非对称的业务，此时 FDD 系统的频谱利用率会大大降低。表 7-3 列出了不同业务上下行流量的比例，从表 7-3 可以看出，不同业务、不同场景上下行流量的需求差别很大。因此采用成对的收发频带的 FDD 系统不能很好地匹配 5G 不同场景、不同业务的需求。

表 7-3　不同业务上下行流量比例

业务种类	上行/下行流量平均比例
在线视频	1:37
软件下载	1:22
网页浏览	1:9
社交网络	4:1
邮件	1:4
PSP 视频共享	3:1

灵活双工技术能够根据上、下行业务变化情况动态分配上、下行资源，有效提高系统资源利用率。灵活双工技术可以应用于低功率节点的小基站，也可以应用于低功率的中继节点，如图 7-21 所示。在低功率节点的小基站或中继节点，由于上、下行发送功率相当，由灵活双工引起的邻频干扰问题将得到缓解。

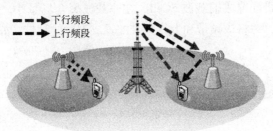

图 7-21　灵活双工应用场景

灵活双工可以通过时域和频域方案实现。在时域方案中，每个小区根据业务量需求将上行频谱配置成不同的上、下行时隙配比，如图 7-22 所示；在频域方案中，将上行频带配置为灵活频带以适应上、下行非对称的业务需求，如图 7-23 所示。

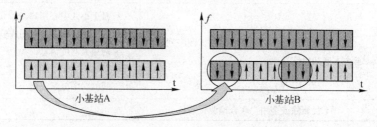

图 7-22　时域方案的灵活频谱分配

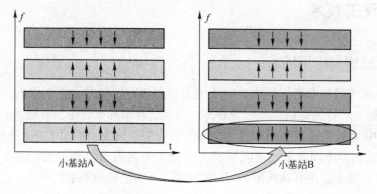

图 7-23　频域方案的灵活频谱分配

灵活双工技术可提高 FDD 系统的频谱利用率。在 FDD 系统中，根据实际系统中上、下行业务的分布，灵活分配上、下行频谱资源，使得上、下行频谱资源和上、下行数据流量相匹配，从而提高频谱利用率。如图 7-24 所示，当网络中下行业务量高于上行时，网络可将原用于上行传输的频带 f_4 配置为用于下行传输的频带。

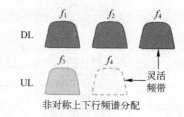

图 7-24　FDD 系统中灵活频谱分配技术

灵活双工技术可应用于低功率节点微基站。在低功率节点的微基站中，由于上、下行发送功率相当，灵活频带的上、下行变化而引起的邻频干扰问题将得到缓解。载波聚合和非载波聚合的场景都可以采用灵活双工技术。在载波聚合场景中，网络可将原用于上行传输的频带用于下行传输，并将该频带配置成辅载波 SCell。在非载波聚合场景中，网络可将原用于上行传输的频带用于下行传输，并将该频带和上行频带配置成配对的频带，如图 7-25 所示。

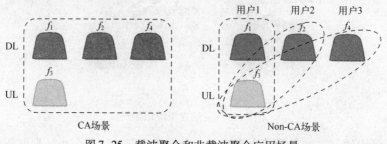

图 7-25　载波聚合和非载波聚合应用场景

7.4.2　频段使用规则

灵活频谱分配技术的本质是根据不同场景的业务需求，灵活地将 FDD 频段上行频段用作下行频段或下行频段用作上行频段，这与传统的固定使用 FDD 上下行频段的方式有所不同。因此，有必要对各国频段的使用规则进行调研，分析现有法规是否支持灵活双工技术。

1. 韩国频段使用规则

在韩国，发送设备的类型定义与所使用的频谱有关[14]，例如：

1710 ~ 1785 MHz（终端的传输）频段，以及 1805 ~ 1880 MHz（基站的传输）频段是用于移动通信。

1885 ~ 1980 MHz，2010 ~ 2025 MHz，以及 2110 ~ 2170 MHz 频段是用于 IMT – 2000 系统。其中，1920 ~ 1980 MHz 和 2110 ~ 2170 MHz 频段是被用于频分双工的系统，1885 ~ 1920 MHz，2010 ~ 2025 MHz 频段是被用于时分双工的。

通过分析上面描述，可以推断韩国在某些频段的描述并没有明确指出是上行频段（终端发送）或是下行频段（基站发送）。

2. 美国频段使用规则

通过对 CFR47、WCS 等文献中频段使用规则的调研，可以看出美国在一些频段上对双工方式是不做限制的，也就是说在一些频段上并没有规定是终端发送还是基站发送，而是在该频段上只对基站和终端的发射机性能进行限制。因此不难推断，在一些频段上，只要基站满足发送功率、天线高度等限制，便可以在上行频段上发送信号。这些频段包括：700 MHz，2305 ~ 2315 MHz，2350 ~ 2360 MHz，1710 ~ 1755 MHz 和 2110 ~ 2155 MHz。

此外，文献［15］中还对日本、欧洲等国的频段使用规则进行了介绍。分析表明，灵活双工技术在很多国家的频谱法规中被允许，而随着 5G 技术的发展与推进，可能会有越来越多的国家在频谱规划中考虑灵活的频谱分配。

7.4.3　共存分析

灵活频谱分配技术可以使得频谱使用更加灵活，但是灵活频谱的引入将不可避免地带来基站和终端的共存问题。

图 7–26 和图 7–27 分别给出了灵活频谱部署时终端和基站的共存问题，假设两个运营商均有两段 FDD 频段，当运营商 1 将其上行#2 频段用作下行频段时（图中表示为运营商 1 下行#3 频段），两个运营商之间将会存在基站与基站、终端与终端的共存问题。

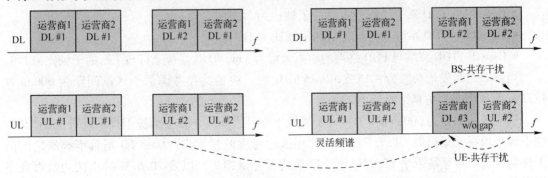

图 7–26　灵活频带的终端干扰共存问题

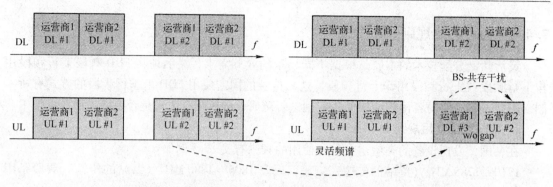

图 7-27 灵活频带的基站干扰共存问题

1. 终端与终端的干扰问题分析

运营商 2 上行#2 频段上的终端干扰运营商 1 下行#3 频段上的终端。

对于终端与终端的干扰共存问题，首先终端发射滤波器通带带宽较宽，一般会覆盖整个频段，因此运营商 2 上的终端会对运营商 1 上的终端产生较强干扰。此外，由于在 3GPP 中还没有对相同频段内的终端杂散指标进行定义，因此在运营商 2 的终端不会采用如资源调度限制或者功率回退等干扰避免方式对运营商 1 的终端进行保护。与 TDD 系统不同，FDD 系统的终端间干扰为全时干扰，从而对系统的性能造成较大的影响。

2. 基站与基站的干扰问题分析

运营商 1 下行#3 频段上的基站干扰运营商 2 上行#2 频段上的基站。

与终端的滤波器不同，基站的发射机滤波器带宽通常与系统带宽相同，相比于终端发射机杂散性能，基站的性能更好，发射杂散相对较小。但是，3GPP 同样也未定义相同频带内的基站共存杂散指标，因此基站之间同样受到全时的干扰，而无法进行有效的抑制。

通过对上述干扰问题的分析，不难看出，解决共存问题对灵活频谱分配技术的应用具有重要的意义。

3. 终端与终端间的共存评估

下面通过对已有 FDD 与 TDD 系统间的终端和基站共存问题的研究进行分析，给出灵活双工技术中干扰共存问题的潜在解决方法。文献 [16] 通过仿真分析了频段 3 与频段 39 之间终端共存问题，终端共存仿真场景如下：

- Case 1　N 个 TDD 终端均匀随机分布在 FDD 终端周围，如 TDD 终端分布在以 FDD 终端为中心，25 m 为半径的圆内。
- Case 1A　TDD 系统上行与下行的子帧比为 2:2。
- Case 1B　TDD 系统上行与下行的子帧比为 1:3。
- Case 2　TDD 终端与 FDD 终端的距离固定为 3 m，TDD 系统上行与下行的子帧比为 1:3。

当终端之间发送杂散为 −15.5 dBm/5 MHz 时，终端共存考虑了小区站间距为 500 m 和 1732 m 两种情况，仿真结果见表 7-4。

当小区站间距为 500 m 时，Case 1A 场景下终端之间的干扰会给被干扰系统带来 21.76% 的小区平均吞吐量损失，以及 71.73% 的小区边缘吞吐量损失；Case 1B 场景下终端之间的干扰会给被干扰系统带来 15.07% 的小区平均吞吐量损失，以及 70.61% 的小区边缘吞吐量损失；由于 Case 2 场景终端之间距离较近，小区平均以及小区边缘吞吐量损失更加严重。

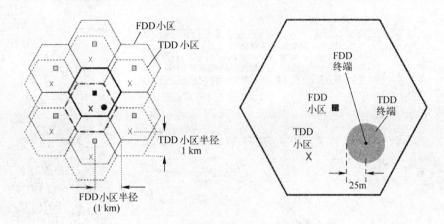

图 7-28 终端共存仿真场景

当小区站间距为 1732 m 时，Case 1A 场景下终端之间的干扰会带来 9.24% 的小区平均吞吐量损失，以及 32.30% 的小区边缘吞吐量损失；Case 1B 场景下小区中心以及小区边缘的吞吐量损失分别为 6.90% 和 25.90%；在相距为 3 m 的 Case2 场景，小区平均吞吐量损失为 26.82%，小区边缘用户无法正常通信。

表 7-4 终端共存仿真结果

	站间距 500 m			站间距 1732 m		
	终端杂散 −15.5 dBm/5 MHz		频谱效率损失下降到 5% 所需终端杂散	终端杂散 −15.5 dBm/5 MHz		频谱效率损失下降到 5% 所需终端杂散
	小区平均频谱效率损失	小区边缘频谱效率损失		小区平均频谱效率损失	小区边缘频谱效率损失	
Case 1A	21.76%	71.73%	−28.5 dBm/5 MHz	9.24%	32.30%	−20.5 dBm/5 MHz
Case 1B	15.07%	70.61%	−24.7 dBm/5 MHz	6.90%	25.90%	−18.0 dBm/5 MHz
Case 2	38.90%	—	−41.0 dBm/5 MHz	26.82%	—	−32.5 dBm/5 MHz

根据仿真结果可以看出，终端之间的共存问题在灵活频谱的部署过程中十分重要，潜在的干扰解决方案可能包括：提高灵活频段的杂散指标要求、灵活频带之间增加保护带宽、对灵活频带的调度增加限制，以及配置额外的功率回退等。

4. 基站与基站间的共存评估

3GPP 在 eIMTA 项目研究中对基站之间的共存问题进行了分析[17]。该研究考虑 TDD 系统，假设多个室外的微基站小区部署在相同的频点，而多个宏基站小区部署在相邻的频段，其中宏基站小区采用相同的上行和下行时隙比，微基站小区采用随机的上行和下行时隙比。因此，当相邻的微基站小区时隙比例不同时，小区之间会存在基站之间的干扰。

图 7-29 给出了基站间干扰共存仿真结果[17]，椭圆圈出的两条曲线可以看出，由于微微基站小区上行和下行配置随机化引起了基站间的干扰，从而导致用户上行性能的损失。

对于灵活频段部署所带来的基站间干扰问题，除了可以采用与终端共存干扰消除相似的方法外，还可以通过上行功率控制、小区分簇等技术进一步抑制基站之间的干扰。

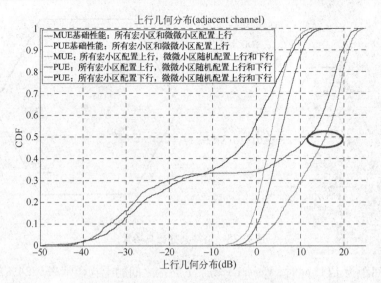

图 7-29　基站间干扰共存仿真结果

　　系统共存的仿真结果与应用场景密切相关，后续随着对灵活双工技术研究的深入，需要对灵活双工的共存问题进行更加全面、细致的分析。

7.5　同时同频全双工技术

　　无线通信中，无线设备在同一时间和频段通常只能接收或者发送。在当前部署的移动通信系统中，主要有频分双工 FDD 系统和时分双工 TDD 系统。其中 FDD 系统需要两个频域上相互独立的信道，分别用于上行链路和下行链路的传输，同时为了避免上、下行链路间的干扰，需要一定的保护间隔。TDD 系统则是在同一频率的不同时隙中分别发送上行和下行信号，为了保证在小区边缘存在时延和系统切换等影响下，接收信号与发送信号错开需要一定的空白时间。作为 5G 候选技术，全双工可使上、下行数据在同一时间、同一频段下同时传输，进一步提高有限频谱资源的利用率。由于可用的频率资源和传统双工相比增加了一倍，因而理论上传输速率会有接近一倍的增加。

7.5.1　全双工的技术原理

　　全双工通信中，实现同一频率上同时发送和接收信号最关键的挑战就是无线传输设备发送信号对接收信号的强自干扰。由于发送信号的功率远远大于接收信号，因而自干扰信号在量化时能够跨越大部分的量化动态范围，会造成有用信号完全被淹没的现象。因此，需要在模拟域通过技术手段消除足够的自干扰，从而使得数字域的进一步抑制成为可能。近年来随着天线技术、MIMO 技术和干扰消除技术等方面的研究发展，通过综合使用天线消除、模拟消除和数字消除技术，可以将强自干扰抑制到一个较低的水平，最终将实现接收信号的解调[18]，如图 7-30 所示。

　　天线消除可以通过精准的设计来实现，如图 7-31 所示。放置三根天线（两发一收），使得两根发射天线的无线信号刚好能在接收天线处相互抵消，从而在天线处抑制自干扰。天线消除技术大约可以降低 20~30dB 的自干扰[20]，后续通过模拟干扰消除和数字干扰消除进一步抑制。

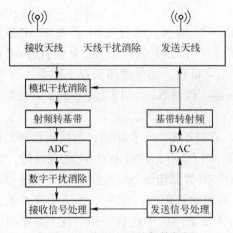

图 7-30　全双工系统架构框图

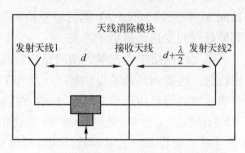

图 7-31　全双工天线干扰消除示意图

模拟消除技术如图 7-32 所示，通过巴伦变换器，分成两路相反的信号，一路用于发射，另一路直接引入到接收端用于干扰消除。通过调整信号的衰减和延迟，通过反馈控制最小化合并后信号强度，达到在模拟域对干扰的抑制。

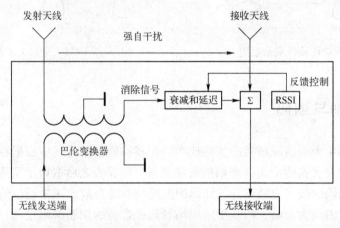

图 7-32　全双工射频干扰消除示意图

数字干扰消除通过在 ADC 之后对采样的数字域信号进行信道估计和信号重构，达到消除干扰的目的，数字域干扰消除对降低自干扰的作用也非常重要。

7.5.2　全双工的系统设计和应用场景

全双工技术一方面从理论上能大幅提升无线通信系统的总吞吐量，然而另一方面对传统蜂窝系统的组网带来巨大挑战。主要在于系统间的干扰更加复杂，传统系统干扰主要在于小区间和用户之间的干扰；对于 TDD 系统为了避免用户和基站间的交叉干扰，小区之间较多采用完全相同的时隙配比。然而全双工技术的应用，使得既有邻小区用户对本小区用户带来的干扰，同时也有邻小区基站对本小区用户的干扰。此时的干扰环境更加复杂，网络总体性能有恶化的风险。然而，另一方面，全双工技术可以在某些特殊应用中为解决现有无线网络中的问题提供一个全新的思路，主要包括隐藏终端问题、多跳无线网络端到端时延问题等[20]。

　　隐藏终端问题，主要面对的是 WIFI 系统，如图 7-33 所示。当节点 N1 正在向 AP 发送数据时，N2 由于侦听不到 N1 和 AP 之间的通信，于是同时向 AP 发送数据，从而引起 AP 接收数据冲突，导致 N1 和 N2 的数据分组都不能够被正常接收。如果使用全双工技术，当 N1 开始向 AP 发送数据时，AP 同时也开始向 N1 回送数据，这时 N2 听到来自 AP 的发送数据延迟其原计划的发送，避免了冲突。

　　多跳无线网络中存在端到端时延比较高的问题，通过不断的干扰消除，当接收和转发同时进行时，这类问题能够得到解决。如图 7-34 所示，当 N2 开始接收来自 N1 的分组时，N2 同时将接收的信息传送给 N3，同样的方式，N3 开始转发数据包给 N4。这时 N3 的发送会干扰 N2 的接收，由于 N2 此时已知 N3 发送的数据，并据此可以使用数字干扰消除技术消除 N3 的干扰。使得系统能够以较低的时延传递下去，需要消除的干扰数量和全双工系统自身干扰抑制的能力是一种折中的关系。

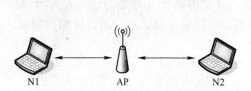

图 7-33　全双工解决隐藏终端示意图

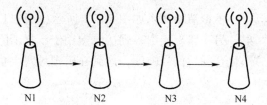

图 7-34　全双工多跳中继示意图

7.6　新型调制与编码

　　调制编码技术作为通信原理类的基础技术，在移动通信的进化中占据着重要的作用，调制与编码技术在香农著名的论文《通信的数学原理》[19]发表之后取得了显著的发展，调制的手段多种多样，编码的技术也随着迭代译码的发展而百花齐放。未来通信的调制编码技术很难寄希望于原理上的重大突破，而基于应用场景选择合适的调制编码技术，并整合到统一的系统中，也即调制编码更有效的工程应用将是主要的研究和发展方向。

7.6.1　新型调制技术

　　数字通信的调制技术在每一代通信系统都有其鲜明的特点，对于 2G 的 GSM 系统，覆盖作为其主要的考核指标，通过频率复用等方式减少干扰之后，能量效率则成为调制技术的主要考虑因素。由于 MSK（Minimum Frequency Shift Keying，最小频移键控）具有恒模特性，适合能量效率较高的 C 类功放，通过高斯滤波后的带外辐射指标也较好，因而 GMSK（Gaussian MSK，高斯最小频移键控）调制作为了 GSM 系统的调制手段。然而在 GPRS 等 2.5G 技术应用时，GMSK 由于其高阶调制性能受限，因而采用了 8PSK 等手段提升频谱效率。对于 3G 系统，调制技术是基于 CDMA 的 QAM 调制，将多址和调制技术有机地整合起来是这一系统的主要特征，由于传输速率的增加，解调时不得不考虑多径带来的影响，RAKE 接收等机制被广泛采用。

尽管 OFDM 系统很好地抑制了符号间干扰（ISI），但其有较大的带外能量。特别对于上行没有同步的 OFDM 系统，由于没有保证相邻用户的频域采样点正好为对方的零点，会带来较大的邻频用户载波间干扰。这限制了 5G 的某些应用场景，如大量机器通信的物联网场景中，上行同步需要消耗巨大的系统资源。FBMC 是一种新的多载波技术[20]，通过波形调制，有较小的带外能量，可应用在非同步的场景。

7.6.2　新型编码技术

编码是通信理论系统中非常重要乃至核心的理论和技术，从广义的角度来讲包括调制在内的各种信息处理手段都可以当作有限域到实数域的一个编码方案。香农在其开创性的信息理论中深化了人们对于通信系统的认识，将通信在工程上的信息传输过程数学建模化到了从一个可能的集合中选择、估计相关发送信息的一个概率问题上来，而处于中心的两个重要问题就是有效性和可靠性。狭义的信息论与编码理论中的信源编码和信道编码就是人们对解决这两个问题的一个积极的尝试，经过 60 多年的不懈努力，人们在各个方面都取得了很大的突破。

在香农之前人们一直认为信息的有效性和可靠性是不可兼得的，增加可靠性意味着更多的冗余位，而这又势必会降低有效性，在足够可靠的情况下信息的有效性可能会趋于 0。而实际上只要信息传输速率不超过对应信道的信道容量，就可以保证传输的差错概率任意小。信源可以看作一系列的随机序列 $\{X_n\}$，香农证明存在一个被称为信息熵的 $H(X)$，只要 $R > H(X)$，就可以使用 R 比特对信源进行编码并无损地恢复。而对于信道，一般是一个以一定转移概率 $W(y|x)$ 的映射 $W:X \to Y$，如前面所说，对于 $R < H(X)$ 的信息可以实现可靠的传输。把信源和信道联合起来考虑，基于信源信道编码分离定理，可知在 $H(X) < C(X)$ 的情况下可以实现无失真的可靠传输。在离散无记忆时，联合的信源信道编码和分离情况下的性能在渐进下是没有性能上的区别的；但在有限长度实际方案情况下，考虑效率与复杂度等问题，以及有记忆信道条件下，联合的编码还是有一些潜在的好处的。当 $H(X) > C(X)$ 时，不能保证无损的可靠传输，但可以在信道一致下尽量降低信源编码的译码失真度。假设 $R(D)$ 为限失真函数的门限，当 $R(D) < C(W)$ 时，就可以在满足失真度不大于 D 的前提下实现可靠传输。

最开始出现的编码是代数方法的编码，更准确地说是 F_2 域内的线性分组码。在香农的证明中，渐进性能下足够长的码在平均意义下可以达到任意小的差错性能，随机编码的码书往往都是较优的码，在这种任意映射下需要的存储空间会高达 $O(N2^{NR})$，这在 N 较大时是难以接受的。进一步，Elias 等人证明在重要的一大类信道中，线性码可以达到信道容量。线性码可以看作是线性空间的一个子空间，只需要对维度 N 的 NR 个基进行存储就可以实现编码，因而总的存储空间为 $O(N^2)$，和随机码书相比在空间复杂度方面可获得非常大的改进。这时一般采用硬判决的译码方案，在信道容量上和软判决相比有约 2 dB 的损失。汉明距离是衡量性能的一个重要指标，线性编码中成对差错概率的计算和最小汉明距离有很大的关系，通常用 (n,k,d) 表示编码长度 n，信息长度 k，最小汉明距 d 的码。当中有很多码字性能的界限如外界的汉明界、普洛特金界等，以及 V – G 内界，然而遗憾的是，在 $\lim\limits_{n \to \infty} k/n$ 固定时，$\lim\limits_{n \to \infty} d/n$ 往往趋近 0，和相应的界限相差较大。在这一时期，学术界发现了球包界下完备的 Hamming 码，有严谨有限域数学基础的 BCH、RS 码等，Reed – Muller 码，以及 CRC 检错检验码等。Elias 提出的乘积码和 Forney 提出的级联码都是在代数域编码体制下的一种有效的性能增强方案，以希望通过短码的译码复杂度来达到近似长码的差错性能。

在代数译码之后一个重大的突破就是概率译码算法的使用，在高斯信道下软信息的利用能够获得比硬判决更大的信道容量，而概率译码比较典型的应用就是 Elias 提出的卷积码。不同于分组码译码复杂度与码长有关，卷积码中重要的是其寄存器状态的数量，其差错概率性能也主要由自由距离所决定。业界提出了多种卷积码译码算法如大数逻辑、代数译码、堆栈译码等；Viterbi 提出的 Viterbi 译码算法可以在线性复杂度下达到码字最优；BCJR 算法是达到比特最大后验的最优算法，BCJR 也是在 Turbo 码中比较常用的译码算法。除在功率受限信道上的信道编码之外，在带宽受限信道上的网格编码调制和多级编码等思想，将有限域内对码字汉明距离的衡量转换到了欧式距离下的讨论，子集划分等联合编码和调制的优化，对带宽受限信道下的高阶调制是一个很有效的方法。

Berrou 等人 Turbo 码的发明是现代编码理论的重大突破，它改变了人们对经典编码理论的认识。Turbo 码的性能突破了信道截止速率，这个速率在此之前一直被人们认为是可实现复杂度下编码的实际极限界。香农界是一个理论性能界，在信道截止速率之下的高复杂度卷积码，也可以通过堆栈或 Fano 译码等算法降低复杂度；而对于高过这一截止速率的卷积码，虽然 Fano 等算法依然有效，但复杂度无法保证，译码时堆栈可能会不断地进出形成震荡。Turbo 码的结构是通过交织器将两个卷积码并行级联起来，并采用迭代译码的算法来逼近最大似然准则：交织级联使得 Turbo 码有大的约束距离，这也是香农理论中一个好码应该具备的性质；而迭代译码算法的应用使得 Turbo 码的译码性能尽量收敛到最大似然界上来。自此之后，Turbo 迭代译码原理在各个领域有着广泛的应用。现代编码理论另一个重大突破是 Gallager 在 20 世纪 60 年代提出的 LDPC 码的再发现，LDPC 码中使用的因子图、置信传播算法等思想也成为了现代编码理论中的核心理论。Wiberg 等人将 Turbo 码和 LDPC 码统一到了在图上的编码，MacKay 和 Neal 提出在这之上的置信传播算法也和机器学习、计算机科学等领域有着内在的联系。将密度进化、置信传播算法等进行最优化，目前已经可构建出在高斯信道下和香农限相差仅 0.0045dB 的编码，而且许多新的 LDPC 码或其他编码方案也在不断构建。

● 信道极化码

Arikan 在 2009 年提出的信道极化码[22]是信道编码理论的重大突破，从理论上可证明其能通过 $O(NlogN)$ 的编译码复杂度达到离散对称信道的信道容量，并且差错概率上界为 $O(N^{-1/4})$。极化码通过递归的构建方式和串行干扰抵消译码算法，将独立的 N 个信道变换成 2 类：一类是互信息很大的信道，在此信道可以传递不用编码的信息；另一类是互信息很小的信道，在此信道无法传递信息，如图 7-35 所示。可以看到，互信息大的信道比例正好是信道容量。

● OVTDM（Overlapped Time – Domain Multiplexing）

传统的编码利用电平分割奈奎斯特采样的方式进行，以确保信号的无符号干扰。OVT-DM 技术指出：系统内部数据符号间的相互重叠不是干扰，是自然形成的编码约束关系，且重叠越严重编码增益越高。因而，利用重叠复用，即通过数据加权复用波形移位重叠，形成了一种高频谱效率的新型编码方式。

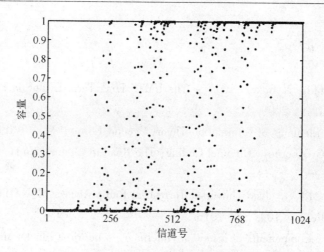

图 7-35 信道极化等效信道互信息[22]

7.6.3 调制编码与软件无线电

软件无线电的概念最早是由美国 MITRE 公司的 Joseph Mitola III 博士提出的，主要用于解决军事通信的"通话难"问题[23]。而到现在，软件无线电是无线工程中的新方法，是一种设计理念和设计思想。经过多年的发展，软件无线电在采样理论、多速率信号处理、高效数字滤波、正交变换等理论体系和采样结构、接收机与发射机、硬件实现、软件算法等技术体系上有了深刻的积累。

本节的软件无线电主要关注基带调制编码的信号处理部分，可构建数字实时处理系统主要包括特定用途集成电路、现场可编程门阵列、通用数字信号处理器和通用处理器四类器件[23]。ASIC（Application Specific Integrated Circuit，专用集成电路）是一种硬连线结构处理单元，在速度和功耗方面都是最优的电路实现，大规模使用时成本较低；然而用户定制的费用较高且没有可编程性，通常作为硬件加速器，完成特定的算法。FPGA（Field – Program-mable Gate Array，现场可编程门阵列）是一种可编程的逻辑器件，比 ASIC 具有更高的灵活性，具有并行处理结构，可以构建多个并行处理的结构单元并同时执行，有极高的效率。FPGA 适合高度并行流水结构，对于复杂的判决、控制和嵌套循环，其实现比较困难。通用DSP（Digital Signal Processor，数字信号处理器）本质上是一种针对数字信号处理应用而进行优化的处理器，基于哈佛体系结构并支持低级语言和高级语言进行编程，通过指令来实现各种功能，具有更大的灵活性。GPP（General Purpose Processors，通用处理器）是基于冯·诺依曼结构的微处理器，支持操作系统和高级语言，具有极大的灵活性，且有很好的软件可移植性和可重用性。所以，GPP 在嵌入式系统中得到了很高的重视，并获得了越来越广泛的应用。

由于未来 5G 的业务多样性，调制编码的备选技术也较为丰富，这要求设备实现时要采用灵活、可重定义的软件体系来适应新的技术发展方向，将调制编码在软件架构上进行数字信号处理是一个重要的方向。

参考文献

[1] S Sesia, I Toufik, M Baker. LTE – The UMTS Long Term Evolution From Theory to Practice[M]. WILEY, 2009.

[2] M C Thomas. Elements of Information Theory Second Edition[M]. WILEY, 2006.

[3] D J Costello, G D Forney. Channel Coding：The Road to Channel Capacity[A]. Proceedings of the IEEE, 2007.

[4] 3GPP. TS 36. 213, Evolved Universal Terrestrial Radio Access (E – UTRA); Physical layer procedures (Release 10)[S], 2013.

[5] METIS. D2. 3, Components of a new air interface – building blocks and performance[EB/OL], 2014. https://www. metis2020. com/documents/deliverables/.

[6] A Benjebbour, Y Saito, Y Kishiyama, et al. Concept and Practical Considerations of Non – orthogonal Multiple Access (NOMA) for Future Radio Access[A]. International Symposium on ISPACS, 2013：770 –774.

[7] H Katayama, Y Kishiyama, K Higuchi. Inter – cell interference coordination using frequency block dependent transmission power control and PF scheduling in non – orthogonal access with SIC for cellular uplink[A]. International Conference on ICSPCS, 2013：1 –5.

[8] 3GPP. TR 36. 814, Evolved Universal Terrestrial Radio Access (E – UTRA); Further advancements for E – UTRA physical layer aspects(Release 12)[R], 2013.

[9] Wachsmann, R F H Fischer, J B Huber. Multilevel codes：Theoretical concepts and practical design rules[A]. IEEE Trans. Inform. Theory, 1999：1361 –1391.

[10] R Hoshyar, R Razavi, M AL – Imari. LDS – OFDM an Efficient Multiple Access Technique [A]. IEEE VTC 2010 Spring, 2010：1 –5.

[11] R Hoshyar, F P Wathan, R Tafazolli. Novel Low Density Signature for Synchronous CDMA Systems over AWGN Channel[A]. IEEE trans. on signal processing, 2008：1616 –1626.

[12] H Hikopour, H Baligh. Sparse Code Multiple Access[A]. IEEE International Symposium on PIMRC, 2013：332 –336.

[13] H Nikopour, E Yi, A Bayesteh, et al. SCMA for Downlink Multiple Access of 5G Wireless Networks[A]. IEEE Globecom, 2014：1 –5.

[14] Technical regulations for telecommunication radio equipment [EB/OL], 2015. http:// rra. go. kr/board/notice/view. jsp? nb_seq =843

[15] LG Electronics, China Telecom, Huawei, et al. RP – 150250, Further discussion on regulatory aspects related to flexible duplex operation for E – UTRAN[Z]. 3GPP RAN #67, 2015.

[16] China Telecom, R4 – 135366, On UE co – existence requirements between Band 39 and Band 3[Z]. 3GPP RAN #68b, 2013.

[17] 3GPP. TR 36. 828, Further enhancements to LTE Time Division Duplex (TDD) for Downlink – Uplink (DL – UL) interference management and traffic adaptation(Release 11)[R], 2012.

[18]　安鹏. 单频全双工 MIMO 系统的数字域仿真分析[D]. 西安：西安电子科技大学, 2014.

[19]　C E Shannon. A Mathematical Theory of Communication[A], Bell Syst. Tech. J, 1948：379 – 423, 623 – 656.

[20]　仲元红. 宽子带滤波器组多载波系统及其关键技术研究[D]. 重庆：重庆大学, 2014.

[21]　梁林. 信道极化码理论及应用[D]. 北京：北京邮电大学, 2014.

[22]　E Arikan. Channel Polarization：A Method for Constructing Capacity – Achieving Codes for Symmetric Binary – Input Memoryless Channels[A]. IEEE Transactions on Information Theory, 2009：3051 – 3073.

[23]　楼才义, 徐建良, 杨小牛. 软件无线电原理与应用[M]. 2 版. 北京：电子工业出版社, 2014.

第8章 探讨与实践

本章将对前面章节未曾涉及的、有可能成为未来 5G 网络组成部分的一些技术方向做进一步探索，包括机器间通信（M2M）、设备间直接通信（D2D）等。

8.1 机器间通信（M2M/MTC）

随着通信技术的不断演进，继人与人通信（Human to Human communications，H2H）后，机器对机器通信（Machine to Machine，M2M）已经越来越受到产业界的关注，并预计会成为未来相关产业的基础性技术。而国际标准化组织 3GPP 在对该技术进行标准化的过程中，将 M2M 命名为机器类型通信（Machine – Type Communication，MTC），可以认为是通过蜂窝网络进行数据传输的 M2M，即：M2M 是总体的概念，而 MTC 是具有代表性的、通过蜂窝网进行通信的一大类 M2M。因此，本章中，讨论相关蜂窝网 M2M 的部分将使用 MTC 作为技术名称，其他仍以 M2M 作为机器间通信的称谓。

8.1.1 M2M 市场规模与前景

我国的 M2M 市场相较大多数地区起步较早。M2M 是颇受政府关注的一个领域，已将它视为国家战略重点，是帮助提高国内能源效率以及向大量老龄化人口提供服务的关键。我国也寻求成为这一领域的国际领导者，政府与所有主要的本地电信服务提供商合作开发生态系统，并在 2011 年将 M2M 纳入第 12 个五年经济计划。中国 M2M 买家是亚太地区最为成熟和进步的买家，在政府的支持下起步较早。

据权威机构预测，M2M 将进入新的增长阶段。2012 ~ 2018 年间全球 M2M 总连接数增长将超过三倍，从 2012 年的 10640 万增长至 36090 万。所有地区都将出现增长，其中亚太及中东和非洲地区增长速度最快。到 2018 年，M2M 服务收入将从 2012 年的 136 亿美元增长至 448 亿美元，复合年增长率达 21.9%。营收增长速度将慢于连接增长速度，反映出市场不断增加的竞争力和 M2M 延伸至低端应用程序。M2M 市场不是一个单一的市场，而是围绕狭窄垂直行业和应用建立的一系列市场集合。目前，制造业和运输业是最重要的垂直行业，在 2012 年已经贡献超过 60 亿美元的收入。某些领域的大幅增长将显著改变垂直行业局势，到 2018 年能源和公用事业将在 M2M 连接数中占比 23%，其次是运输业（16%）、制造业（15%）和医疗保健（13%）。电信运营商热衷于抓住 M2M 收入机会。大多数运营商很有兴趣为 M2M 业务提供连接，以及管理连接。虽然电信运营商进入这个领域相对比较容易（尽管不简单），但这块业务却只能带来相对较小的收入机会，到 2018 年合计不到 130 亿美元。

M2M 解决方案市场是一个更大的机会。据权威机构预测，到 2018 年 M2M 集成将代表一个价值 215 亿美元的市场，而 M2M 应用开发将代表一个价值 103 亿美元的市场。电信运营商进入这个市场将面临严峻挑战，并需要新的技能和能力。无论选择何种方法，电信运营商都需要明确与 M2M 价值链中其他商家的新型关系，包括硬件厂商、软件开发商，以及最重要的系统集成商。随着 M2M 部署变得更加复杂，集成服务和应用开发预计将成为增长动力，预计将成为最大的细分市场。

图 8-1 展示了权威咨询机构对中国 M2M 行业市场规模的预测（2014 年~2019 年）。随着复杂性和定制的增加，集成服务到 2019 年预计将占总体市场的大约 31%（即 31 亿美元）。应用开发的增长预计将十分强劲，该板块到 2019 年有望达到近 27 亿美元的营收，从而成为第二大细分市场。在中国被连接的绝对终端数量将确保托管连接仍将保有相当的市场份额——在总市场中占比略低于 26%，年营收为 26 亿美元。网络（特别是在公共移动网络上提供连接）预计将占剩下的 16%（16 亿美元）。

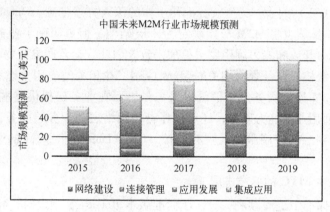

图 8-1 中国 M2M 行业市场规模预测

8.1.2 M2M/MTC 技术标准演进

1. M2M/MTC 标准进展概述

随着物联网技术研发及市场推广的不断深入，全球各通信标准化组织都在加强物联网标准化工作。在技术标准方面，业内已基本达成相关共识，即 M2M 技术高层架构应由网络连接层、业务能力层（SCL）和应用服务层构成，并且 ETSI M2M 技术委员在 2011 年 10 月正式发布的 M2M 功能架构标准 ETSI TS 102 690 中就提出了相关架构[1]。在该标准中定义了网络域和终端/网关域的 SCL，并采用了 RESTful API 接口，各 SCL 可提供应用使能、通用通信、远程终端管理、可达性/寻址、电信网能力开放、历史/数据保存、交易管理及安全功能等。网络域的网络业务能力层（NSCL）负责提供能在不同应用平台间共享的 M2M 功能，并通过 mIa 接口将 NSCL 的功能暴露给 M2M 应用平台，从而简化和优化了应用的开发和部署。终端/网关域的 M2M 应用程序通过 dIa 接口可调用终端/网关业务能力层（D/GSCL）。NSCL 与 D/G SCL 间，通过 mId 接口进行交互。各 SCL 都包含有一个标准化的用于存储信息的树形资源结构，进而 ETSI 对处理这些资源的流程进行了标准化，从而使 SCL 与各应用及各应用间能通过标准接口以资源形式交互信息。

为了促进国际物联网标准化活动的协调统一，减少重复工作，降低企业生产及运营成本，保障各行业的物联网应用，从而推动国际物联网产业持续健康发展。2011 年 5 月，在 ICT 领域一些重要公司的推动下，欧洲电信标准化协会（ETSI）联络美国和中、日、韩各通信标准化组织（共 7 家），提议参照 3GPP 的模式，成立物联网领域国际标准化组织

"oneM2M"。同时邀请垂直行业加入，共同开展物联网业务层国际标准的制定。2012 年 7 月 24 日，7 家发起组织于美国共同签署了伙伴协议，宣告物联网领域国际标准化组织 "oneM2M" 正式成立。目前其成员单位包括了行业制造商和供应商、用户设备制造商、零部件供应商以及电信业务提供商等各个行业的思想领袖。oneM2M 组织伙伴包括：ARIB（日本）、ATIS（美国）、CCSA（中国）、ETSI（欧洲）、TIA（美国）、TTA（韩国）以及 TTC（日本）。其他对 oneM2M 工作做出贡献的相关伙伴组织包括：宽带论坛（BBF）、Continua 健康联盟、家庭网关组织（HGI）以及开放移动联盟（OMA）。截至目前，相关 oneM2M 工作组已经发布了用例收集研究报告，基本完成了需求技术规范；完成了各成员组织既有的架构分析和融合研究，确定了功能性架构技术规范中的基本架构和参考点，初步形成了业务层各通用服务功能（CSF）列表，为后续标准化工作的深入打下基础。OneM2M 的业务层标准与 ETSI 标准相比，虽然也将 M2M 应用确定为 3 层架构，但更明确了业务层与网络层间接口，使 3 层间的能力开放和能力调用逻辑更加一致。因此，运营商参与物联网发展的主要模式应是发展与其传统核心业务紧密相关的 M2M 应用。在相关的应用生态系统中，运营商除能在网络层提供 M2M 连接服务及通信管控服务外，可在业务层提供终端管理、数据分享、地理围栏等 M2M 通用业务能力服务，还可依托自身网络层和业务层服务，在几个选定的垂直应用领域拓展端到端的应用服务及视频监控、GIS、IaaS 等非 M2M 的通用应用使能能力服务。

2. 3GPP 标准中 MTC 的标准进展

MTC 在 3GPP 标准中进展顺利[2-6]，在标准版本 Release 8 制定时，M2M 的研究就已经开始，项目代号 FS_M2M[7]。该研究主要针对 M2M 通信的市场前景、应用场景、通信方式、大规模终端设备的管理、计费、安全以及寻址等方面问题的应用需求展开研究，由 SA1 小组负责，并形成了研究项目完成研究报告（TR 22.868）。研究结果表明，M2M 通信技术在物流跟踪、健康监护、远程管理/控制、电子支付、无线抄表等方面具有极为广阔的应用前景，由此对移动通信网络在支持机器类通信服务方面提出了新的需求。部分针对网络优化的建议包括限制静态物体移动性、对低移动终端进行信令优化、特定时间的位置更新、克服 IMSI 对于终端的数量限制等。

在 3GPP Release 9 制定中，3GPP 又从安全角度出发，研究远程管理 M2M 终端 USIM 应用的可行性，并建立远程管理信任模型，相关项目代号 FS UM2M。同时，该项目还负责分析在引入远程管理 USIM 应用之后带来的安全威胁及安全需求，以及引入新的 USIM 应用所需要增加的其他功能。本项目由负责网络安全的 SA3 小组负责，并完成了相关研究报告（3GPP TR33.812）。

3GPP 在 Release 10 版本启动 MTC 网络增强项目，项目代号 NIMTC，并将 M2M 通信正式定义为 MTC，以避免众多的 M2M 标准混淆。该项目由 3GPP 多个工作组协同参与，包含 MTC 整体需求和架构、CN 需求、GERAN 需求和防止核心网拥塞的 RAN 控制机制四个部分，整个项目于 2011 年 9 月完成。SA1 小组负责分析 MTC 业务行为特征对移动通信网络提出的优化需求，从而使传统面向 H2H 通信而设计的 3GPP 网络能够以较低成本为机器类通信应用提供服务。2010 年 3 月，SA1 发布了 TS 22.368，成为 3GPP Release 10 版本 MTC 正式的需求规范。该规范主要研究 MTC 终端通过移动通信网络与 MTC 服务器进行通信的应用场景，不考虑 MTC 终端直接相互通信的场景。SA2 小组针对 TS 22.368 的结论进行具体解决方案标准化。SA2 对于 NIMTC 的方案选择基于"现网影响最小原则",也就是尽量使用非 3GPP 的解决方案,其次是选择对 3GPP 系统没有影响或影响小的方案,最后才选择对当前 3GPP 系统有影响的解决方案,从而对现网影响最小。另外,CT1、CT3 以及 CT4 三个工作组对现有 3GPP 网络 NAS 协议、MAP 协议、S6a/d 协议、GTP-C 协议、Gx/Gxx/S9 交互协议产生的影响进行评估,并对受到影响的协议进行更新及维护。RAN2 和 RAN3 小组则负责防止核心网拥塞的 RAN 控制机制项目 NIMTC-RAN_overload。基于 SA2 的需求,网络过载主要是大量 MTC 终端并发请求而导致,或是大量漫游 MTC 终端的服务网络故障而驻留至当地其他网络而导致的。对此,RAN2 可能为终端引入新的指示用于在终端发起接入时告知 RAN 节点其接入类型,之后 RAN2 可制定可行的方案来配合核心网避免网络拥塞。而 RAN3 则需要修改接口现有过载指示过程,从而使 RAN 也能够对 MTC 终端接入进行控制。

在 Release 11 版本标准中,SIMTC(MTC 系统增强)项目是继续 Release 10 中 NIMTC 工作项目的研究,对原有方案做进一步完善。2011 年 9 月,SIMTC 第一阶段工作已经完成,并更新了 TS 22.368 和 TR 23.888。MTC 架构也有所更新,将 MTC 通信分成三类模型:①间接模型:分两种情况。MTC 服务器不在运营商域内,由第三方 MTC 服务提供商提供 MTC 通信,MTCi、MTCsp 和 MTCsms 是运营商网络的外部接口;或者 MTC 服务器在运营商域内,MTCi、MTCsp 和 MTCsms 是运营商网络的内部接口。②直接模型:MTC 应用直接连接到运营商网络,不需要 MTC 服务器。③混合模型:直接模型和间接模型同时使用。典型例子就是用户平面采用直接模型,而控制平面采用间接模型。与原有架构相比,新的 MTC 架构将用户层和控制层分离,定义了新的 MTCsp 接口,实现更灵活高效的组网。与原有架构比,MTC 对核心网部分的研究更加深入,但 MTC-IWF(MTC 交互功能模块)的功能实现还需要进一步研究。

其他 Release 11 中还研究的 MTC 相关项目有,NIMTC-RAN,FS-NIMTC-GERAN 以及 FS-LC-MTC-LTE 项目。其中 NIMTC-RAN 项目开始于 2009 年 9 月,当时 Release 10 已经启动,但因为 NIMTC 增加了对 RAN 小组的工作需求而推迟到 Release 11。2011 年 9 月已经完成报告 TR 37.868。主要目标是根据 SA1 提出的需求研究 MTC 业务模型及特征并尽可能重用 UTRA 和 EUTRA 系统现有特性从而以最小代价实现对 M2M 应用的支持。而 FS-NIMTC-GERAN 项目于 2010 年 5 月启动,重点研究 GERAN 系统针对机器类型通信的增强。包括 MTC 接入网络对 RACH 性能、信道性能、寻址方式等的影响,以及适应 MTC。此类"thin modem"接入而对网络结构更改的评估,目标是为了最大限度地减少 MTC 对于现网的影响。FS-LC-MTC-LTE 项目研究基于 LTE 网络的低成本 MTC 终端。由于很多 MTC 终端的低数据传输,GSM 网络完全可以承载。如何避免网络升级后能同样低成本的为 MTC 提供服务,需要专门研究。

在最新的 Release 12 阶段,3GPP 仍在继续深化针对 MTC 方面的网络优化工作,启动了 MTCe 工作项目[1]。在该项目下,SA3 工作组将完成 MTCe 特性网安全架构的增强规范,并形成新的技术规范 TS 33.187。该特性的其他工作还包括以下内容。①MTCe-SIMSE 和 MTCe-SRM 子项目。SA1 工作组已明确了为与 ETSI 所定义 SCL 交互所需的网络升级及其他需求,并已更新到 TS 22.368。②MTCe-小数据传输与终端触发(SDDTE)子项目。SA2 工作组将在其 Release 11 阶段成果基础上,针对如何在信令面实现小数据传输功能和提供更多终端触发机制(如基于 T5 接口触发)方面形成研究报告,并更新 TS 23.682 规范。

③MTCe - 终端能耗优化（UEPCOP）子项目。SA2 工作组将针对降低终端能耗形成研究报告，并更新 TS 23.682、TS 23.401 和 TS 23.060 规范。同时，RAN2 工作组还启动了研究项目 FS - MT - Ce - RAN，并将形成研究报告 TR 37.869。RAN2 工作组将寻找和评估针对小数据传输的 RAN 侧能力增强机制，并调查和评估 SA2 工作组针对 SDDTE 和 UEP - COP 提出的与 RAN 侧相关解决方案，特别是提高信令效率、降低小数据背景下的终端能耗。在降低信令开销方面，该项目将研究改善 RRC 连接管理流程、支持短时间连接或无连接方法的潜在机制、改善连接状态下的小数据传输处理机制及上述流程中控制面信令（S1AP、RANAP等）优化问题。RAN1 工作组还启动了研究项目 FS - LC - MTC - LTE，希望通过简化 LTE 硬件模块为客户提供低成本 M2M 终端，研究成果正汇集到研究报告 TR 36.888 中。消减终端成本思路如下所述：①减少可使用的最大带宽，如下行基带仅支撑 1.4 MHz 带宽；②减少所支持的下行传输模式，如仅支持 TM1 和 TM2 模式；③降低峰值速率，如降低上下行最大传输块尺寸；④降低发射功率到 0～5 dBm，以降低功放成本；⑤仅实现半双工 FDD 操作，取消射频双工器；⑥仅实现单射频接收链路，不支持两天线和双射频接收链路。

未来 Release 13 的版本的标准演进中[8]，3GPP 希望进一步降低 LTE 网络中 MTC 设备的复杂性；在 Release 12 的 FS - LC - MTC - LTE 项目中，MTC 设备的覆盖性能增强方面研究虽然取得了一些进展，但由于时间原因并未完成，也将被推迟到 Release 13 版本的标准中进行进一步研究；功耗问题也是另一个值得关注的重要问题，虽然降低功耗需要进行跨层设计，但最重要的实际上是减少在物理层对收发信机的收发持续时间。在 Release 13 的研究目标中，包括基于 Release 12 低复杂度 UE 类型、定义新的 Release 13 版本更低复杂度的 UE 类型；在上述新的 UE 类型以及其他 MTC 应用的 UE 的通信延迟容限范围内，要对 FDD 提高 15dB 的覆盖改善；对新 UE 类型提供更低的功耗设计，以延长使用时间；半双工 FDD、全双工 FDD 以及 TDD 均应该被支持；移动性支持可以减少以求可以达成相关目标。

可以看到，M2M/MTC 技术早已被产业界认可，并积极推动相关技术的标准化工作，以快速适应新领域、新需求，并持续完善自身技术。未来，M2M/MTC 技术标准化研究工作仍会持续演进。

8.1.3　M2M 技术的机遇与挑战

从电信业发展规律看，M2M 技术及相关产业对电信运营商的未来意义重大[9-16]。考察任一特定电信业务在产品生产周期内的发展轨迹，会有如下规律：业务渗透率较低的成长期主要靠用户数量增长驱动业务增长，此时业务用量会逐渐增长，单价也会缓慢下降；业务渗透率较高的成熟期用户数量增长受限，主要靠单用户业务量提升驱动业务增长，边际效用递减和市场份额竞争导致单价快速下降、包月套餐盛行，量价矛盾凸现；业务渗透率饱和后的衰退期单价雪崩式下降，加上新兴业务的替代作用，业务收入进入下降通道，单价和用量退化成了功能费。根据我国当前通信行业的整体市场情况，参照电信产品生命周期规律考察各个传统电信产品就可以看出，语音业务已完全进入衰退期的下降通道，固网宽带业务正在向"增速不增价"功能费模式滑落，移动数据业务"量收剪刀差"危机凸显。因此，运营商经营压力前所未有，迫切需要大力推出处于产品成长期的新兴业务，而 M2M 就是一个这样的新兴业务。

从当前的低渗透率开始发展，运营商可在较长时间内获得 M2M 用户数量增长带来的网络效应，应用领域也会从抄表这种低流量、低 ARPU 的传统应用领域拓展到车联网等高流量、高 ARPU 的新兴应用领域。据 Machina Research 预测，2020 年全球 M2M 移动蜂窝连接数为 23 亿（我国占 21%，达 4.8 亿）。也就是说，从现在到 2020 年，移动运营商 40% 以上的新增连接都来自于 M2M，2020 年 M2M 连接占总连接的 20%。另据 Machina Research 预测，2020 年全球 M2M 终端数将从 2011 年的 20 亿增长到 120 亿；而同期传统终端（如手机、平板和上网卡）数仅会从 63 亿增长到 95 亿。到 2020 年，中国 M2M 终端数将占全球 M2M 终端总数的 21%，超过 25 亿。虽然大多数 M2M 终端可通过近距接入技术或固网宽带接入网，但直接接入移动蜂窝网的 M2M 终端或 M2M 网关仍将是移动运营商净增用户数的重要来源。如在车联网方面，GSMA 与 SBD 合作发布的白皮书指出，2011 年全球销售的新车中有 11% 内置了移动蜂窝通信模块，预计 2015 年及 2025 年会分别达到 20% 及 90%。也就是说，仅在乘用车市场方面，全球内置移动蜂窝通信模块的乘用车销售量，将从 2013 年的 1000 万辆增长到 2025 年的 9500 万辆，其中我国年销售量将增长到约 3000 万辆。总之，在传统电信业务已逐渐趋于市场饱和、份额竞争惨烈、价格快速下跌情况下，运营商要以战略眼光审视物联网和机器通信，并以 10 年尺度进行谋篇布局，拓展 M2M 这一处于成长期的新兴业务市场。

8.2　设备间直接通信（D2D）

8.2.1　D2D 技术概述

D2D（Device to Device）通信技术是指两个对等的设备之间直接进行通信的一种通信方式。当前的无线蜂窝通信系统中，设备之间的通信都是由无线通信运营商的基站进行控制，而无法进行直接的语音或数据通信。这是因为，一方面，终端通信设备的能力有限，如手机发射功率较低，无法在设备间进行任意时间和位置的通信；另一方面，无线通信的信道资源有限，需要规避使用相同信道而产生的干扰风险，因此需要一个中央控制中心管理协调通信资源[17]。

D2D 通信具备独特的应用需求。用户在由 D2D 通信用户组成的分布式网络中，每个用户节点都能发送和接收信号，并具有自动路由（转发消息）的功能。网络的参与者共享它们所拥有的一部分硬件资源，包括信息处理、存储以及网络连接能力等。这些共享资源向网络提供服务和资源，能被其他用户直接访问而不需要经过中间实体。在 D2D 通信网络中，用户节点同时扮演服务器和客户端的角色，用户能够意识到彼此的存在，自组织地构成一个虚拟或者实际的群体。目前，社交网络、短距离数据共享、本地信息服务等应用的流行，使得 D2D 通信的需求逐渐增加；同时 M2M 模式的自动设备监控与信息共享等应用中，网关、传感器等实体之间需要能近距离高效通信的技术手段；另外，在网络覆盖较差的区域，可利用附近的手机终端进行协作中继，保持与基站的通信也是一种基于位置的 D2D 通信手段。目前，不基于网络基础设施可直接进行通信的 D2D 技术包括蓝牙通信、红外通信以及 WiFi 通信等，这些技术使用无需授权的公共通信频段进行通信，可解决部分 D2D 应用的需求。但基于网络基础设施控制或辅助的 D2D 技术，仍然有其特有的应用需求，其中 3GPP 最新定义的基于 LTE 的设备间直接通信的 LTE – D2D 即是此类技术。

3GPP 定义的 LTE – D2D 的应用场景分成了两大类：公共安全和商业应用。

公共安全场景是指发生地震或其他自然灾害等紧急情况，移动通信基础设施遭到破坏或者电力系统被切断导致基站不能正常工作，那么允许进行终端间的 D2D 通信[17]。

商业应用场景可依据通信模式分为对等通信和中继通信[18,19]。对等通信的应用场景包括：①本地广播，应用 D2D 技术可以较准确定位目标用户。如商场广播打折信息、个人转让门票打折券等，德国电信就计划用 D2D 做此类应用。但是现有技术，如 Femto/Relay/MBMS/WiFi 等也可实现类似的功能。②大量信息交互，如朋友间交换手机上的照片和视频、距离很近的两个人对战游戏。这类场景中使用 D2D 技术能够节省蜂窝网络资源，但是需要面对免费的 WiFi Direct 等技术的竞争。③基于内容的业务，即人们希望知道自己周围有哪些感兴趣的事物，并对某些事物存在通信需求，如大众点评网、社交网站等。应用 D2D 技术使运营商能够提供基于环境感知的新业务，但是与目前基于位置信息的服务相比，优势不够显著。

中继通信的应用场景主要包括：①在安全监控、智能家居等通过将 UE 当做类网关的 M2M 通信中，感知检测可以采用基于 LTE 的 D2D 技术。该场景中应用 D2D 能帮助运营商提供新业务，并有效保证信息的安全和 QoS 要求，但是面临 Zigbee 等传统免费 D2D 技术的竞争。②弱/无覆盖区域的 UE 中继传输。允许信号质量较差的 UE 通过附近的 UE 中继参与同网络之间的通信，能帮助运营商扩展覆盖、提高容量，但需要保证数据安全可靠，并且激励相关 UE 积极参与中继传输。

8.2.2　D2D 标准进展

D2D 并不是一个概念上创新的技术，趋势上 D2D 是要尽量摆脱蜂窝网复杂的管理模式，建立设备间直接通信的桥梁。但 D2D 技术的发展对电信运营商并不是一个有利的技术，一方面设备间对运营商网络的依赖越小，运营商的收入就会越小；另一方面，脱离网络侧的管控，设备容易陷入混乱甚至严重影响无线环境、导致无法正常通信。因此，相关国际标准化组织虽早已经开始研究 D2D 技术，但进展缓慢。近几年，随着相关应用场景需求的明确，相关国际标准化组织中 D2D 技术的研究明显加速：NGMN 主要分析了 D2D 可能的应用场景、潜在威胁和主要挑战。而 3GPP SA1 于 2011 年 9 月成立了 ProSe SI（Proximity Service Study Item）研究近场通信的问题[20-27]。

在基于近场通信的服务研究中，3GPP TR33.803（FS – ProSe）已经识别出有价值的服务，包括多种近场发现、大规模终端近场通信以及近场通信辅助的 WLAN 通信等一般用例，也包括覆盖区域内外的近场发现等公共安全用例（Public Safety Use Case）。这些服务用例揭示了近场通信的两个关键方向，即通信发现和优化路径通信。而 3GPP TS22.278 则列举了这些近场通信服务相应的技术需求：①一般性近场通信技术性需求，如近场通信终端需要获得网络侧运营商的许可、授权以及满足近场通信准则等近场发现技术性需求和多个通信终端的新通信路径建立、网络控制通信资源与不同通信模式之间切换等近场通信技术需求；②特殊性公共安全技术性需求：公共安全是指发生地震或紧急情况，蜂窝网络不能正常工作，允许终端间脱网通信。在这里将公共安全用例单独列出来，是因为美国等国家有极其积极解决公共安全问题的场景需求。公共安全应用场景中待解决的问题有终端多跳中继通信和专有频段问题，目前只有美国计划把 700MHz 的一部分用作公共安全。其技术性需求包括网络侧运营商许可前提下的近场终端相互发现、终端独立激活或关闭终端发现功能、终端独立配置、无论是否在网络服务中终端均能够在专有频段与其他通信距离内已授权终端建立安全的近场通信路径等；③近场通信辅助的 WLAN 直接通信的技术性需求，根据网络侧运营商政策以及用户同意下具备 WLAN 能力的近场通信辅助的终端间直接 WLAN 通信、网络提供配置信息的终端辅助 WLAN 直接通信、网络侧提供配置信息保证终端辅助的 WLAN 直接通信的私密性和完整性等技术性需求；④其他技术性需求还包括安全与私有性需求、网络侧的性能需求以及计费需求等。

3GPP 在对近场通信技术的用例与相应技术性需求做了完整的分析积累后，开始对 D2D 技术做标准化工作，主要包括（TR 36.843）：①设计的一般性假设：多直接入方案、信号复用以及一些信号设计的细节；②同步设计：D2D 同步源需要发送至少一个 D2D 同步信号（D2DSS）、终端可从 D2DSS 中获取时间和频率的同步、eNB 为同步源的 D2DSS 是 Release 8 版本的 PSS/SSS 以及 eNB 不是 D2D 同步源情况下的 D2DSS 的设计；③终端发现：定义两种类型的发现过程，Type 1 的发现类型中，发现信号传输的资源是共用的非终端特有，而 Type 2 的发现类型中，发现信号传输所用资源为每个终端特有的。如果系统支持 D2D 发现，那么 Type 1 与 Type 2 终端发现类型均应被支持。其他终端发现的设计还包括信号设计，资源分配，传输时间偏置等物理信号设计和无线协议架构、无线资源管理等高层设计；④群组通信：对群组通信和广播通信的 D2D 终端，终端发现步骤并不是必要的。群组通信的物理层设计原则就是无闭环物理层反馈，具体设计包括信号设计，资源分配等。群组通信的高层设计包括无线协议架构设计与无线资源管理设计。

目前 3GPP 已经完成了 Release 12 版本的 D2D 的标准化工作，完成了网络覆盖范围内的近场通信 D2D 终端发现、D2D 广播通信以及组播与单播的高层支持。在即将开始的 3GPP Release 13 标准中，D2D 的标准化工作将进一步完成，主要目标是进一步增强多载波以及多网络中 D2D 技术的支持，例如当前终端利用 D2D 技术传输是限制在其接入小区中，这就迫使多终端进行 D2D 的信令需要在相同的小区进行传输，这也反过来导致不同载波的负载不均衡。允许终端在非服务载波传输可以减轻这种负载不均衡的影响；除此之外，在 Release 13 的标准定义中，除了在接入网侧的工作，在核心网侧也需要进行进一步标准化工作，如 SA1（SP - 140386）和 SA2（SP - 140385）均准备对相关增加的近场通信功能进行增强。SA1 在 2014 年 8 月已经完成了相关工作。

8.2.3 D2D 终端中继技术探索

D2D 技术中包括终端的中继传输，而中继传输也可能是解决一直困扰运营商的室内覆盖问题的潜在方案。针对室内覆盖较差的环境，室内深处的 UE 可以通过窗边或者其他室内浅处信号较好的 UE 进行中继以获得相应的服务，在不增加基础设施投入的前提下可一定程度上提升运营商网络的覆盖。另一方面，D2D 中继传输模式中，由于终端发送功率小，基站干扰影响小，D2D 中继传输甚至有可能提升小区频谱效率。

为验证该场景的有效性和可行性，笔者所在的技术团队进行了前期研究工作，并对室内信号衰落以及室内信号的分布做了测试与分析。因在开展测试工作时，LTE FDD 网络还未大规模商用，因此以下环境 1 环境 2 的测试信号基于 WCDMA 的商用网络信号，环境 3 的测试基于 LTE 网络信号。见表 8-1。

表 8-1   终端中继技术信号强度测试

项　目	说　明	补充说明
测试目的	• 分析窗前及室内信号变化情况 • 分析墙壁、门窗阻挡等对室内接收信号强度和信干噪比影响	

测试内容	• 在空闲状态下，测试终端（SAMSUNG）对 WCDMA 或 LTE 信号进行采集
	• 测量室内/室外信号强度和信噪比
	  ➢ WCDMA 网络：RSCP、E_c/I_o
	  ➢ LTE 网络：RSRP、SINR
		• RSCP：接收信号码功率是 P-CPICH 一个码字上的接收功率
		• E_c/I_o：体现了所接收到的信号的强度和临小区干扰水平的比值，由于导频信道不包含比特信息，所以常用 E_c/I_o 而不是 E_b/N_t 表示信道质量

测试环境	• 环境1：北京某写字楼内 • 环境2：北京某典型住宅内 • 环境3：深圳某商业楼内	
测试方法	• 设备采用 WCDMA 或 LTE 制式商用终端，并配备专业商用测试软件 • 针对具体的测试环境，在室内均匀寻找测试点，包含窗边、室内深处 • 待信号稳定后，持续测量数分钟，记录相应的 RSCP 或 RSRP，E_c/I_o 或 SINR，Cell ID 等数据 • 对比窗边与室内深处点的信号强度差异以及信干噪比差异	

下面通过几个实测试例来探索 D2D 终端中继技术。

1. 测试环境 1

北京某写字楼内环境，两处室内场景，室内会议室场景与室内办公区场景：其中圆标示点为测量点，相同颜色的点表示在该点测量时接入相同小区。标示点中为测量点序号，每个测量点的数据表示的格式为"RSCP（EcIo）"。

室内会议室场景的 WCDMA 信号测试结果如图 8-2 所示。

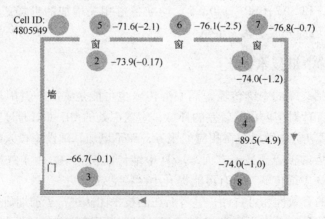

图 8-2   室内会议室场景示意图

（1）室内测试数据点分析

窗边和室内深处（除测试点 4）RSCP，EcIo 测试值相差不大。

（2）室内窗边与室外测试点分析

室内窗边与室外 RSCP 相差不大；室内窗边 EcIo 略优于室外测试点。

（3）对比测试点 4 与测试点 7

测试点 7 的 RSCP 比测试点 4 高约 13 dB；测试点 7 的 EcIo 比测试点 4 高约 4 dB。

室内办公区场景测试结果如图 8-3 所示。

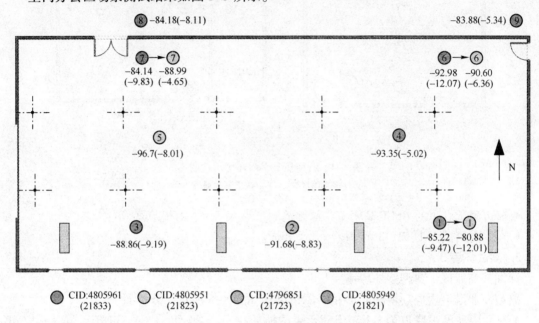

图 8-3 室内办公区场景示意图

（1）测试环境不稳定

测试点 2 出现一个孤立 cell ID，时常出现在一个测试点发生切换的情况。

（2）同一接入基站的信号测试值分析

- 对红色接入基站：8、9 号测试点信号最好，其他信号略差。

  门内外：测试点 7 和测试点 8 的 RSCP、Ec/Io 都相差不多；而测试点 6 比测试点 9 的 RSCP 相差 9 dB、Ec/Io 相差 6 dB。

- 对黄色接入基站：4 个测试点无明显的信号变化趋势。

2. 测试环境 2

北京某典型住宅环境，两处室内场景。

针对典型住宅环境，对室内窗口、室内深处、门外分别进行 WCDMA 信号测试，其测试结果如图 8-4 所示。对住宅室内场景 1 进行测试，可以看到，测试时，1、2 号点相对稳定，未发生切换。3、4 号点在测试过程中，均发生过多次切换，数据是按照驻留时间最长的小区中数据计算；1、2 号点与 3、4 号点接入的小区不同；室内深处与门外相比，RSCP 相差 20 dB，EcIo 相差 4 dB 左右。

对住宅室内场景 2 的测试结果进行分析，可以看到，该测试环境中大部分点均接入到相同的基站中，对比窗边测试点与室内深处测试点可以看出：

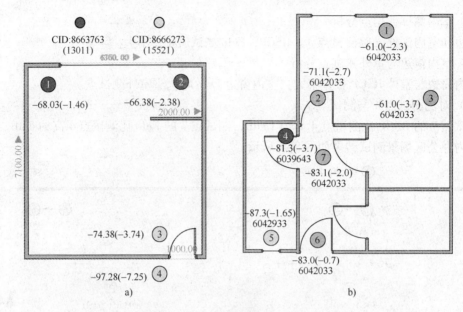

图8-4　典型住宅室内环境示意图

a) 住宅室内场景1　 b) 住宅室内场景2

- 窗边测试点1的RSCP高于室内深处的测试点6/7，平均相差20 dB。
- 在室内测试点1、2、3的Ec/Io几乎相同。

3. 测试环境3

深圳某商业区，典型室外环境。

典型商业区室内外环境的LTE信号测试结果如图8-5所示，分析如下：

- 对2层玻璃门或玻璃幕墙，RSRP穿透损耗在16～20 dB左右，SINR差异8～17 dB（测试点20，22）。
- 电梯楼道遮挡衰落RSRP在15 dB，SINR差异8～11 dB（测试点26，18）。
- 楼道遮挡衰落在16 dB，SINR差异3 dB（测试点5）。
- 区域A可认为没有基本建筑物阻挡区域，区域B和C认为有建筑物阻挡区域，由测试数据可知，由建筑物阻挡带来的阴影衰落可在6～10 dB之间。

以上三种典型场景下信号强度测试结果显示：

1）WCDMA基站密度高，测试中室内/室外信号切换频繁。

2）室内测试分析表明，多数测试点呈干扰受限（住宅室内场景2），室内窗边与室内深处相比，多数点RSCP变化不大，EcIo相差不大，信号经过门或墙阻挡后，观测RSCP值下降6～9 dB，EcIo下降不明显，约1～2 dB。个别测试点呈噪声受限（住宅室内场景1），信号经过门或墙阻挡后，个别点呈现噪声受限现象，最大RSCP值下降约20＋dB，EcIo下降约4～5 dB。

3）测试中，EcIo和RSCP均波动较大，EcIo波动范围平均在±6 dB左右，RSCP平均在±10 dB左右。

通过上述分析可以看到，实际的无线通信网络室内无线环境是非常复杂的。同一个室内环境可能是多个基站的覆盖重叠区域，是因为运营商为了满足室内覆盖的需求，密集建站。运营商的这种建站方式对增强覆盖是较为有效的，但不足之处是密集建设基站会导致电磁环

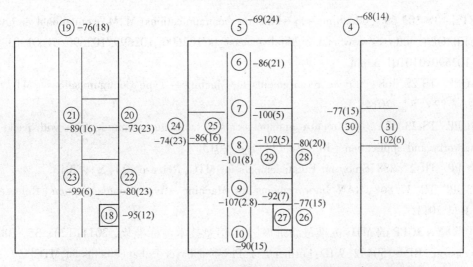

图 8-5　深圳某典型商业区室内外场景：上图为是室内室外测试结果，下图为测试地点卫星图

境复杂，基站之间的干扰较大。LTE - D2D 技术中继通信方式提供了一种变通方式，当运营商的覆盖有盲区时，如果该盲区的话务量非常低，也许可以通过 LTE - D2D 中继的方式完成覆盖，从而节省了基础设施投资。

8.3　小结

本章探讨了机器间通信、设备间直接通信等未来 5G 系统的潜在方向。这些方向的部分技术内容目前仍处于探索研究之中，本书涉及内容并不代表相关技术的最终结论。

参考文献

[1]　王芃 . M2M 应用与 3GPPMTC 标准化[J] . 邮电设计技术，2014(2)：58 - 63.

[2] ETSI. TS 102 690, Machine – to – Machine communications(M2M); Functional architecture [EB/OL]. http://www.etsi.org/deliver/etsi_ts/102600_102699/102690/01.01.01_60/ts_102690v010101 p. pdf.

[3] 3GPP. TS 22.368, Service requirements for Machine – Type Communications (MTC)(Release 12)[S], 2014.

[4] 3GPP. TS 23.682, Architecture enhancements to facilitate communications with packet data networks and applications(Release 13)[S], 2015.

[5] 3GPP. TR 22.888, Study on Enhancements for MTC(Release 12)[S], 2013.

[6] 3GPP TR 37.868, RAN Improvements for Machine – type Communication (Release 11) [R], 2011.

[7] 吴险峰. 3GPP 的 MTC 标准最新进展[J]. 信息技术与标准化, 2011(12): 35 – 38.

[8] Ericsson. RP – 150492, WID: Further LTE Physical Layer Enhancements for MTC[Z]. 3GPP RAN#67, 2015.

[9] 薛帮国. 关于物联网技术及其商业模式的研究[J]. 信息通信, 2011(05): 90, 91.

[10] 赵钧. 构建电信物联网开放数据服务体系的思考[J]. 电信科学, 2012(02): 27 – 31.

[11] 杨东岩. 物联网产业需夯实基础, 云计算市场已先行[J]. 信息与电脑, 2012(12): 41, 42.

[12] 王群, 钱焕延. 一种面向物联网的 M2M 通信解决方案[J]. 微电子学与计算机, 2012 (11): 14 – 17.

[13] 高同, 朱佳佳, 罗圣美, 孙知信. M2M 功能架构与安全研究[J]. 计算机技术与发展, 2012(01): 250 – 253.

[14] 沈嘉, 刘思扬. 面向 M2M 的移动通信系统优化技术研究[J]. 电信网技术, 2011 (09): 39 – 45.

[15] 宁焕生, 徐群玉. 全球物联网发展及中国物联网建设若干思考[J]. 电子学报, 2010 (11): 2590 – 2599.

[16] OVUM 咨询报告. 连接大国: 中国面临 M2M 爆炸式增长机会[R], 2014.

[17] 谢芳. D2D: 用户直接通信对运营商的挑战和机遇[Z]. 中国移动研究院 – 移动 labs, 2012.

[18] 赵其勇. 加权频谱效率方法在多跳系统中的应用[J]. 邮电设计技术, 2008(12): 44 – 49.

[19] 王跃, 许志远, 严珏玮. 移动智能终端操作系统技术发展[J]. 中兴通讯技术, 2014 (02): 45 – 48.

[20] 3GPP. TR 36.913, Requirements for further advancements forE – UTRA (Release 8) [R], 2008.

[21] K Doppler, M Rinne, P Jnis, C Ribeiro, K Hugl. Device – to – Device Communications: Functional Prospects for LTE – Advanced Networks[A]. IEEE ICC, 2009.

[22] 3GPP. TR 36.843, Study on LTE Device to Device Proximity Services (Release 12) [R], 2014.

[23] Samsung. R1 – 131686, D2D evaluation methodology for in network coverage scenario[Z].

3GPP RAN1 #72b, 2013.

[24] CMCC. R1 - 130676, Consideration on evaluation methodology and channel model for D2D [Z]. 3GPP1 #72, 2013.

[25] LG, Electronics, Qualcomm, General Dynamics Broadband UK. R1 - 132695, Way forward on the evaluation assumptions of partial and out - of - coverage scenarios [Z]. 3GPP RAN1 #73, 2013.

[26] Intel. R1 - 135114, Preliminary performance analysis of D2D synchronization [Z]. 3GPP RAN1 #75, 2013.

[27] ZTE. R1 - 133146, Discussions on Public Safety Broadcast Communication [Z]. 3GPP RAN1 #74, 2013.